基于Apache Flink的流处理

Fabian Hueske, Vasiliki Kalavri 著

崔星灿 译

Beijing • Boston • Farnham • Sebastopol • Tokyo

O'Reilly Media, Inc. 授权中国电力出版社出版

中国电力出版社

图书在版编目（CIP）数据

基于Apache Flink的流处理 / (美) 比安・霍斯克（Fabian Hueske），(美) 瓦西里基・卡拉夫里（Vasiliki Kalavri）著；崔星灿译. — 北京：中国电力出版社，2020.1（2025.1重印）

书名原文：Stream Processing with Apache Flink

ISBN 978-7-5198-4011-2

I. ①基… II. ①比… ②瓦… ③崔… III. ①数据处理软件 IV. ①TP274

中国版本图书馆CIP数据核字(2019)第248810号

北京市版权局著作权合同登记 图字：01-2019-6405号

出版发行：中国电力出版社

地　　址：北京市东城区北京站西街19号（邮政编码100005）

网　　址：http://www.cepp.sgcc.com.cn

责任编辑：刘 炽（liuchi1030@163.com）

责任校对：黄蓓，闫秀英

装帧设计：Karen Montgomery，张 健

责任印制：杨晓东

印　　刷：北京世纪东方数印科技有限公司

版　　次：2020年1月第一版

印　　次：2025年1月北京第七次印刷

开　　本：750毫米×980毫米 16开本

印　　张：21.5

字　　数：407千字

印　　数：18501—19000册

定　　价：88.00元

O’Reilly Media, Inc.介绍

O’Reilly以“分享创新知识、改变世界”为己任。40多年来我们一直向企业、个人提供成功所必需之技能及思想，激励他们创新并做得更好。

O’Reilly业务的核心是独特的专家及创新者网络，众多专家及创新者通过我们分享知识。我们的在线学习（Online Learning）平台提供独家的直播培训、图书及视频，使客户更容易获取业务成功所需的专业知识。几十年来O’Reilly图书一直被视为学习开创未来之技术的权威资料。我们每年举办的诸多会议是活跃的技术聚会场所，来自各领域的专业人士在此建立联系，讨论最佳实践并发现可能影响技术行业未来的新趋势。

我们的客户渴望做出推动世界前进的创新之举，我们希望能助他们一臂之力。

业界评论

“O’Reilly Radar博客有口皆碑。”

——Wired

“O’Reilly凭借一系列非凡想法（真希望当初我也想到了）建立了数百万美元的业务。”

——Business 2.0

“O’Reilly Conference是聚集关键思想领袖的绝对典范。”

——CRN

“一本O’Reilly的书就代表一个有用、有前途、需要学习的主题。”

——Irish Times

“Tim是位特立独行的商人，他不光放眼于最长远、最广阔的领域，并且切实地按照Yogi Berra的建议去做了：‘如果你在路上遇到岔路口，那就走小路。’回顾过去，Tim似乎每一次都选择了小路，而且有几次都是一闪即逝的机会，尽管大路也不错。”

——Linux Journal

译者序

Flink源自2010年前后德国的三所高校合作研究的Stratosphere项目，后于2014年加入Apache基金会。近些年，该项目凭借其灵活的事件时间处理机制、可靠的状态存储支持以及贴合流处理的异步检查点策略，一跃成为流处理领域的“新”秀，其诸多优良特性也被很多其他同类系统所借鉴。本书从分布式流处理的基本概念、Flink构成组件、Datastream API、状态管理、外部连接器和部署运维等多个角度，全面地展示了使用Apache Flink（1.7版本）开发和管理流式应用的核心知识及注意事项。作者依靠其多年的学术积累，将很多复杂抽象的概念讲解得通俗易通；同时在侧重编码的章节总结了大量来自Flink开源社区的常见问题，方便读者快速上手。或许由于时效性原因，书中并未涉及Flink SQL/Table API和批处理的相关内容，但这丝毫没有影响整书的质量。相信无论是在流处理领域初出茅庐的新手，还是在大数据行业内摸爬滚打多年的老手，都能在阅读过程中有所收获。

作为Apache Flink社区的PMC成员，作者Fabian和Visia从初期就参与了项目设计研发，因此无论是对Flink的底层原理还是上层应用都有着独特而深刻的见解。他们二人也是我在Flink社区的导师。Fabian（以及Timo等人）在Flink SQL方面给予了我无数倾心指导；而Visia在我刚开始接触Flink（Gelly库）时帮助我解答了很多疑问。倾力翻译他们尽心完成的著作对我而言既是一种荣幸，也寄托了一份感恩。

本书在审校过程中得到了阿里巴巴的樊夕、付典、云邪、云骞、山智、军长、茶干、江杰、成阳、宝牛等众人的帮助，在此表示由衷的感谢。同时还要感谢我的导师禹晓辉教授，师弟陈岳亭、李依凡以及妻子张哲在书籍翻译过程中给予的支持和协助。个人水平有限，加之时间仓促，书中难免有纰漏或表述不当之处，恳请广大读者批评指正，如有任何问题，可以发送到 *xccui@apache.org*。

译者

目录

前言

你能从本书学到什么

本书将教给你基于 Apache Flink 进行流处理的一切知识。它总共包含了 11 章，我们希望通过这些章节讲述一个完整的故事。书中部分章节会侧重描述高层次的设计理念，而其余章节会更加注重实践并包含了很多示例代码。

尽管我们在写书的时候是按照预期阅读顺序进行的章节编排，但如果你已经对某些章节的内容很熟悉，仍可以选择跳过。若是你迫不及待地想开始编写 Flink 代码，也可以先阅读实践章节。接下来我们会简要介绍一下每个章节的内容，便于你直接跳到最感兴趣的部分。

- 第 1 章是概述。我们在其中概括了状态化流处理、数据处理应用的架构和设计，以及流处理与传统方法相比的优势所在。此外，还简要介绍了如何在本地 Flink 实例上运行你的第一个流式应用。
- 第 2 章主要讨论流处理的基本概念和挑战。这些内容均是独立于 Flink 而存在的。
- 第 3 章重点描述 Flink 的系统架构和内部实现。其中讨论了分布式架构、流式应用中的时间和状态处理问题以及 Flink 的容错机制。

- 第 4 章讲解如何配置用于开发和调试 Flink 应用的环境。
- 第 5 章介绍 Flink DataStream API 的基础知识。你将从中学到如何实现 DataStream 应用以及 Flink 所支持的流式转换、函数及数据类型等。
- 第 6 章讨论 DataStream API 中基于时间的算子。其中包含窗口算子、基于时间的 Join 以及一系列处理函数（process function），它们让流式应用中的时间处理变得十分灵活。
- 第 7 章介绍如何实现有状态函数以及一些与之相关的问题，例如性能、健壮性、有状态函数的演变等。同时本章还会展示如何使用 Flink 的可查询式状态。
- 第 8 章介绍 Flink 中最常用的数据源（data source）和数据汇（data sink）连接器。其中会讨论 Flink 中解决端到端应用一致性的方案以及如何实现自定义连接器来读写外部系统。
- 第 9 章讨论如何针对不同环境搭建和配置 Flink 集群。
- 第 10 章主要涵盖针对 7×24 小时运行的流处理应用的操作、监控和运维等内容。
- 最后在第 11 章，我们提供了一些资源，以方便你提问、参与 Flink 相关活动并了解 Flink 的现实应用场景。

本书约定

本书使用如下排版约定：

斜体字（*Italic*）

表示新的术语、链接、电子邮件地址、文件名和文件扩展名。

等宽字体（`Constant width`）

用于程序清单，在段落中引用程序元素，例如变量名、函数名、数据库、数据类型、环境变量、代码语句和关键词等。也用于模块和包的名称，以及展示由用户按字面输入的命令或其他文本及命令输出。

斜体等宽字体（*`Constant width italic`*）

表示应替换为用户提供的值或由上下文确定的值来替换的文本。

表示提示或建议。

表示一般性说明。

表示警告。

使用示例代码

本书的补充材料（Java 和 Scala 示例代码）可在 *https://github.com/streaming-with-flink* 下载。

本书的目的是帮助你完成工作。一般来说，书中提供的示例代码可用于你自己的程序或文档中。除非你复制了大量代码，否则无须联系我们获得许可。举例而言，你在编写的程序中用到了本书的几个代码块无需许可。不过销售或分发 O'Reilly 系列书籍的示例 CD-ROW 则需要获得许可。引用本书的示例代码来回答问题无需许可。而将本书中大量示例代码整合到产品文档中则需要获得许可。

我们提倡但不强制要求归属权声明。归属权声明通常包括数名、作者、出版社以及 ISBN。例如："Stream Processing with Apache Flink by Fabian Hueske and Vasiliki Kalavri (O'Reilly). Copyright 2019 Fabian Hueske and Vasiliki Kalavri, 978-1-491-97429-2"。

如果你觉得你对示例代码的使用超出了上述许可范围，可随时通过电子邮件 *permissions@oreilly.com* 联系我们。

O'Reilly 在线学习

O'REILLY® 40 年来 O'Reilly 一直在提供技术和商业培训、知识、见解，以帮助企业成功。

我们独一无二的专家及创新者团队会通过书籍、文章、会议和在线学习平台等途径分享他们的知识和专业经验。O'Reilly 在线学习平台为你提供按需访问的实时培训课程，深入学习路径，交互式编码环境以及来自 O'Reilly 和 200 多家其他出版商的大量文本及视频。欲了解更多信息，请访问 *http://oreilly.com*。

如何联系我们

任何有关本书的意见或疑问，请按照以下地址联系出版社。

美国：

O'Reilly Media, Inc.
1005 Gravenstein Highway North
Sebastopol, CA 95472

中国：

北京市西城区西直门南大街 2 号成铭大厦 C 座 807 室（100035）
奥莱利技术咨询（北京）有限公司

我们为本书提供了一个网页，上面列出了勘误表、示例和其他附加信息，地址是：*http://bit.ly/stream-proc*。

如果有技术问题或希望对本书提出建议，请发送电子邮件至：*bookquestions@oreilly.com*。

欲获取更多有关我们的书籍、教程、会议和新闻等信息，请访问我们的网站*http://www.oreilly.com*。

欢迎关注我们的 Facebook：*http://facebook.com/oreilly*。

欢迎关注我们的 Twitter：*http://twitter.com/oreillymedia*。

欢迎关注我们的 YouTube：*http://www.youtube.com/oreillymedia*。

欢迎关注作者的 Twitter：*@fhueske* 和 *@vkalavri*。

致谢

本书的出版离不开众多能人志士的帮助和支持，在此由衷地感谢。

书中总结了 Apache Flink 社区多年来在设计、开发、测试等方面积累的知识。感谢所有通过代码、文档、评论、Bug 报告、功能需求、邮件列表讨论、培训、会议演讲、聚会组织等一切活动为 Flink 做出过贡献的人。

特别感谢 Flink 社区的 Committer 们：Alan Gates, Aljoscha Krettek,Andra Lungu, ChengXiang Li, Chesnay Schepler, Chiwan Park, Daniel Warneke,Dawid Wysakowicz, Gary Yao, Greg Hogan, Gyula Fóra, Henry Saputra, Jamie Grier,Jark Wu, Jincheng Sun, Konstantinos Kloudas, Kostas Tzoumas, Kurt Young, Márton Balassi, Matthias J. Sax, Maximilian Michels, Nico Kruber, Paris Carbone, Robert Metzger, Sebastian Schelter, Shaoxuan Wang, Shuyi

Chen, Stefan Richter,Stephan Ewen, Theodore Vasiloudis, Thomas Weise, Till Rohrmann, Timo Walther, Tzu-Li (Gordon) Tai, Ufuk Celebi, Xiaogang Shi, Xiaowei Jiang, Xingcan Cui。通过本书，我们期待能够吸引世界各地的开发者、工程师以及流处理爱好者加入，进一步扩大 Flink 社区。

我们还要感谢那些给予我们无数宝贵建议的技术评审员们：Adam Kawa、Aljoscha Krettek、Kenneth Knowles、Lea Giordano、Matthias J. Sax、Stephan Ewen、Ted Malaska 以及 Tyler Akidau，感谢你们为改善内容所做的帮助。

最后，我们由衷地感谢 O'Reilly 的相关工作人员：Alicia Young、Colleen Lobner、Christine Edwards、Katherine Tozer、Marie Beaugureau 以及 Tim McGovern，感谢你们在这两年半旅途中的陪伴，一起协助我们完成这个项目。

第 1 章

状态化流处理概述

Apache Flink 是一个分布式流处理引擎，它提供了直观且极富表达力的 API 来实现有状态的流处理应用，并且支持在容错的前提下高效、大规模地运行此类应用。Flink 于 2014 年 4 月以孵化项目的形式进入 Apache 软件基金会，并在次年一月就成为了顶级项目。它自创建伊始就拥有一个活跃、不断发展的用户及贡献者群体。截至目前，该项目已经有超过 500 名贡献者，并在不断普及的过程中逐渐发展为开源界最为先进的流处理引擎之一。全球很多不同行业的公司和企业都在使用 Flink 支撑其大规模核心业务。

流处理技术正受到越来越多不同规模公司的青睐。这是因为它不仅可以为很多现有场景提供更优的解决方案（例如数据分析、ETL，以及事务性应用），还能催生很多新颖的应用、软件架构，以及商业机会。本章我们会讨论为何状态化流处理会变得如此流行，并进一步评估其发展潜力。我们首先将回顾传统数据应用架构并指出其局限。其次，我们会介绍基于状态化流处理的应用设计。和传统设计相比，它有很多有意义的特性及优势。最后，我们将简要回顾开源流处理引擎的演变过程，并帮助你在本地 Flink 实例上运行一个流式应用。

传统数据处理架构

几十年来，数据和数据处理在各类商业领域中无处不在。随着数据采集和使用量的不断增长，很多公司都设计并构建了各种基础架构来管理数据。绝大多数企业所实现的传统架构都会将数据处理分为两类：事务型处理和分析型处理。 在本节中，我们将讨论这两类处理模型以及它们如何管理和处理数据。

事务型处理

企业在日常业务运营过程中会用到各类应用，例如：企业资源规划（ERP）系统、客户关系管理（CRM）软件、基于 Web 的应用等。如图 1-1 所示，这些应用系统通常都会设置独立的数据处理层(应用程序本身)和数据存储层(事务型数据库系统）。

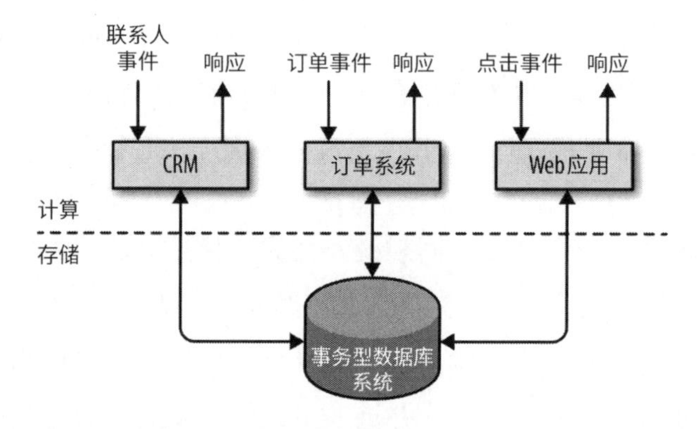

图 1-1：将数据存储在远程数据库系统内的传统事务型应用设计

这些应用通常会连接外部服务或实际用户，并持续处理诸如订单、邮件、网站点击等传入的数据。期间每处理一条事件，应用都会通过执行远程数据库系统的事务来读取或更新状态。很多时候，多个应用会共享同一个数据库系统，有时候还会访问相同的数据库或表。

该设计在应用需要更新或扩缩容时容易导致问题。一旦多个应用基于相同的数据表示或共享架构，那么更改表模式（Schema）或对数据库系统进行扩缩容必将劳心费力。近些年提出的微服务设计模式可以解决这种应用之间紧耦合情况。微服务由很多微型、完备、独立的应用组成，每个应用都遵循 UNIX 设计哲学：专注做好一件事。通过将多个微服务相互连接可以构建出更加复杂的应用，而微服务间只会通过标准化接口（如RESTful HTTP连接）进行通信。由于微服务彼此间严格解耦且仅通过定义良好的接口通信，所以在实现微服务时可以选用不同的技术栈（编程语言、库和数据存储等）。通常情况下，微服务会和所有必需的软件及服务一起打包部署到独立的容器中。图 1-2 展示了一种微服务架构。

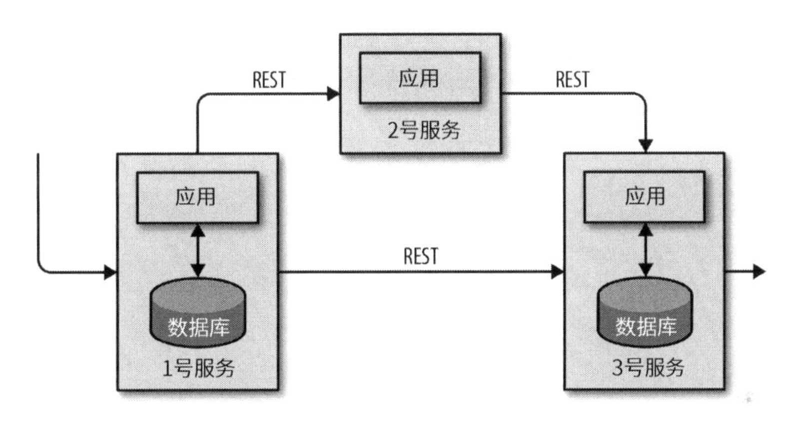

图 1-2：微服务架构

分析型处理

存储于不同事务型数据库系统中的数据，可以为企业提供业务运营相关的分析见解。例如：通过分析订单处理系统中的数据来获知销售增长率，或是通过分析运输延迟原因或预测销售量以调整库存。然而用于存储事务性数据的多个数据库系统通常都是相互隔离的，如能将它们联合分析必然会创造更高的价值。此外，开发人员还经常需要将这些数据转换为某种通用格式。

对于分析类查询，我们通常不会直接在事务型数据库上执行，而是将数据复制到一个专门用来处理分析类查询的数据仓库。为了填充数据仓库，需要将事务型数据库系统中的数据拷贝过去。这个向数据仓库拷贝数据的过程被称为提取 - 转换 - 加载（Extract-Transform-Load，ETL）。ETL 的基本流程是：从事务型数据库中提取数据，将其转换为通用表示形式（可能包含数据验证、数据归一化、编码、去重、表模式转换等工作），最终加载到分析型数据库中。该流程可能会非常麻烦，通常需要复杂的技术方案来满足性能要求。为了保持数据仓库中的数据同步，ETL 过程需要周期性地执行。

一旦数据导入数据仓库，我们就能对它们做查询分析。通常数据仓库中的查询可以分为两类：第一类是定期报告查询。它可用于计算业务相关的统计数据，如收入、用户增长、产出等。将这些指标整合成报告，能够帮助管理层评估企业整体健康状况。第二类是即席查询（ad-hoc query）。其主要目的是通过解答特定问题来辅助关键性的商业决策，例如通过查询来整合营收数字和电台广告中的投入，以评估市场营销的有效性。如图 1-3 所示，无论哪一类查询，都是在数据仓库中以批处理的方式执行。

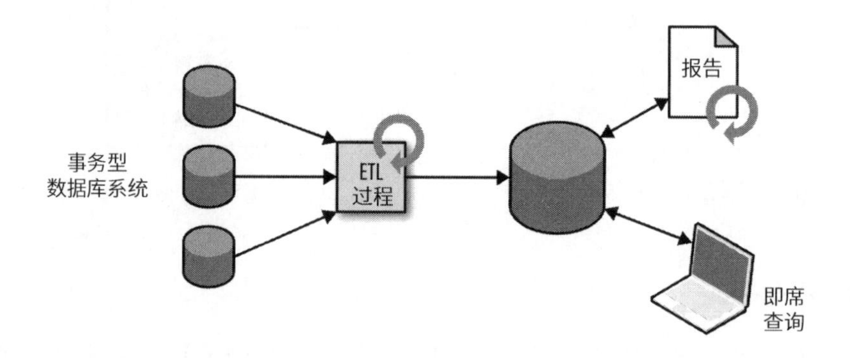

图 1-3：用于数据分析的传统数据仓库架构

时至今日，Apache Hadoop 生态组件已经成为很多公司和企业 IT 基础设施中举足轻重的部分。海量日志文件、社交媒体、网页点击日志等数据已不再使用关系数据库系统存储，而是会写入 Hadoop 分布式文件系统（HDFS）、S3 或其他诸如 Apache HBase 的批量数据存储系统。这些系统以低廉的成本提供庞大的存储容量，而它们中的数据也可以通过很多基于 Hadoop 的 SQL 引擎（如

Apache Hive、Apache Drill 或 Apache Impala）进行查询和处理。然而，这些基础设施所用的架构和传统数据仓库只是大同小异。

状态化流处理

几乎所有数据都是以连续事件流的形式产生。请考虑一下，无论是网站或移动应用中的用户交互或订单下达，还是服务器日志或传感器测量结果，这些数据本质上都是事件流。事实上，现实世界中很难找到那种瞬间就生成完整数据集的例子。作为一类面向无限事件流的应用设计模式，状态化流处理适用于企业 IT 基础设施中的很多应用场景。在讨论这些场景之前，我们首先简要解释一下状态化流处理的工作原理。

任何一个处理事件流的应用，如果要支持跨多条记录的转换操作，都必须是有状态的，即能够存储和访问中间结果。应用收到事件后可以执行包括读写状态在内的任意计算。原则上，需要在应用中访问的状态有多种可选的存储位置，例如：程序变量、本地文件、嵌入式或外部数据库等。

Apache Flink 会将应用状态存储在本地内存或嵌入式数据库中。由于采用的是分布式架构，Flink 需要对本地状态予以保护，以避免因应用或机器故障导致数据丢失。为了实现该特性，Flink 会定期将应用状态的一致性检查点(checkpoint)写入远程持久化存储。图 1-4 简单展示了 Flink 有状态的流式应用。有关状态、状态一致性，以及 Flink 的检查点机制会在后面的章节详细讨论。

有状态的流处理应用通常会从事件日志中读取事件记录。事件日志负责存储事件流并将其分布式化。由于事件只能以追加的形式写入持久化日志中，所以其顺序无法在后期改变。写入事件日志的数据流可以被相同或不同的消费者重复读取。得益于日志的追加特性，无论向消费者发布几次，事件的顺序都能保持一致。有不少事件日志系统都是开源软件，其中最流行的当属 Apache Kafka，也有部分系统会以云计算提供商集成服务的形式提供。

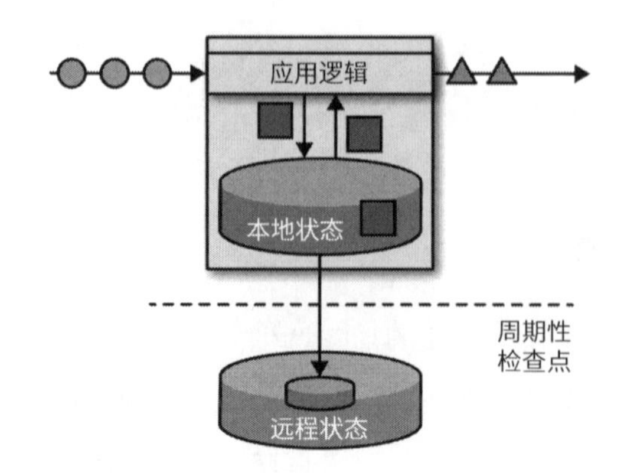

图 1-4：有状态的流式应用

出于很多原因，将运行在 Flink 之上的有状态的流处理应用和事件日志系统相连会很有意义。在该架构下，事件日志系统可以持久化输入事件并以确定的顺序将其重放。一旦出现故障，Flink 会利用之前的检查点恢复状态并重置事件日志的读取位置，以此来使有状态的流处理应用恢复正常。随后应用会从事件日志中读取并（快速）重放输入事件，直到追赶上数据流当前的进度。该技术不但可用于失败恢复，还可用于应用更新、Bug 修复、结果修正、集群迁移或针对不同版本应用执行 A/B 测试。

综上所述，状态化流处理是一类用途广泛、灵活多变的设计模式，能够解决很多不同的应用问题。接下来我们介绍三类常见的有状态的流处理应用：①事件驱动型应用；②数据管道应用；③数据分析应用。

真实的流处理用例及部署方案

如果想了解更多真实用例和部署方案，请查看 Apache Flink 的用户页面或 Flink Forward 的演讲录像及幻灯片。

为了突出状态化流处理的用途之多，我们将不同应用的类别区分地很明显，而事实上大多数真实应用都会同时具有多种类别的特性。

事件驱动型应用

事件驱动型应用是一类通过接收事件流触发特定应用业务逻辑的有状态的流式应用。根据业务逻辑的不同，此类应用可支持触发报警或发送电子邮件之类的操作，也可支持将事件写入输出流以供其他同类应用消费使用。

事件驱动型应用的典型应用场景有：

- 实时推荐（例如在客户浏览商家页面的同时进行产品推荐）。
- 模式识别或复杂事件处理（例如根据信用卡交易记录进行欺诈识别）。
- 异常检测（例如计算机网络入侵检测）。

事件驱动型应用本质上是之前讨论的微服务的演变。微服务通过 REST 调用进行通信，利用事务型数据库或键值存储等外部系统存储数据；事件驱动型应用利用事件日志进行通信，其数据则会以本地状态形式存储。图 1-5 概括展示了一个由事件驱动型应用组成的服务架构。

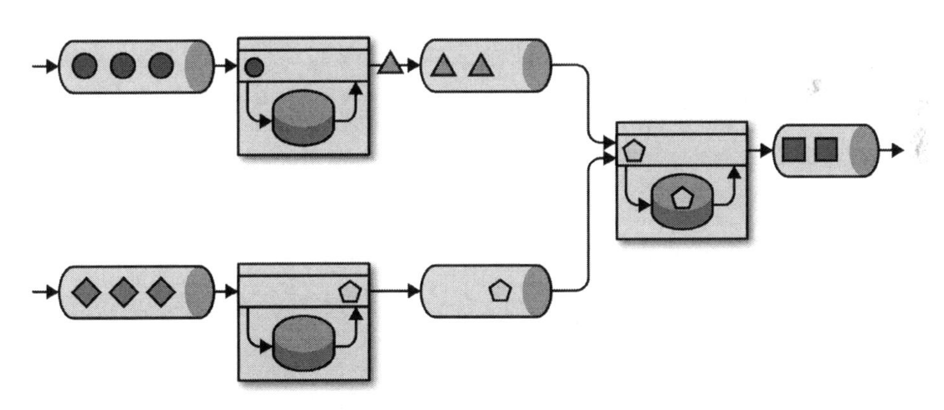

图 1-5：事件驱动型应用架构

图 1-5 中不同应用之间通过事件日志进行连接，上游应用将结果写入事件日志供下游应用消费使用。事件日志将发送端和接收端解耦，并提供异步非阻塞的事件传输机制。每个应用都可以是有状态的，只需要管理好自身状态而无须访问外部数据存储。同时，所有应用都支持独立操作和扩缩容。

与事务型应用和微服务架构相比，事件驱动型应用有很多优势：访问本地状态的性能要比读写远程数据存储系统更好；伸缩和容错交由流处理引擎完成；以事件日志作为应用的输入，不但完整可靠，而且还支持精准的数据重放。此外，Flink 可以将应用状态重置到之前的某个检查点，从而允许应用在不丢失状态的前提下更新或扩缩容。

事件驱动型应用对作为载体的底层流处理引擎具有极高的要求。不同的流处理引擎对于此类应用的支持程度存在一定差异。API 的表达能力，以及对状态处理和事件时间的支持水平等诸多因素决定了我们可以实现和执行的业务逻辑。这方面具体取决于流处理引擎的 API、提供的状态原语，以及对事件时间的处理能力。此外，作为基本需求，系统要提供精确一次（exactly-once）的状态一致性保障和针对应用的可伸缩能力。Apache Flink 能够同时涵盖上述全部特性，是运行该类应用的一个非常好的选择。

数据管道

如今的 IT 架构通常会包含多种不同的数据存储，例如：关系型或专用数据库系统、事件日志系统、分布式文件系统、内存缓存及搜索索引等。为了在各自访问模式下都能达到最佳性能，上述系统会将数据以不同格式或数据结构存储。公司为了提高数据访问性能把相同数据存储到多个系统中已非常普遍。例如，网店内某产品的信息可能会同时放到事务型数据库、网站缓存以及搜索索引中。由于数据存在多个副本，这些数据存储系统之间需要保持同步。

在不同存储系统间同步数据的传统方式是定期执行 ETL 作业，但这对于现如今很多应用场景而言根本无法满足延迟方面的需求。另一个替代方案是使用事件日志系统来分发更新。具体来说就是将更新写入事件日志系统，并由它进行分发。日志的消费方会将这些更新整合到相关数据存储系统中。根据用例的不同，转存的数据可能需要归一化，利用外部输入丰富数据或在写入目标存储之前进行数据聚合。

有状态的流处理应用的另一个日常用例是以低延迟的方式获取、转换并插入数据，我们将此类应用称为数据管道。它需要在短时间内处理大批量数据。执行数据管道应用的流处理引擎为了支持不同外部系统的数据读写，还需要提供多样化的数据源、数据汇连接器。Flink 同样可以做到上述一切。

流式分析

ELT 作业会周期性地把数据导入数据存储系统，并通过即席或计划查询处理数据。无论它们的架构是基于数据仓库还是 Hadoop 生态系统组件，这都属于批处理。虽然周期性地将数据导入分析系统在多年来一直是最先进的方法，但它会给分析流程带来相当大的延迟。

根据调度周期的不同，数据可能会在数小时或数天后才出现在报告中。在某种程度上，使用数据管道应用来导入数据可以降低延迟。但即便持续地进行 ETL 操作，事件在被查询和处理到之前总会有一定延迟。虽然从过去视角来看，这种延迟可以接受，但当今的应用必须能够实时收集数据并迅速响应（例如调整手游中的某个可变条件或使用户在网购过程中获得个性化体验）。

流式分析应用不再需要等待周期性地触发。相反，它会持续获取事件流，以极低的延迟整合最新事件，从而可以不断更新结果。这有点类似于数据库系统为了更新物化视图而用到的维护技术。通常情况下，流式应用会把它们的结果保存在某种支持高效更新的外部数据存储中，例如数据库或键值存储。如图 1-6 所示，流式分析应用实时更新的结果可用于支撑仪表盘应用的展示。

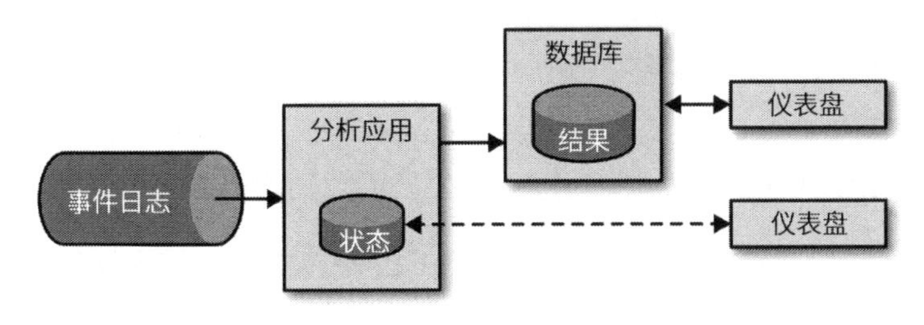

图 1-6：流式分析应用示例

除了将事件整合到分析结果的用时更短，流式分析应用还有另一个不太明显的优势。传统分析流程都会包含很多独立组件，例如ETL进程、存储系统等。即便是基于Hadoop的环境，也需要有数据处理器和用来触发作业或查询的调度器。相比之下，运行有状态的流处理应用的流处理引擎会全面负责事件获取、维护状态的持续计算以及更新结果等所有处理步骤。此外，它还能以精确一次的状态一致性保障进行故障恢复，调节应用计算资源等。诸如Flink之类的流处理引擎还支持事件时间处理，从而可以生成精准、确定的结果，并具备在短时间内处理大量数据的能力。

流式分析应用常用于：

- 手机网络质量监控。
- 移动应用中的用户行为分析。
- 消费者技术中的实时数据即席分析。

虽然本书中没有过多涉及，但值得一提的是，Flink还支持对于数据流的分析型SQL查询。

开源流处理的演变

数据流处理并非是一项新技术，一些最初的研究原型和商业产品甚至可以追溯到20世纪90年代。而近期流处理技术的普及在很大程度上还要归功于很多开源界成熟的流处理引擎。如今，开源分布式流处理引擎已经支撑起包括（在线）零售、社交媒体、移动通信、游戏、银行等很多不同行业的核心业务应用。开源软件之所以能够主导这一趋势，主要有两方面原因：

1. 开源流处理软件作为一类商品，允许任何人评估和使用。
2. 得益于众多开源社区的努力，可伸缩的流处理技术能够迅速发展和成熟。

仅 Apache 软件基金会一家就拥有十多个和流处理相关的项目。新的分布式流处理项目不断涌入开源领域，依靠其新的功能特性能向旧有技术发起挑战。开源社区通过不断增强它们项目的功能在流处理领域开疆拓土。在此，我们将通过简要的历史回顾来探索一下开源流处理技术的前世今生。

历史回顾

第一代开源分布式流处理引擎（2011 年）专注于以毫秒级延迟处理数据并保证系统故障时事件不会丢失。它们的 API 非常底层，而且并未针对流式应用结果的准确性和一致性提供内置保障。其结果完全取决于事件到达的时间和顺序。此外，虽然数据在出错时不会丢失，但可能会被处理多次。和批处理引擎相比，第一代开源流处理引擎通过牺牲结果的准确度来换取低延迟。以当时的眼光看待流处理系统，计算快速和结果准确二者不可兼得，因此才有了所谓的 Lambda 架构，如图 1-7 所示。

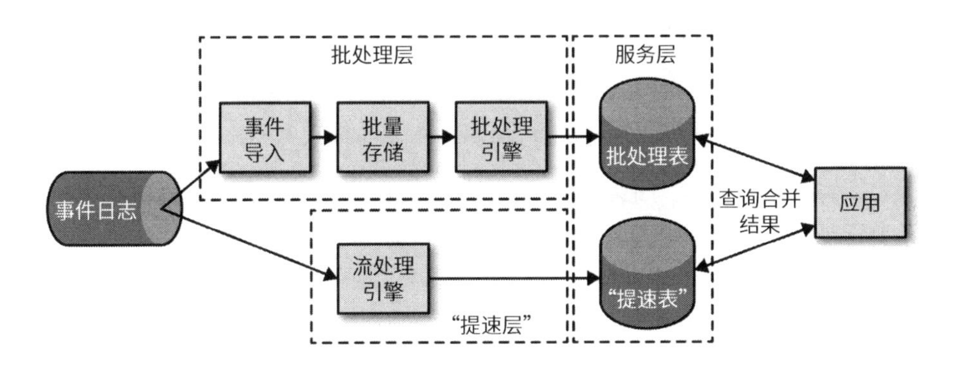

图 1-7：Lambda 架构

Lambda 架构在传统周期性批处理架构的基础上添加了一个由低延迟流处理引擎所驱动的"提速层"（speed layer）。在该架构中，到来的数据会同时发往流处理引擎和写入批量存储。流处理引擎会近乎实时地计算出近似结果，并将其写入"提速表"中。批处理引擎周期性地处理批量存储的数据，将精确结果写入批处理表，随后将"提速表"中对应的非精确结果删除。为了获取最终结果，应用需要将"提速表"中的近似结果和批处理表中的精确结果合并。

虽然 Lambda 架构已经算不上最先进，但仍然有着非常广泛的应用。它最初是以改善原始批量分析架构中结果的高延迟为目标，然而自身却有很多明显的缺点。首先，该架构需要在拥有不同 API 的两套独立处理系统之上实现两套语义相同的应用逻辑；其次，流处理引擎计算的结果只是近似的；最后，Lambda 架构很难配置和维护。

和第一代开源分布式流处理引擎相比，第二代引擎（2013 年）提供了更加完善的故障处理机制，即便出现故障，它们也能保证每条记录仅参与一次结果运算。此外，编程 API 也从底层基于算子的接口进化为拥有更多内置操作原语的高层 API。但它们的部分改进（例如更高的吞吐和更完善的故障处理保障）是以增加处理延迟（从毫秒级到秒级）为代价的，并且其处理结果仍依赖于事件到来的时间和顺序。

第三代分布式流处理引擎（2015 年）解决了结果对事件到来时间及顺序的依赖问题。结合精确一次故障恢复语义，这一代系统才称得上第一批能够计算精确一致结果的开源流处理引擎。由于只需依靠实际数据计算结果，此类系统可以将历史数据当做“实时”数据进行处理。它的另一项改进是无需让用户在延迟和吞吐之间做出困难的抉择。前几代的流处理引擎只能在高吞吐和低延迟之间二选其一，而第三代的系统可以兼顾两者，这使得 Lambda 架构彻底沦为历史。

除了已经讨论过的容错、性能及结果精确性等系统属性，流处理引擎还在不断扩充新的操作功能（operational feature），例如：高可用设置，和资源管理框架（YARN、Kubernetes 等）的紧密集成，以及支持流式应用动态扩缩容。此外还有一些新的特性，例如：支持应用代码更新，在不丢失当前状态的前提下将作业迁移至一个新的集群或新版本的流处理引擎等。

Flink 快览

Apache Flink 是一个集众多具有竞争力的特性于一身的第三代流处理引擎。

它支持精确的流处理，能同时满足各种规模下对高吞吐和低延迟的要求，尤其是以下功能使其在同类系统中脱颖而出：

- 同时支持事件时间和处理时间语义。事件时间语义能够针对无序事件提供一致、精确的结果；处理时间语义能够用在具有极低延迟需求的应用中。
- 提供精确一次（exactly-once）的状态一致性保障。
- 在每秒处理数百万条事件的同时保持毫秒级延迟。基于 Flink 的应用可以扩展到数千核心之上。
- 层次化的 API 在表达能力和易用性方面各有权衡。本书涵盖了 DataStream API 和处理函数（process function）的相关内容，它们提供了通用的流处理操作原语（如窗口划分和异步操作）以及精确控制时间和状态的接口。而 Flink 的关系型 API——SQL 及 LINQ 风格的 Table API，并没有在书中过多涉及。
- 用于最常见存储系统的连接器，如 Apache Kafka、Apache Cassandra、Elasticsearch、JDBC、Kinesis 以及（分布式）文件系统（HDFS 和 S3 等）。
- 支持高可用性配置（无单点失效），和 Kubernetes、YARN、Apache Mesos 紧密集成，快速故障恢复，动态扩缩容作业等。基于上述特点，它可以 7×24 小时运行流式应用，几乎无须停机。
- 允许在不丢失应用状态的前提下更新作业的程序代码，或进行跨 Flink 集群的作业迁移。
- 提供了详细、可自由定制的系统及应用指标（metrics）集合，用于提前定位和响应问题。
- 最后要强调的一点：Flink 同时也是一个成熟的批处理引擎。[注1]

注 1：虽然 Flink 用于批处理的 DataSet API 及其算子都独立于对应的流处理部分，但 Flink 社区的视角是把批处理看做流处理的一个特例，即处理有界的数据流。社区正在努力的一个方向就是将 Flink 发展成为在 API 及运行时层面都能做到批流统一的系统。

除了上述特性，Flink 还是一个对开发者非常友好的框架，这得益于它十分易用的 API。Flink 的嵌入式执行模式可将应用自身连同整个 Flink 系统在单个 JVM 进程内启动，方便从 IDE 里运行和调试 Flink 作业。这在开发和调试 Flink 应用的时候非常好用。

运行首个 Flink 应用

为了让你对 Flink 有一个初步印象，接下来我们将一步步指导你启动本地集群并运行一个流式应用。该应用会读取随机生成的温度传感器数值，并按时间对它们执行转换和聚合操作。为此你需要先安装 Java 8。我们假设以下步骤都是基于 UNIX 环境。如果你用 Windows，我们建议你配置一个 Linux 虚拟机，也可以安装 Cygwin（一个 Windows 下的 Linux 环境）或配置 WSL（Windows Subsystem for Linux，Windows 10 中新加的功能）。启动本地 Flink 集群并提交应用到上面执行的步骤如下：

1. 从 Apache Flink 官网（flink.apache.org）下载支持 Scala 2.12 的 Apache Flink 1.7.1 Hadoop-free 二进制发行版。

2. 解压文件：

```
$ tar xvfz flink-1.7.1-bin-scala_2.12.tgz
```

3. 启动本地 Flink 集群：

```
$ cd flink-1.7.1
$ ./bin/start-cluster.sh Starting cluster.
Starting standalonesession daemon on host xxx.
Starting taskexecutor daemon on host xxx.
```

4. 在浏览器中输入 URL `http://localhost:8081`，打开 Flink Web UI。如图 1-8 所示，你会看到一些有关刚刚启动的本地 Flink 集群的统计信息。它表示已经连接上一个 TaskManager（Flink 的工作进程），且有一个可用的任务槽（TaskManager 所提供的资源单元）。

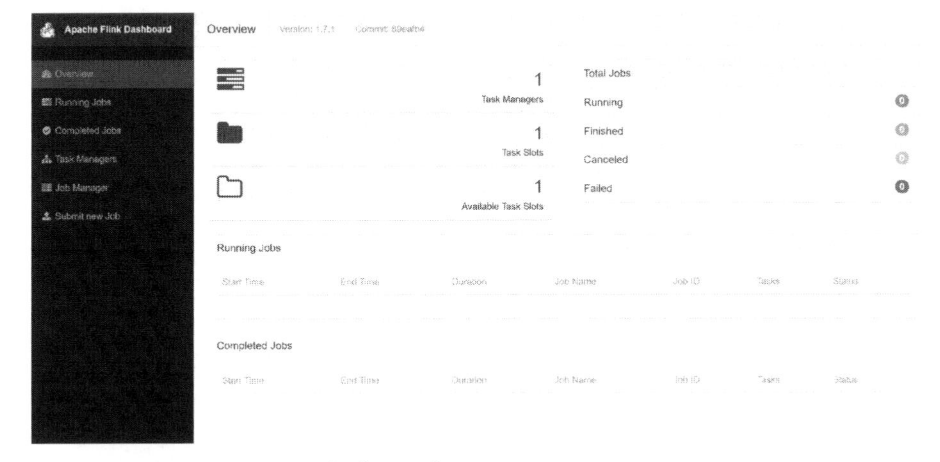

图 1-8：Apache Flink Web UI 概览页面截图

5. 下载涵盖本书所有示例的 JAR 文件：

```
$ wget https://streaming-with-flink.github.io/\
examples/download/examples-scala.jar
```

你也可以根据代码库中 README 文件的指示自行构建 JAR 文件。

6. 通过指定应用的入口类和 JAR 文件，在你本地集群上运行示例。

```
$ ./bin/flink run \
  -c io.github.streamingwithflink.chapter1.AverageSensorReadings \
  examples-scala.jar
Starting execution of program
Job has been submitted with JobID cfde9dbe315ce162444c475a08cf93d9
```

7. 检查一下 Web UI，你应该能看到“Running Jobs”列表中有一个作业。单击那个作业，你会看到和图 1-9 中的截图类似的数据流程及运行作业中算子的实时指标。

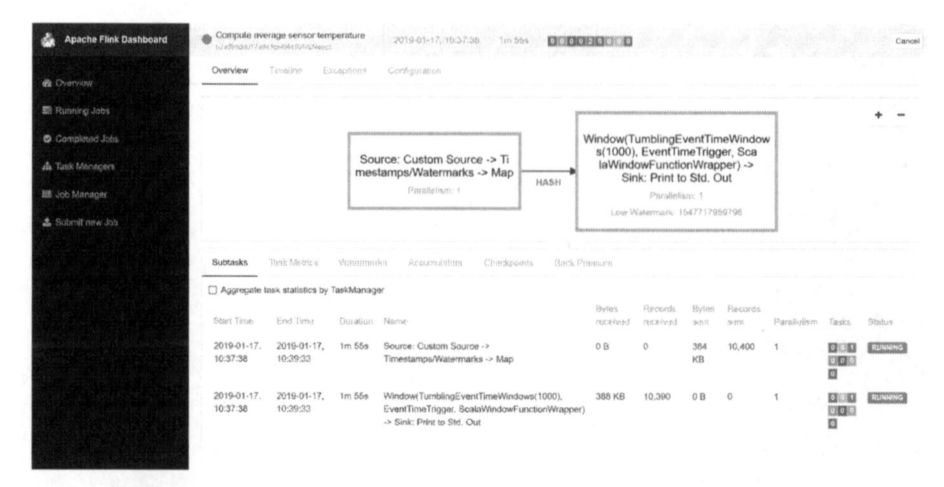

图 1-9：展示运行作业的 Apache Flink Web UI 截图

8. 作业的输出会写入 Flink 工作进程的标准输出，默认情况下它会重定向到 ./log 目录下的文件。

   可以使用 tail 命令监控持续产生的结果：

   ```
   $ tail -f ./log/flink-<user>-taskexecutor-<n>-<hostname>.out
   ```

   你会看到文件中写入了和下面类似的文本行：

   ```
   SensorReading(sensor_1,1547718199000,35.80018327300259)
   SensorReading(sensor_6,1547718199000,15.402984393403084)
   SensorReading(sensor_7,1547718199000,6.720945201171228)
   SensorReading(sensor_10,1547718199000,38.101067604893444)
   ```

   `SensorReading` 的第一个字段是 `sensorId`，第二个字段是用自 `1970-01-01-00:00:00.000` 以来的毫秒数所表示的时间戳，第三个字段是每隔 5 秒计算出的平均温度。

9. 由于应用是流式的，它会一直运行下去，直到你手动取消。取消的方式是在 Web UI 中选定作业，然后单击页面上方的 Cancel 按钮。

10. 最后别忘了停止本地 Flink 集群。

   ```
   $ ./bin/stop-cluster.sh
   ```

就这么简单，恭喜你首次成功安装启动了 Flink 本地集群并运行了你的首个 Flink DataStream 程序！当然，关于用 Apache Flink 进行流处理要学习的知识还有很多，这也正是本书要介绍的内容。

小结

本章我们介绍了状态化流处理，讨论了它的几个用例并对 Apache Flink 进行了初步介绍。我们首先回顾了传统的数据基础架构，业务应用的常规设计以及当今大多数公司如何收集和分析数据。随后我们介绍了状态化流处理的基本思想，解释了它如何处理从业务应用和微服务到 ETL 和数据分析的多种用例。我们讨论了开源流处理系统如何从 20 世纪初逐步演变，成为针对目前很多企业用例的可行解决方案。最后我们简单了解了 Apache Flink 以及它提供的诸多特性，还展示了如何在本地安装设置 Flink 并运行第一个流处理应用。

第 2 章
流处理基础

至此，你不但已经见过流式应用是如何突破传统批处理的一些局限以及它如何支持新的应用和架构，还了解了开源流处理领域的发展过程以及 Flink 流式应用的模样。接下来我们将正式引领你踏入流处理的世界。

本章旨在介绍流处理的基础概念及其处理框架的需求。希望你在阅读之后，能够具备对时下不同流处理系统进行功能评估的能力。

Dataflow 编程概述

在深入探索流处理的基础知识之前，我们需要先介绍 Dataflow 编程的必要背景，并建立起贯穿整书的术语体系。

Dataflow 图

顾名思义，Dataflow 程序描述了数据如何在不同操作之间流动。Dataflow 程序通常表示为有向图。图中顶点称为算子，表示计算；而边表示数据依赖关系。算子是 Dataflow 程序的基本功能单元，它们从输入获取数据，对其进行计算，然后产生数据并发往输出以供后续处理。没有输入端的算子称为数据源，没有输出端的算子称为数据汇。一个 Dataflow 图至少要有一个数据源和一个数据汇。图2-1展示了一个从推文输入流中提取并统计主题标签的Dataflow程序。

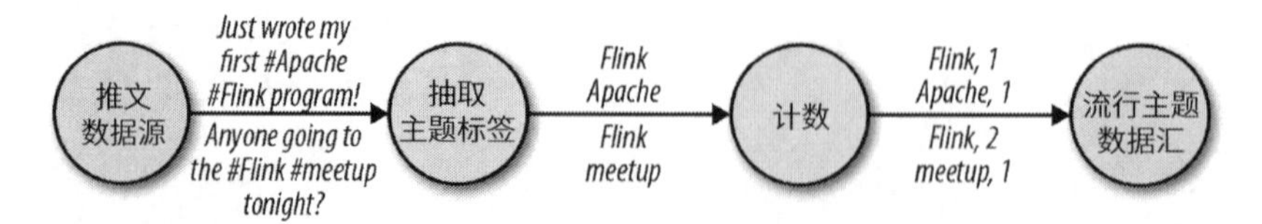

图 2-1：一个持续统计主题标签数目的 Dataflow 逻辑图（顶点表示算子，边表示数据依赖）

类似图 2-1 的 Dataflow 图被称作逻辑图，因为它们表达了高层视角下的计算逻辑。为了执行 Dataflow 程序，需要将逻辑图转化为物理 Dataflow 图，后者会指定程序的执行细节。例如：当我们使用分布式处理引擎时，每个算子可能会在不同物理机器上运行多个并行任务。图 2-2 展示了图 2-1 中逻辑图所对应的物理 Dataflow 图。在逻辑 Dataflow 图中，顶点代表算子；在物理 Dataflow 图中，顶点代表任务。“抽取主题标签”和“计数”算子都包含两个并行算子任务，每个任务负责计算一部分输入数据。

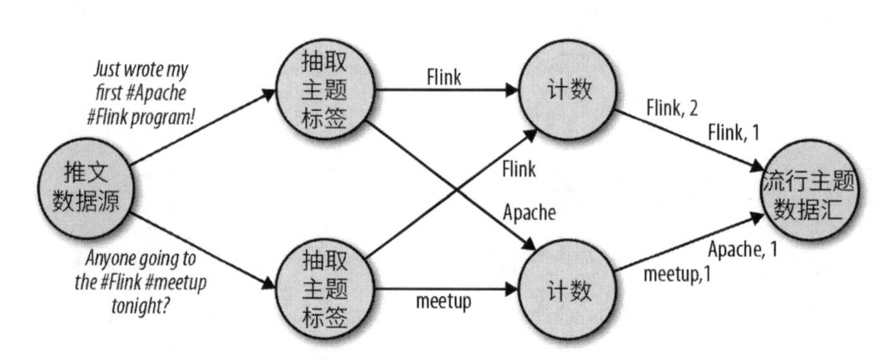

图 2-2：主题标签计数的物理 Dataflow 计划（顶点表示任务）

数据并行和任务并行

Dataflow 图的并行性可以通过多种方式加以利用。首先，你可以将输入数据分组，让同一操作的多个任务并行执行在不同数据子集上，这种并行称为数据并行（data parallelism）。数据并行非常有用，因为它能够将计算负载分配到多个节点上从而允许处理大规模的数据。再者，你可以让不同算子的任务（基于相同或不同的数据）并行计算，这种并行称为任务并行（task parallelism）。通过任务并行，可以更好地利用集群的计算资源。

数据交换策略

数据交换策略定义了如何将数据项分配给物理 Dataflow 图中的不同任务。这些策略可以由执行引擎根据算子的语义自动选择，也可以由 Dataflow 编程人员显式指定。接下来，我们结合图 2-3 来简单了解一下常见的数据交换策略。

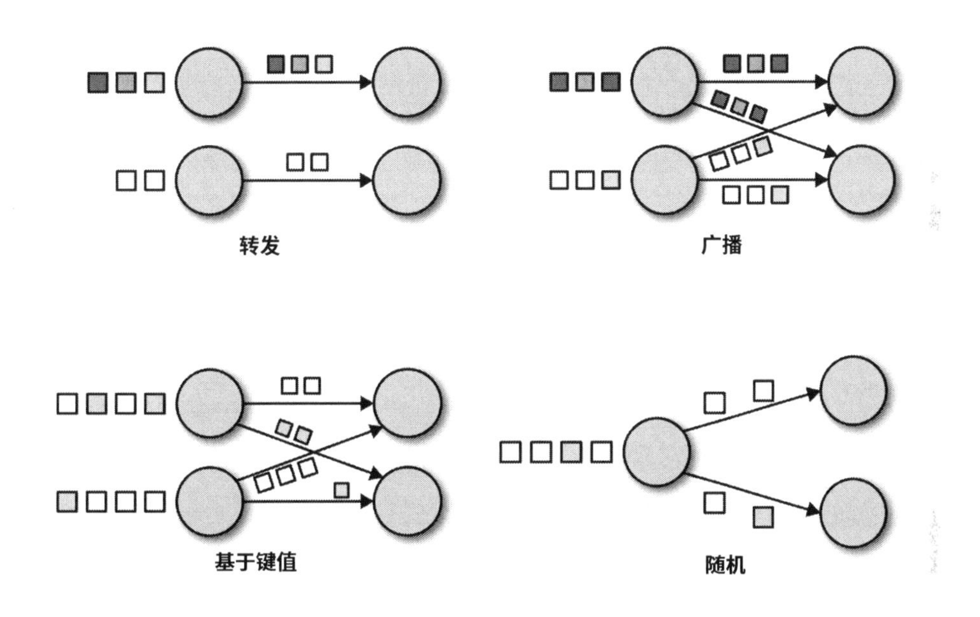

图 2-3：数据交换策略

- 转发策略（forward strategy）在发送端任务和接收端任务之间一对一地进行数据传输。如果两端任务运行在同一物理机器上（通常由任务调度器决定），该交换策略可以避免网络通信。
- 广播策略（broadcast strategy）会把每个数据项发往下游算子的全部并行任务。该策略会把数据复制多份且涉及网络通信，因此代价十分昂贵。
- 基于键值的策略（key-based strategy）根据某一键值属性对数据分区，并保证键值相同的数据项会交由同一任务处理。图 2-2 中，“抽取主题标签”算子的输出就是按照键值（主题标签）划分的，因此下游的计数算子可以正确计算出每个主题标签的出现次数。

- 随机策略（random strategy）会将数据均匀分配至算子的所有任务，以实现计算任务的负载均衡。

并行流处理

现在你已经对 Dataflow 编程的基础有所了解。接下来我们看一下如何将这些概念应用到并行数据流处理中。在此之前我们先给出数据流的定义：数据流是一个可能无限的事件序列。

数据流中的事件可以表示监控数据、传感器测量值、信用卡交易、气象站观测数据、在线用户交互，以及网络搜索等。本节你将学到如何利用 Dataflow 编程范式并行处理无限数据流。

延迟和吞吐

在第 1 章，你已经了解到流式应用和传统批处理程序在操作需求上有所差异，而这些需求差异还体现在性能评测方面。对批处理应用而言，我们通常会关心作业的总执行时间，或者说处理引擎读取输入、执行计算、写回结果总共需要多长时间。但由于流式应用会持续执行且输入可能是无限的，所以在数据流处理中没有总执行时间的概念。取而代之的是，流式应用需要针对到来数据尽可能快地计算结果，同时还要应对很高的事件接入速率。我们用延迟和吞吐来表示这两方面的性能需求。

延迟

延迟表示处理一个事件所需的时间。本质上，它是从接收事件到在输出中观察到事件处理效果的时间间隔。为了直观地理解延迟，想一下你每天都会光顾自己喜欢的咖啡店。当你进门的时候，可能已经有别的顾客在里面了。这时候你就需要排队，等轮到你的时候再开始点单。收银员收到你的付款后会把订单交给帮你准备饮品的咖啡师。咖啡制作完成后，咖啡师会叫你的名字，你来从吧台取走咖啡。所谓服务延迟就是你在店内买咖啡的时间，即从你进门的一刻到你喝到第一口咖啡的时间。

在流处理中，延迟是以时间片（例如毫秒）为单位测量的。根据应用的不同，你可能会关注平均延迟，最大延迟或延迟的百分位数值。例如：平均延迟为10毫秒表示平均每条数据会在10毫秒内处理；而第95百分位延迟在10毫秒意味着95%的事件会在10毫秒内处理。平均值会掩盖处理延迟的真实分布，从而导致难以发现问题。如果咖啡师在给你准备卡布奇诺前刚好把牛奶用光了，那么你必须等他从供应间再拿一些出来。虽然你可能因为这次耽搁而不高兴，但其余大多数顾客可能丝毫不会为此影响心情。

保证低延迟对很多流式应用（例如：诈骗识别、系统告警、网络监测，以及遵循服务级别协议（SLA）的服务）而言至关重要。低延迟是流处理的一个关键特性，它滋生出了所谓的实时应用。像Apache Flink这样的现代化流处理引擎可以提供低至几毫秒的延迟。相反，传统批处理的延迟可能从几分钟到几小时不等。在批处理中，你先要批量收集事件，然后才能处理它们。因此处理延迟受制于每个批次最迟事件的时间，且天然受到批次大小的影响。真正的流处理不会引入人为延迟等要素，只有这样才能将延迟将至极低。在真正的流模型中，事件一到达系统就可以进行处理，延迟会更加真实地反映出每个事件都要经历的实际处理工作。

吞吐

吞吐是用来衡量系统处理能力（处理速率）的指标，它告诉我们系统每单位时间可以处理多少事件。回到刚刚咖啡店的例子，如果它的营业时间是早7点到晚7点，并且一天服务了600名顾客，那么它的平均吞吐是50人/小时。通常情况下延迟是越低越好，而显然吞吐则是越高越好。

吞吐的衡量方式是计算每个单位时间的事件或操作数。但要注意，处理速率取决于数据到来速率，因此吞吐低不一定意味着性能差。在流处理系统中，你通常希望系统有能力应对以最大期望速率到来的事件。换言之，首要的关注点是确定峰值吞吐，即系统满负载时的性能上限。为了更好地理解峰值吞吐的概念，我们先假设某个流处理应用没有在接收任何数据，也因此无需占用任何系统资源。当首个事件进入时，系统会立刻以尽可能低的延迟进行处理。这就如同你是早晨咖啡店开门后的首位顾客，会立即享受服务。理想情况下，你会希望延迟保持平稳，不受事件到来速率的影响。但现实中，一旦事件到达速率过高致使系统没有空闲资源，系统就会被迫开始缓冲事件。在咖啡店的例子中，你很有可能在午餐后见到这种情况：店内突然间涌入大量顾客，点单的人排起了长队。此时系统吞吐已到极限，一味提高事件到达速率只会让延迟更糟。如果系统持续以力不能及的高速率接收数据，那么缓冲区可能会用尽，继而可能导致数据丢失。这种情形通常被称为背压（backpressure），我们有多种可选策略来处理它。

延迟与吞吐

至此你应该已经清楚，延迟和吞吐并非相互独立的指标。如果事件在数据处理管道中传输时间太久，我们将难以确保高吞吐；同样，如果系统性能不足，事件很容易堆积缓冲，必须等待一段时间才能处理。

我们再通过咖啡店的例子来解释一下延迟和吞吐如何相互影响。首先需要明确的是，在空负载的情况下延迟会达到最优。也就是说，如果咖啡店只有你一名顾客，你将获得最快的服务。然而，在高峰时段，顾客必须要排队，此时延迟将增加。影响延迟和相应吞吐的另一因素是处理单个事件的时间，即在咖啡店服务每一名顾客所需的时间。假设现在正值圣诞假期，咖啡师要在他们完成的每杯咖啡的杯子上画一个圣诞老人。这意味着准备单杯咖啡的时间会延长，继而导致每位顾客在店里花费的时间增加，此时整体吞吐量将会下降。

既然这样，可以通过某种方式同时获得低延迟和高吞吐吗？还是说这根本不切实际？在咖啡店的例子中，为了降低延迟，店家可以雇佣更娴熟的咖啡师，他们制作咖啡会更快一些。这样在高峰时段，相同时间内可以服务的顾客数量多了，吞吐量自然也会提高。另一个殊途同归的办法是再雇一个咖啡师，即利用并行解决问题。此处的要点在于：降低延迟实际上可以提高吞吐。显然，系统执行操作越快，相同时间内执行的操作数目就会越多。事实上，这就是在流处理管道中利用并行实现的效果。通过并行处理多条数据流，可以在处理更多事件的同时降低延迟。

数据流上的操作

流处理引擎通常会提供一系列内置操作来实现数据流的获取、转换，以及输出。这些算子可以组合生成 Dataflow 处理图，从而实现流式应用所需的逻辑。本节我们将介绍最常见的流式操作。

这些操作既可以是无状态（stateless）的，也可以是有状态（stateful）的。无状态的操作不会维持内部状态，即处理事件时无需依赖已处理过的事件，也不保存历史数据。由于事件处理互不影响且与事件到来的时间无关，无状态的操作很容易并行化。此外，如果发生故障，无状态的算子可以很容易地重启，并从中断处继续工作。相反，有状态算子可能需要维护之前接收的事件信息。它们的状态会根据传入的事件更新，并用于未来事件的处理逻辑中。有状态的流处理应用在并行化和容错方面会更具挑战性，因为它们需要对状态进行高效划分，并且在出错时需进行可靠的故障恢复。在本章末尾，你将了解更多有关状态化流处理、错误场景和一致性的信息。

数据接入和数据输出

数据接入和数据输出操作允许流处理引擎和外部系统进行通信。数据接入操作是从外部数据源获取原始数据并将其转换成适合后续处理的格式。实现数据接入操作逻辑的算子称为数据源。数据源可以从 TCP 套接字、文件、Kafka 主题或传感器数据接口中获取数据。数据输出操作是将数据以适合外部系统使用的格式输出。负责数据输出的算子称为数据汇，其写入的目标可以是文件、数据库、消息队列或监控接口等。

转换操作

转换操作是一类“只过一次”的操作，它们会分别处理每个事件。这些操作逐个读取事件，对其应用某些转换并产生一条新的输出流。如图 2-4 所示，转换逻辑可以是算子内置的，也可以由用户自定义函数提供。函数由应用开发人员编写，可用来实现某些自定义的计算逻辑。

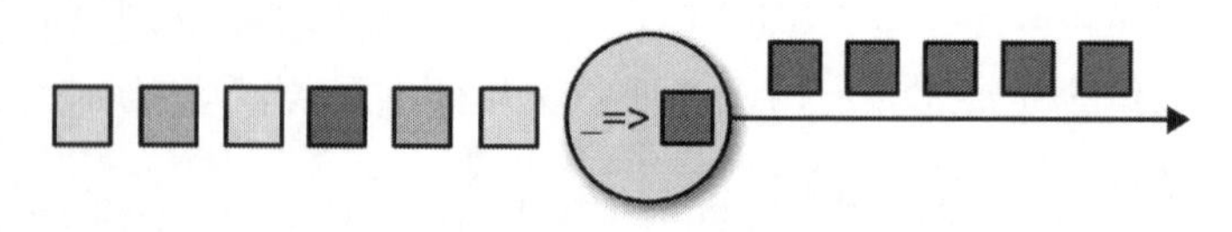

图 2-4：带有函数的流式算子会将每个到来事件的颜色变深

算子既可以同时接收多个输入流或产生多条输出流，也可以通过单流分割或合并多条流来改变 Dataflow 图的结构。我们将在第 5 章讨论 Flink 中不同算子的语义。

滚动聚合

滚动聚合（如求和、求最小值和求最大值）会根据每个到来的事件持续更新结果。聚合操作都是有状态的，它们通过将新到来的事件合并到已有状态来生成更新后的聚合值。注意，为了更有效地合并事件和当前状态并生成单个结果，聚合函数必须满足可结合（associative）及可交换（commutative）的条件，否则算子就需要存储整个流的历史记录。图 2-5 展示了一个求最小值的滚动聚合，其算子会维护当前的最小值，并根据每个到来的事件去更新这个值。

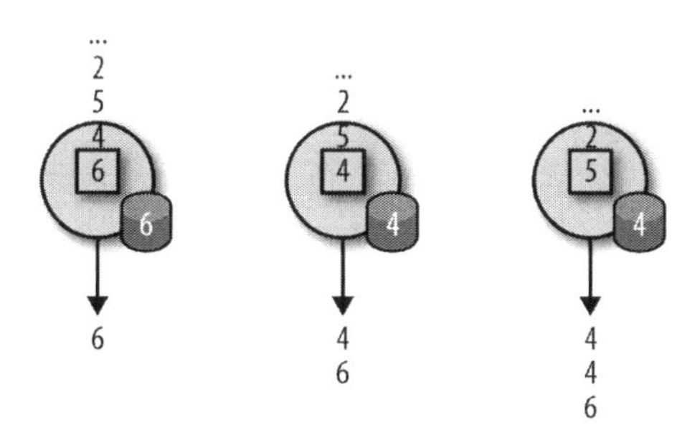

图 2-5：求最小值的滚动聚合操作

窗口操作

转换操作和滚动聚合每次处理一个事件来产生输出并（可能）更新状态。然而，有些操作必须收集并缓冲记录才能计算结果，例如流式 Join 或像是求中位数的整体聚合（holistic aggregate）。为了在无限数据流上高效地执行这些操作，必须对操作所维持的数据量加以限制。本节我们将讨论支持该项功能的窗口操作。

除了产生单个有用的结果，窗口操作还支持在数据流上完成一些具有切实语义价值的查询。你已经了解滚动聚合是如何将整条历史流压缩成一个聚合值，以及如何针对每个事件在极低延迟内产生结果。该操作对某些应用而言是可行的，但如果你只对最新的那部分数据感兴趣该怎么办？假设有一个应用能向司机提供实时路况信息以帮助他们躲避拥堵。在该场景下，你只想知道在最近几分钟内某个特定位置有没有发生交通事故，而可能对该位置发生过的所有事故并不感兴趣。此外，将整条历史流合并为单个聚合值会丢失数据随时间变化的信息。例如，你可能想了解某路口每 5 分钟的车流量。

窗口操作会持续创建一些称为“桶”的有限事件集合，并允许我们基于这些有限集进行计算。事件通常会根据其时间或其他数据属性分配到不同桶中。为了准确定义窗口算子语义，我们需要决定事件如何分配到桶中以及窗口用怎样的频率产生结果。窗口的行为是由一系列策略定义的，这些窗口策略决定了什么时间创建桶，事件如何分配到桶中以及桶内数据什么时间参与计算。

其中参与计算的决策会根据触发条件判定，当触发条件满足时，桶内数据会发送给一个计算函数（evaluation function），由它来对桶中的元素应用计算逻辑。这些计算函数可以是某些聚合（例如求和、求最小值），也可以是一些直接作用于桶内收集元素的自定义操作。策略的指定可以基于时间（例如最近 5 秒钟接收的事件）、数量（例如最新 100 个事件）或其他数据属性。我们会在接下来介绍常见窗口类型的语义。

- 滚动窗口（tumbling window）将事件分配到长度固定且互不重叠的桶中。在窗口边界通过后，所有事件会发送给计算函数进行处理。基于数量的（count-based）滚动窗口定义了在触发计算前需要集齐多少条事件。图 2-6 中基于数量的滚动窗口将输入流按每 4 个元素一组分配到不同的桶中。基于时间的（time-based）滚动窗口定义了在桶中缓冲数据的时间间隔。图 2-7 中基于时间的滚动窗口将事件汇集到桶中，每 10 分钟触发一次计算。

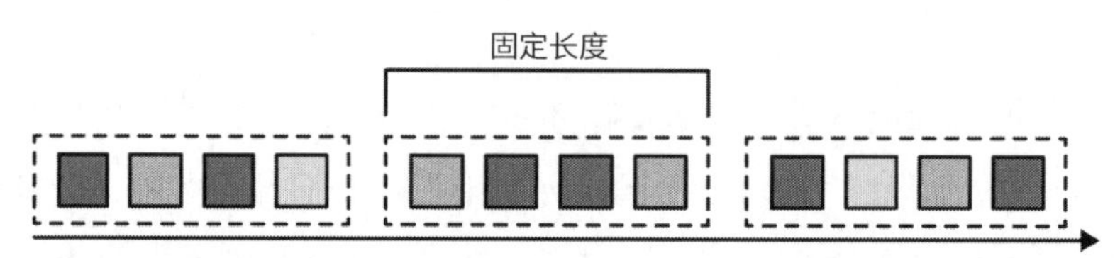

图 2-6：基于数量的滚动窗口

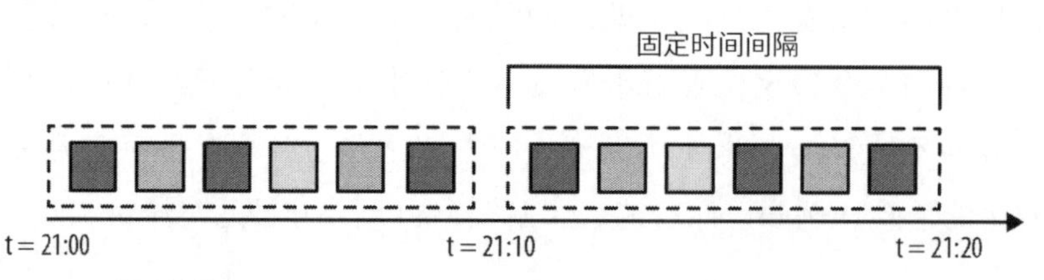

图 2-7：基于时间的滚动窗口

- 滑动窗口（sliding window）将事件分配到大小固定且允许相互重叠的桶中，这意味着每个事件可能会同时属于多个桶。我们通过指定长度和滑动间隔来定义滑动窗口。滑动间隔决定每隔多久生成一个新的桶。在图 2-8 中，基于数量的滑动窗口的长度为 4 个事件，滑动间隔为 3 个事件。

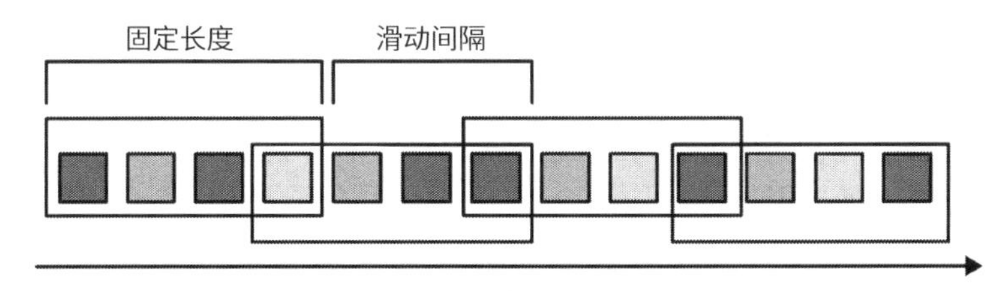

图 2-8：长度为 4 个事件滑动间隔为 3 个事件的基于数量的滑动窗口

- 会话窗口（session window）在一些常见的真实场景中非常有用，这些场景既不适合用滚动窗口也不适合用滑动窗口。假设有一个应用要在线分析用户行为，在该应用中我们要把事件按照用户的同一活动或会话来源进行分组。会话由发生在相邻时间内的一系列事件外加一段非活动时间组成。例如，用户浏览一连串新闻文章的交互过程可以看作一个会话。由于会话长度并非预先定义好，而是和实际数据有关，所以无论是滚动还是滑动窗口都无法用于该场景。而我们需要一个窗口操作，能将属于同一会话的事件分配到相同桶中。会话窗口根据会话间隔（session gap）将事件分为不同的会话，该间隔值定义了会话在关闭前的非活动时间长度。图 2-9 展示了一个会话窗口。

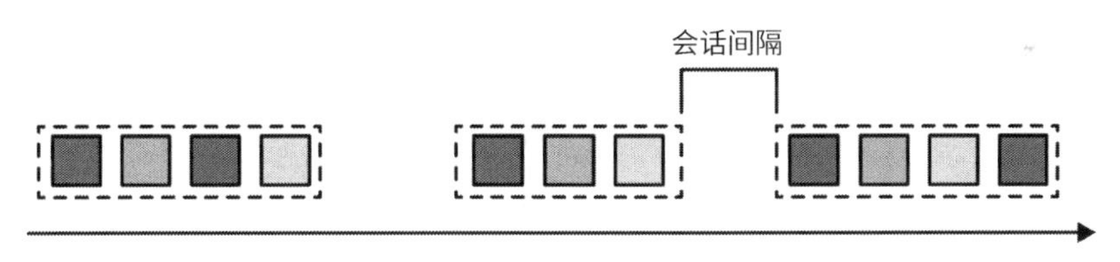

图 2-9：会话窗口

迄今为止你所见到的所有窗口都是基于全局流数据的窗口。但在实际应用中，你可能会想将数据流划分为多条逻辑流并定义一些并行窗口。例如，如果你在收集来自不同传感器的测量值，那么可能会想在应用窗口计算前按照传感器 ID 对数据流进行划分。并行窗口中，每个数据分区所应用的窗口策略都相互独立。图 2-10 展示了一个按事件颜色划分、基于数量 2 的并行滚动窗口。

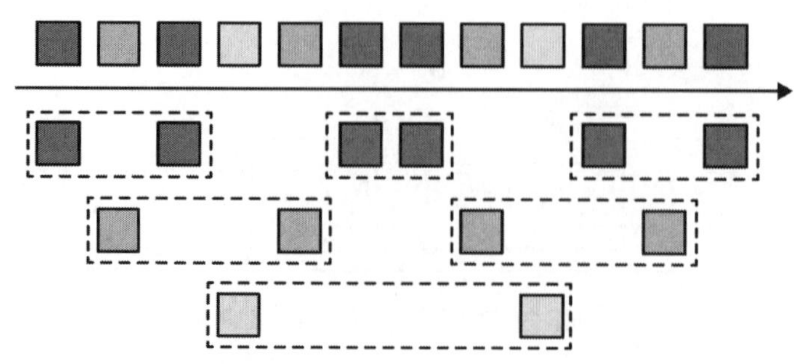

图 2-10：基于数量 2 的并行滚动窗口

窗口操作与流处理中两个核心概念密切相关：时间语义（time semantics）和状态管理（state management）。时间可能是流处理中最重要的一个方面。尽管低延迟是流处理中一个很吸引人的特性，但流处理的真正价值远不止提供快速分析。现实世界的系统、网络及通信信道往往充斥着缺陷，因此流数据通常都会有所延迟或者以乱序到达。了解如何在这种情况下提供精准、确定的结果就变得至关重要。此外，处理实时事件的流处理应用还应以相同的方式处理历史事件，这样才能支持离线分析，甚至时间旅行式分析（time travel analyse）。当然，如果你的系统无法在故障时保护状态，那一切都是空谈。至今为止你见到的所有窗口类型都要在生成结果前缓冲数据。实际上，如果你想在流式应用中计算任何有意义的结果（即便是简单的计数），都需要维护状态。考虑到流式应用可能需要整日、甚至长年累月地运行，因此必须保证出错时其状态能进行可靠的恢复，并且即使系统发生故障系统也能提供准确的结果。在本章剩余部分，我们将深入研究流处理中的时间以及在发生故障时和状态保障相关概念。

时间语义

本节我们将介绍流式场景中时间语义和不同的时间概念。我们将讨论流处理引擎如何基于乱序事件产生精确结果，以及如何使用数据流进行历史事件处理并实现“时间旅行”。

流处理场景下一分钟的含义

当处理一个持续到达且可能无穷的事件流时，时间便成了应用中最为核心的要素。假如你想持续计算结果，比如每分钟计算一次，那么一分钟在流式应用环境中的含义到底是什么？

假设有某个应用程序会分析用户玩在线手游时产生的事件。该应用将用户组织成不同团队，并会收集每个团队的活动信息，这样就能基于团队成员完成游戏目标的速度，提供诸如额外生命或等级提升的游戏奖励（例如，如果团队所有成员在一分钟内消除了 500 个泡泡，他们就会提升一级）。爱丽丝是个铁杆玩家，每天早晨上班路上都会玩这个游戏。但是有个问题：爱丽丝住在柏林，每天乘地铁上班。而众所周知，柏林地铁上手机上网信号很差。因此考虑如下情况：爱丽丝开始消泡泡的时候手机还能联网向分析应用发送事件。突然，地铁开进隧道，手机断网了。爱丽丝继续玩她的，此时游戏产生的事件会缓存在手机里。在地铁离开隧道，爱丽丝重新上线后，之前缓存的事件才会发送给应用。此时应用该怎么办？在上述示例中一分钟的含义又是什么？需要把爱丽丝离线的时间考虑在内吗？图 2-11 说明了这个问题。

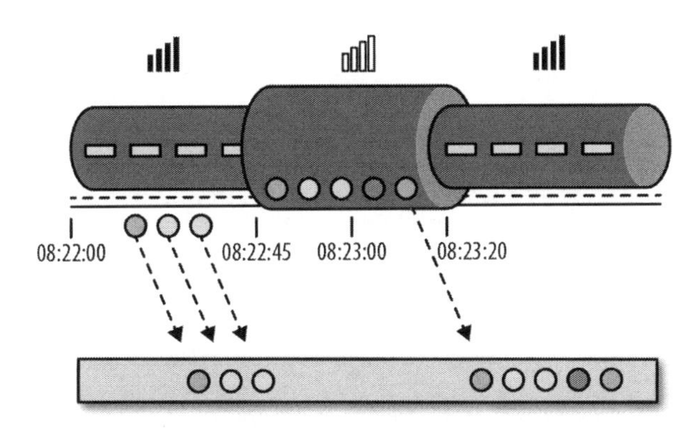

图 2-11：当地铁进入隧道断网时，应用接收游戏事件会中断一会，此时事件会缓存在玩家手机中，并在网络恢复后发出

在线游戏这个简单场景展示了算子语义应该依赖事件实际发生时间而非应用收到事件的时间。在这个手游例子中，后果可能非常糟糕，以至于爱丽丝和她团队的其他玩家失望透顶，再也不想碰这个游戏。但其实还有更多时间敏感应用，需要我们对其处理语义进行保障。如果我们仅考虑现实时间一分钟内收到多少数据，那结果可能会随网络连接速度或处理速度而改变。而事实上每分钟收到事件数目的是由数据本身的时间来定义的。

在爱丽丝游戏的例子中，流式应用可以使用两个不同概念的时间，即处理时间（processing time）和事件时间（event time）。我们将在接下来的几节对它们进行介绍。

处理时间

处理时间是当前流处理算子所在机器上的本地时钟时间。基于处理时间的窗口会包含那些恰好在一段时间内到达窗口算子的事件，这里的时间段是按照机器时间测量的。如图 2-12 所示，在爱丽丝的例子中，处理时间窗口在她手机离线后会继续计时，因此不会把她离线那段时间的活动考虑在内。

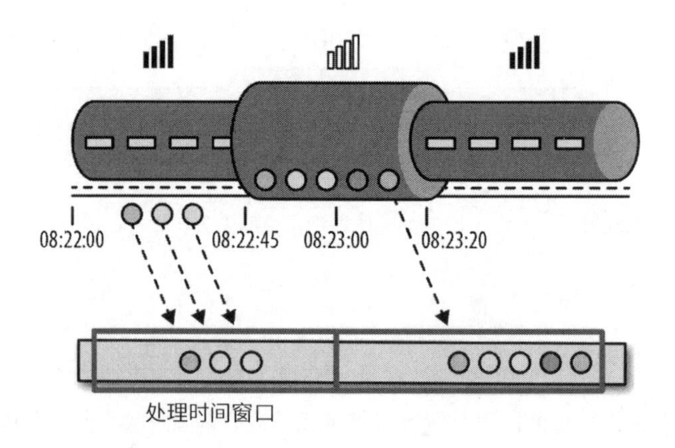

图 2-12：在爱丽丝手机离线后继续计时的处理时间窗口

事件时间

事件时间是数据流中事件实际发生的时间，它以附加在数据流中事件的时间戳为依据。这些时间戳通常在事件数据进入流处理管道之前就存在（例如事件的生成时间）。如图 2-13 所示，即便事件有延迟，事件时间窗口也能准确地将事件分配到窗口中，从而反映出真实发生的情况。

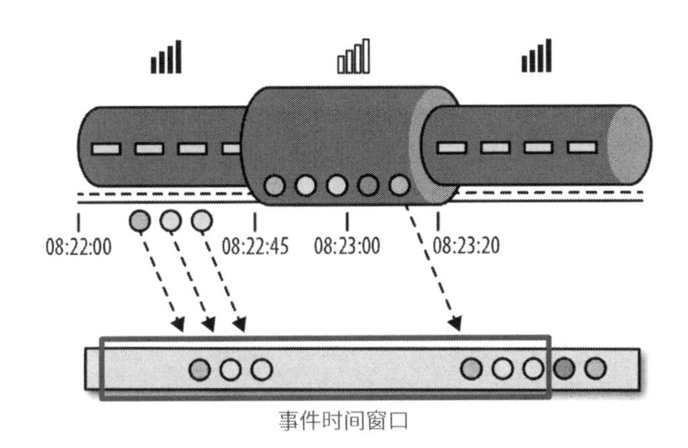

图 2-13：事件时间准确地将事件分配到窗口中，从而反映出真实发生的情况

事件时间将处理速度和结果内容彻底解耦。基于事件时间的操作是可预测的，其结果具有确定性。无论数据流的处理速度如何、事件到达算子的顺序怎样，基于事件时间的窗口都会生成同样的结果。

使用事件时间要克服的挑战之一是如何处理延迟事件。普遍存在的无序问题也可以借此解决。假设有另一位名叫鲍勃的玩家也在玩那个在线手游，他恰好和爱丽丝在同一趟地铁上。虽然玩的游戏相同，但鲍勃和爱丽丝的移动网络供应商不同。当爱丽丝的手机在隧道里没信号的时候，鲍勃的手机依然能联网向后端游戏应用发送事件。

依靠事件时间，我们可以保证在数据乱序的情况下结果依然正确，而且结合可重放的数据流，时间戳所带来的确定性允许你对历史数据“快进”。这意味着你可以通过重放数据流来分析历史数据，就如同它们是实时产生的一样。

此外，你可以把计算“快进”到现在，这样一旦你的程序赶上了当前事件产生的进度，它能够以完全相同的程序逻辑作为实时应用继续运行。

水位线

在到目前为止有关事件时间窗口的讨论中，我们一直忽略了一个非常重要的方面：怎样决定事件时间窗口的触发时机？换言之，我们需要等多久才能确定已经收到了所有发生在某个特定时间点之前的事件？此外，我们如何得知数据会产生延迟？鉴于分布式系统现实的不确定性以及外部组件可能引发任意延迟，这两个问题都没有完美的答案。在本节中，我们将了解如何利用水位线来设定事件时间窗口的行为。

水位线是一个全局进度指标，表示我们确信不会再有延迟事件到来的某个时间点。本质上，水位线提供了一个逻辑时钟，用来通知系统当前的事件时间。当一个算子接收到时间为 T 的水位线，就可以认为不会再收到任何时间戳小于或等于 T 的事件了。水位线无论对于事件时间窗口还是处理乱序事件的算子都很关键。算子一旦收到某个水位线，就相当于接到信号：某个特定时间区间的时间戳已经到齐，可以触发窗口计算或对接收的数据进行排序了。

水位线允许我们在结果的准确性和延迟之间做出取舍。激进的水位线策略保证了低延迟，但随之而来的是低可信度。该情况下，延迟事件可能会在水位线之后到来，我们必须额外加一些代码来处理它们。反之，如果水位线过于保守，虽然可信度得以保证，但可能会无谓地增加处理延迟。

在很多现实应用中，系统无法获取足够多的信息来完美地确定水位线。以手游场景为例，现实中根本无法得知用户会离线多久。他们可能正在过隧道，可能正在上飞机，也可能直接退坑不玩了。无论水位线是由用户定义还是自动生成，只要存在“拖后腿”的任务，追踪分布式系统中的全局进度就可能出现问题，因此简单地依赖水位线并不总是可以高枕无忧。而流处理系统很关键的一点是能提供某些机制来处理那些可能晚于水位线的迟到事件。根据应用需求的不同，你可能想直接忽略这些事件，将它们写入日志或利用它们去修正之前的结果。

处理时间与事件时间

此刻你可能心存疑惑：既然事件时间能够解决所有问题，为何还要去关心处理时间？事实上，处理时间的确有其特定的适用场景。处理时间窗口能够将延迟降至最低。由于无需考虑迟到或乱序的事件，窗口只需简单地缓冲事件，然后在达到特定时间后立即触发窗口计算即可。因此对于那些更重视处理速度而非准确度的应用，处理时间就会派上用场。另一种情况是，你需要周期性地实时报告结果而无论其准确性如何。一个常见示例应用是实时监控仪表盘，它会接收并展示事件聚合结果。最后，处理时间窗口能够表示数据流自身的真实情况，这可能会在某些用例中派上用场。例如，你可能想观察数据流的接入情况，通过计算每秒事件数来检测数据中断。总而言之，虽然处理时间提供了很低的延迟，但它的结果依赖处理速度，具有不确定性。事件时间则与之相反，能保证结果的准确性，并允许你处理延迟甚至无序的事件。

状态和一致性模型

我们现在要转向流处理中另一个十分重要的方面——状态。状态在数据处理中无处不在，任何一个稍复杂的计算都要用它。为了生成结果，函数会在一段时间或基于一定个数的事件来累积状态（例如计算聚合或检测某个模式）。有状态算子同时使用传入的事件和内部状态来计算输出。以某个滚动聚合算子为例，假设它会输出至今为止所见到的全部事件之和。该算子以内部状态形式存储当前的累加值，并会在每次收到新事件时对其进行更新。类似地，假设还有一个算子，会在每次检测到“高温”事件且在随后 10 分钟内出现“烟雾”事件时报警。这个算子需要将“高温”事件存为内部状态，直到接下来发现“烟雾”事件或超过 10 分钟的时间限制。

在使用批处理系统分析无限数据集的情况下，状态的重要性会越发凸显。在现代流处理引擎兴起之前，处理无限数据的通用办法是将到来事件分成小批次，然后不停地在批处理系统上调度并运行作业。每当一个作业结束，其结果都会写入持久化存储中，同时所有算子的状态将不复存在。一旦某个作业被调度到下个批次上执行，它将无法访问之前的状态。该问题通常的解决方案是将状态管理交由某个外部系统（如数据库）完成。反之，在持续运行的流式作业中，每次处理事件所用到的状态都是持久化的，我们完全可以将其作为编程模型中的最高级别。按理说，我们也可以使用外部系统来管理流处理过程中的状态，只是这样可能会引入额外延迟。

由于流式算子处理的都是潜在无穷无尽的数据，所以必须小心避免内部状态无限增长。为了限制状态大小，算子通常都会只保留到目前为止所见事件的摘要或概览。这种摘要可能是一个数量值，一个累加值，一个对至今为止全部事件的抽样，一个窗口缓冲或是一个保留了应用运行过程中某些有价值信息的自定义数据结构。

不难想象，支持有状态算子将面临很多实现上的挑战：

状态管理

系统需要高效地管理状态并保证它们不受并发更新的影响。

状态划分

由于结果需要同时依赖状态和到来的事件，所以状态并行化会变得异常复杂。幸运的是，在很多情况下可以把状态按照键值划分，并独立管理每一部分。举例而言，如果你要处理从一组传感器得到的测量值数据流，则可以用分区算子状态（partitioned operator state）来单独维护每个传感器的状态。

状态恢复

最后一个也是最大的挑战在于，有状态算子需要保证状态可以恢复，并且即使出现故障也要确保结果正确。

在下一节，我们会讨论有关任务故障和结果保障的详情。

任务故障

在流式作业中，算子的状态十分重要，因此需要在故障时予以保护。如果状态在故障期间丢失，那恢复后的结果就会不正确。流式作业通常会运行较长时间，因此状态可能是经过数天甚至数月才收集得到。通过重新处理所有输入来重建故障期间丢失的状态，不仅代价高，而且还很耗时。

在本章开头，你学到了如何将流处理程序建模成 Dataflow 图。在实际执行前，它们需要被翻译成物理 Dataflow 图，其中会包含很多相连的并行任务。每个任务都要运行一部分算子逻辑，消费输入流并为其他任务生成输出流。典型的现实系统设置都可以轻松做到在很多物理机器上并行运行数以百计的任务。对于长期运行的流式作业而言，每个任务都随时有可能出现故障。如何确保能够透明地处理这些故障，让流式作业得以继续运行？事实上，你不仅需要流处理引擎在出现任务故障时可以继续运行，还需要它能保证结果和算子状态的正确性。我们将在本节一一讨论这些问题。

什么是任务故障？

对于输入流中的每个事件，任务都需要执行以下步骤：①接收事件并将它们存在本地缓冲区；②选择性地更新内部状态；③产生输出记录。上述任何一个步骤都可能发生故障，而系统必须在故障情况下明确定义其行为。如果故障发生在第一步，事件是否会丢失？如果在更新内部状态后发生故障，系统恢复后是否会重复更新？ 在上述情况下，结果是否确定？

我们假设网络连接是可靠的，不存在记录丢失或重复，且所有事件最终都会以先进先出的顺序到达各自终点。由于 Flink 使用的是 TCP 连接，上述需求都能满足。我们还假设任何故障都会被检测到，没有任务故意捣乱。换言之，所有正常运行的任务都会遵循上面提到的步骤。

在批处理场景下，上面提到的都算不上问题。由于批处理任务可以轻易“从头再来”，所以不会有任何事件丢失，状态也可以完全从最初开始构建。然而在流式场景中，处理故障就没那么容易了。流处理系统通过不同的结果保障来定义故障时的行为。接下来我们回顾一下现代流处理引擎所提供的不同种类的结果保障以及它们相应的实现机制。

结果保障

在讨论不同类型的保障之前，我们需要澄清一些在讨论流处理引擎任务故障时容易导致困惑的点。在本章剩余部分，当提到“结果保障”，我们指的是流处理引擎内部状态的一致性。也就是说，我们关注故障恢复后应用代码能够看到的状态值。请注意，保证应用状态的一致性和保证输出的一致性并不是一回事儿。一旦数据从数据汇中写出，除非目标系统支持事务，否则结果的正确性将难以保证。

至多一次

任务发生故障时最简单的措施就是既不恢复丢失的状态，也不重放丢失的事件。至多一次是一种最简单的情况，它保证每个事件至多被处理一次。换句话说，事件可以随意丢弃，没有任何机制来保证结果的正确性。这类保障也被称作“没有保障”，因为即便系统丢掉所有事件也能满足其条件。无论如何，没有保障听上去都是个不靠谱的主意。但如果你能接受近似结果并且仅关注怎样降低延迟，这种保障似乎也可以接受。

至少一次

对大多数现实应用而言，用户期望是不丢事件，这类保障称为至少一次。它意味着所有事件最终都会处理，虽然有些可能会处理多次。如果正确性仅依赖信息的完整度，那重复处理或许可以接受。例如，确定某个事件是否在输入流中出现过，就可以利用至少一次保障正确地实现。它最坏的情况也无非就是多几次定位到目标事件。但如果要计算某个事件在输入流中出现的次数，至少一次保障可能就会返回错误的结果。

为了确保至少一次结果语义的正确性，需要想办法从源头或缓冲区中重放事件。持久化事件日志会将所有事件写入永久存储，这样在任务故障时就可以重放它们。实现该功能的另一个方法是采用记录确认（record acknowledgments）。该方法会将所有事件存在缓冲区中，直到处理管道中所有任务都确认某个事件已经处理完毕才会将事件丢弃。

精确一次

精确一次是最严格，也是最难实现的一类保障，它表示不但没有事件丢失，而且每个事件对于内部状态的更新都只有一次。本质上，精确一次保障意味着应用总会提供正确的结果，就如同故障从未发生过一般。

提供精确一次保障是以至少一次保障为前提，因此同样需要数据重放机制。此外，流处理引擎需要确保内部状态的一致性，即在故障恢复后，引擎需要知道某个事件对应的更新是否已经反映到状态上。事务性更新是实现该目标的一个方法，但它可能会带来极大的性能开销。Flink 采用了轻量级检查点机制来实现精确一次结果保障。我们会在第 3 章的“检查点、保存点和状态恢复”中讨论 Flink 的容错算法。

端到端的精确一次

至今为止你看到的保障类型都仅限于流处理引擎自身的应用状态。在实际流处理应用中，除了流处理引擎也至少还要有一个数据来源组件和一个数据终点组件。端到端的保障指的是在整个数据处理管道上结果都是正确的。在每个组件都提供自身的保障情况下，整个处理管道上端到端的保障会受制于保障最弱的那个组件。注意，有时候你可以通过弱保障来实现强语义。一个常见情况就是某个任务执行一些诸如求最大值或最小值的幂等操作。该情况下，你可以用至少一次保障来实现精确一次的语义。

小结

本章主要教给你数据流处理相关的基础知识。我们介绍了 Dataflow 编程模型以及如何将一个流式应用表示为分布式 Dataflow 图。接下来，你学习了并行处理无限流的需求，了解了延迟和吞吐对于流式应用的重要性。本章还涵盖了基本的流式操作以及如何利用窗口在无限输入上计算出有意义的结果。你学习了流式应用中时间的含义，并比较了事件时间和处理时间的概念。最后我们介绍了状态对流式应用的重要性，以及如何应对故障并确保结果正确。

到目前为止，我们考虑的流处理相关概念都还是独立于 Apache Flink 的。在本书的剩余部分，我们会介绍 Flink 是如何实现这些概念的，以及怎样利用它的 DataStream API 来编写一些涵盖了目前为止所讲特性应用。

第3章 Apache Flink架构

我们在第2章主要讨论了分布式流处理中的一些重要概念，例如：并行、时间和状态等。本章我们将从一个较高的层次来讲解Flink的架构，并介绍它如何解决我们之前讨论的流处理相关问题。我们会重点解释Flink的分布式架构，展示它如何在流式应用中处理时间和状态，并讨论它的容错机制。本章会涉及使用Apache Flink实现并运行高级流式应用的相关背景。这将帮助你在理解Flink内部原理的同时，思考流式应用的性能及行为。

系统架构

Flink是一个用于状态化并行流处理的分布式系统。它的搭建涉及多个进程，这些进程通常会分布在多台机器上。分布式系统需要应对的常见挑战包括分配和管理集群计算资源，进程协调，持久且高可用的数据存储及故障恢复等。

Flink并没有依靠自身实现所有上述功能，而是在已有集群基础设施和服务之上专注于它的核心功能——分布式数据流处理。Flink和很多集群管理器（如Apache Mesos、YARN及Kubernetes）都能很好地集成；同时它也可以通过配置，作为独立集群来运行。Flink没有提供分布式持久化存储，而是利用了现有的分布式文件系统（如HDFS）或对象存储（如S3）。它依赖Apache ZooKeeper来完成高可用性设置中的领导选举工作。

本节我们将介绍搭建 Flink 时所涉及的不同组件并讨论它们在应用运行时的交互过程。我们主要讨论两类部署 Flink 应用的方式以及它们如何分配和执行任务。最后，我们将解释 Flink 高可用模式的工作原理。

搭建 Flink 所需组件

Flink 的搭建需要四个不同组件，它们相互协作，共同执行流式应用。这些组件是：JobManager、ResourceManager、TaskManager 和 Dispatcher。Flink 本身是用 Java 和 Scala 实现的，因此所有组件都基于 Java 虚拟机（JVM）运行。它们各自的职责如下：

- 作为主进程（master process），JobManager 控制着单个应用程序的执行。换句话说，每个应用都由一个不同的 JobManager 掌控。JobManager 可以接收需要执行的应用，该应用会包含一个所谓的 JobGraph，即逻辑 Dataflow 图（见“Dataflow 编程介绍”），以及一个打包了全部所需类、库以及其他资源的 JAR 文件。JobManager 将 JobGraph 转化成名为 ExecutionGraph 的物理 Dataflow 图，该图包含了那些可以并行执行的任务。JobManager 从 ResourceManager 申请执行任务的必要资源（TaskManager 处理槽）。一旦它收到了足够数量的 TaskManager 处理槽（slot），就会将 ExecutionGraph 中的任务分发给 TaskManager 来执行。在执行过程中，JobManager 还要负责所有需要集中协调的操作，如创建检查点（见“检查点、保存点及状态恢复”）。

- 针对不同的环境和资源提供者（resource provider）（如 YARN、Mesos、Kubernetes 或独立部署），Flink 提供了不同的 ResourceManager。ResourceManager 负责管理 Flink 的处理资源单元——TaskManager 处理槽。当 JobManager 申请 TaskManager 处理槽时，ResourceManager 会指示一个拥有空闲处理槽的 TaskManager 将其处理槽提供给 JobManager。如果 ResourceManager 的处理槽数无法满足 JobManager 的请求，则 ResourceManager 可以和资源提供者通信，让它们提供额外容器来启动

更多 TaskManager 进程。同时，ResourceManager 还负责终止空闲的 TaskManager 以释放计算资源。

- TaskManager 是 Flink 的工作进程（worker process）。通常在 Flink 搭建过程中要启动多个 TaskManager。每个 TaskManager 提供一定数量的处理槽。处理槽的数目限制了一个 TaskManager 可执行的任务数。TaskManager 在启动后，会向 ResourceManager 注册它的处理槽。当接收到 ResourceManager 的指示时，TaskManager 会向 JobManager 提供一个或多个处理槽。之后，JobManager 就可以向处理槽中分配任务来执行。在执行期间，运行同一应用不同任务的 TaskManager 之间会产生数据交换。我们将在“任务执行”一节进一步讨论任务执行和处理槽的概念。
- Dispatcher 会跨多个作业运行，它提供了一个 REST 接口来让我们提交需要执行的应用。一旦某个应用提交执行，Dispatcher 会启动一个 JobManager 并将应用转交给它。REST 接口意味着 Dispatcher 这一集群的 HTTP 入口可以受到防火墙的保护。Dispatcher 同时还会启动一个 Web UI，用来提供有关作业执行的信息。某些应用提交执行的方式（我们会在“应用部署”一节讨论）可能用不到 Dispatcher。

图 3-1 展示了应用提交执行过程中 Flink 各组件之间的交互过程。

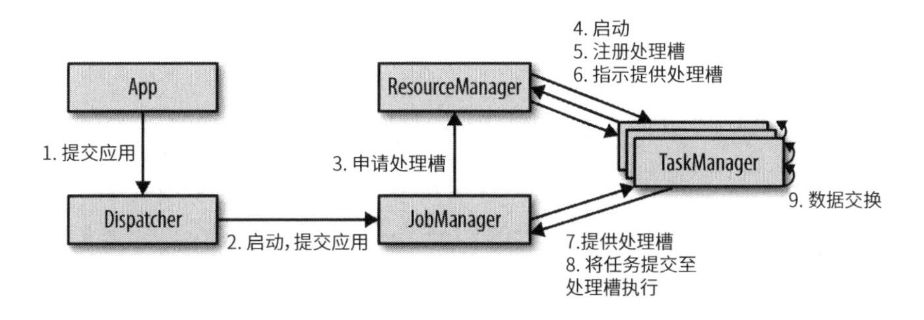

图 3-1：应用提交及组件交互

图 3-1 仅是一个用于展示各组件职责与交互的高层次框架。根据环境的不同（YARN、Mesos、Kubernetes 或独立集群），图中某些步骤其实可以省略，同时也可会有多个组件运行在同一 JVM 进程中。例如：独立集群设置下没有资源提供者，因此 ResourceManager 只能分配现有 TaskManager 中的处理槽而无法自己启动新的 TaskManager。在第 9 章的“部署模式”中，我们会讨论如何针对不同环境搭建及配置 Flink。

应用部署

Flink 应用可以通过两种模式进行部署。

框架模式

在该模式下，Flink 应用会打包成一个 JAR 文件，通过客户端提交到运行的服务上。这里的服务可以是 Flink Dispatcher，Flink JobManager 或是 YARN 的 ResourceManager。无论哪种情况，运行的服务都会接收 Flink 应用并确保其执行。如果应用提交到 JobManager，会立即开始执行；如果应用提交到 Dispatcher 或 YARN ResourceManager，它们会启动一个 JobManager 并将应用转交给它，随后由 JobManager 负责执行该应用。

库模式

在该模式下，Flink 应用会绑定到一个特定应用的容器镜像（如 Docker 镜像）中。镜像中还包含着运行 JobManager 以及 ResourceManager 的代码。当容器从镜像启动后会自动加载 ResourceManager 和 JobManager，并将绑定的作业提交执行。另一个和作业无关的镜像负责部署 TaskManager 容器。容器通过镜像启动后会自动运行 TaskManager，后者可以连接 ResourceManager 并注册处理槽。通常情况下，外部资源管理框架（如 Kubernetes）负责启动镜像，并确保在发生故障时容器能够重启。

基于框架的模式采用的是传统方式，即通过客户端提交应用（或查询）到正在运行的服务上；而在库模式中，Flink 不是作为服务，而是以库的形式绑定到应用所在的容器镜像中。后者常用于微服务架构。我们会在第 10 章的“运行和管理流式应用”中详细讨论应用部署的相关内容。

任务执行

一个 TaskManager 允许同时执行多个任务。这些任务可以属于同一个算子（数据并行），也可以是不同算子（任务并行），甚至还可以来自不同的应用（作业并行）。TaskManager 通过提供固定数量的处理槽来控制可以并行执行的任务数。每个处理槽可以执行应用的一部分，即算子的一个并行任务。图 3-2 展示了 TaskManager、处理槽、任务以及算子之间的关系。

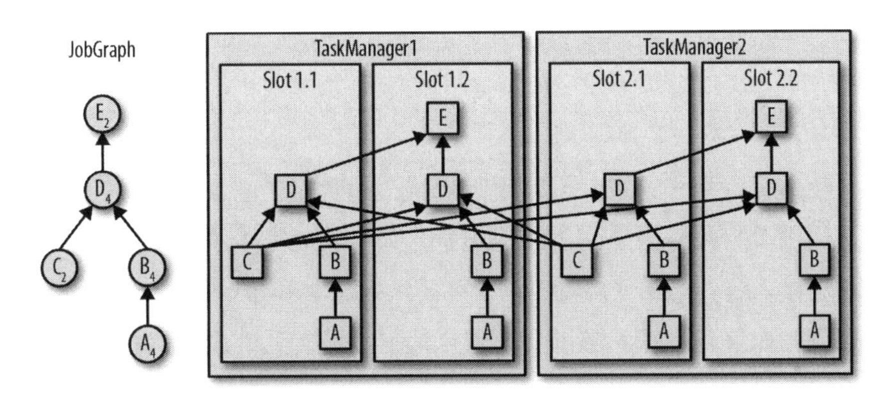

图 3-2：算子、任务以及处理槽

左侧的 JobGraph（应用的非并行化表示）包含了 5 个算子，其中算子 A 和 C 是数据源，算子 E 是数据汇。算子 C 和 E 的并行度为 2，其余算子的并行度为 4。由于算子最大并行度是 4，因此应用若要执行则至少需要 4 个处理槽。如果每个 TaskManager 内有两个处理槽，则运行两个 TaskManager 即可满足该需求。JobManager 将 JobGraph“展开成”ExecutionGraph 并把任务分配到 4 个空闲处理槽。对于并行度为 4 的算子，其任务会每个处理槽分配一个。其余两个算子 C 和 E 的任务会分别放到处理槽 1.1、2.1 和处理槽 1.2、2.2 中。将任务以切片的形式调度至处理槽中有一个好处：TaskManager 中的多个任务可以在同一进程内高效地执行数据交换而无须访问网络。然而，任务过于集中也会使 TaskManager 负载变高，继而可能导致性能下降。我们将在第 10 章的“控制任务调度”中讨论如何控制任务调度。

TaskManager 会在同一个 JVM 进程内以多线程的方式执行任务。和独立进程相比，线程更加轻量并且通信开销更低，但无法严格地将任务彼此隔离。因此只要有一个任务运行异常，就有可能“杀死”整个 TaskManager 进程，导致它上面运行的所有任务都停止。如果将每个 TaskManager 配置成只有一个处理槽，则可以限制应用在 TaskManager 级别进行隔离，即每个 TaskManager 只运行单个应用的任务。通过在 TaskManager 内部采用线程并行以及在每个主机上部署多个 TaskManager 进程，Flink 为部署应用时性能和资源隔离的取舍提供了极大的自由度。我们会在第 9 章讨论搭建和配置 Flink 集群的详细内容。

高可用性设置

流式应用通常都会设计成 7 × 24 小时运行，因此对于它很重要的一点是：即便内部进程发生故障时也不能终止运行。为了从故障中恢复，系统首先要重启故障进程，随后需要重启应用并恢复其状态。本节你将学到 Flink 如何重启故障进程。而恢复应用状态则会在本章后面“从一致性检查点恢复”中进行介绍。

TaskManager 故障

如前所述，为了执行应用的全部任务，Flink 需要足够数量的处理槽。假设一个 Flink 设置包含 4 个 TaskManager，每个 TaskManager 有 2 个处理槽，那么一个流式应用最多支持以并行度 8 来运行。如果有一个 TaskManager 出现故障，则可用处理槽的数量就降到了 6 个。这时候 JobManager 就会向 ResourceManager 申请更多的处理槽。若无法完成（例如应用运行在一个独立集群上），JobManager 将无法重启应用，直至有足够数量的可用处理槽。应用的重启策略决定了 JobManager 以何种频率重启应用以及重启尝试之间的等待间隔。[注1]

注 1：　重启策略会在第 10 章详细讨论。

JobManager 故障

和 TaskManager 相比，JobManager 发生故障会更为棘手。它用于控制流式应用执行以及保存该过程中的元数据（如已完成检查点的存储路径）。如果负责管理的 JobManager 进程消失，流式应用将无法继续处理数据。这就导致 JobManager 成为 Flink 应用中的一个单点失效组件。为了解决该问题，Flink 提供了高可用模式，支持在原 JobManager 消失的情况下将作业的管理职责及元数据迁移到另一个 JobManager。

Flink 中的高可用模式是基于能够提供分布式协调和共识服务的 Apache ZooKeeper 来完成的，它在 Flink 中主要用于"领导"选举以及持久且高可用的数据存储。JobManager 在高可用模式下工作时，会将 JobGraph 以及全部所需的元数据（例如应用的 JAR 文件）写入一个远程持久化存储系统中。此外，JobManager 还会将存储位置的路径地址写入 ZooKeeper 的数据存储。在应用执行过程中，JobManager 会接收每个任务检查点的状态句柄（存储位置）。在检查点即将完成的时候，如果所有任务已经将各自状态成功写入远程存储，JobManager 就会将状态句柄写入远程存储，并将远程位置的路径地址写入 ZooKeeper。因此所有用于 JobManager 故障恢复的数据都在远程存储上面，而 ZooKeeper 持有这些存储位置的路径。图 3-3 阐明了这一设计。

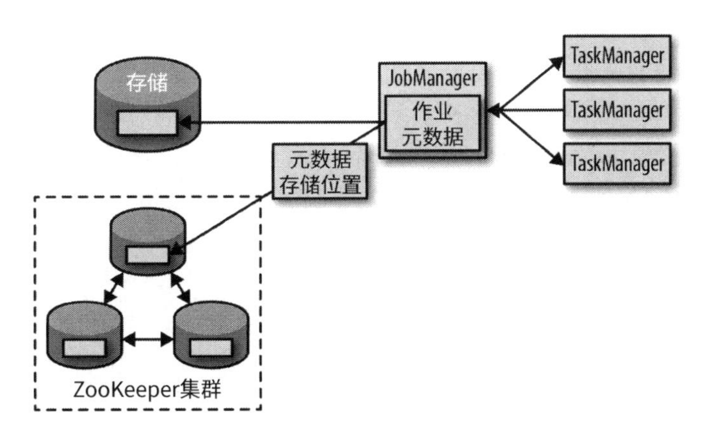

图 3-3：Flink 高可用设置

当 JobManager 发生故障时，其下应用的所有任务都会自动取消。新接手工作的 JobManager 会执行以下步骤：

1. 向 ZooKeeper 请求存储位置，以获取 JobGraph、JAR 文件及应用最新检查点在远程存储的状态句柄。
2. 向 ResourceManager 申请处理槽来继续执行应用。
3. 重启应用并利用最近一次检查点重置任务状态。

如果是在容器环境（如 Kubernetes）中以库模式部署运行应用，容器编排服务（orchestration service）通常会自动重启故障的 JobManager 或 TaskManager 容器。当运行在 YARN 或 Mesos 上面时，Flink 的其余进程会触发 JobManager 或 TaskManager 进程重启。Flink 没有针对独立集群模式提供重启故障进程的工具，因此有必要运行一些后备 JobManager 及 TaskManager 来接管故障进程的工作。我们稍后会在“高可用性设置”中讨论 Flink 高可用相关配置。

Flink 中的数据传输

在运行过程中，应用的任务会持续进行数据交换。TaskManager 负责将数据从发送任务传输至接收任务。它的网络模块在记录传输前会先将它们收集到缓冲区中。换言之，记录并非逐个发送的，而是在缓冲区中以批次形式发送。该技术是有效利用网络资源、实现高吞吐的基础。它的机制类似于网络以及磁盘 I/O 协议中的缓冲技术。

请注意，将记录放入缓冲区并不意味着 Flink 的处理模型是基于微批次的。

每个 TaskManager 都有一个用于收发数据的网络缓冲池（每个缓冲默认 32KB 大小）。如果发送端和接收端的任务运行在不同的 TaskManager 进程中，它们就要用到操作系统的网络栈进行通信。流式应用需要以流水线方式交换数据，因此每对 TaskManager 之间都要维护一个或多个永久的 TCP 连接来执行数据交换。[注2] 在 Shuffle 连接模式下，每个发送端任务都需要向任意一个接收任务传输数据。对于每一个接收任务，TaskManager 都要提供一个专用的网络缓冲区，用于接收其他任务发来的数据。图 3-4 展示了这一架构。

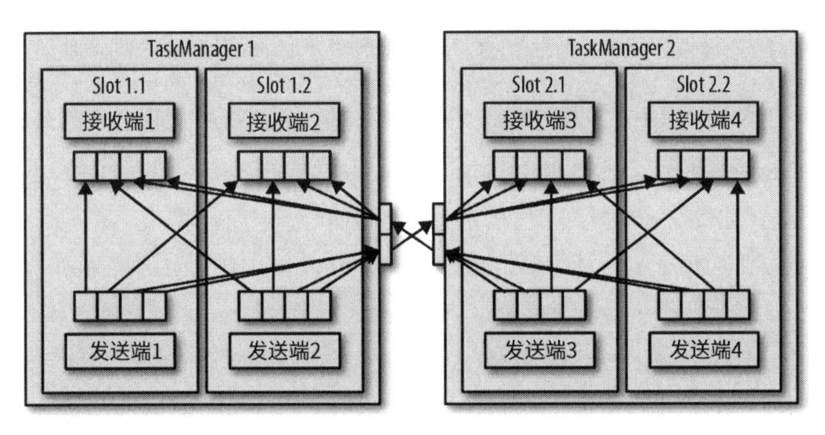

图 3-4：TaskManager 之间的数据传输

如图 3-4 所示，由于接收端的并行度为 4，所以每个发送端任务至少需要 4 个网络缓冲区来向任一接收端任务发送数据。同理，每个接收端任务也需要至少 4 个缓冲区来接收数据。缓冲区内的数据在向对方 TaskManager 传输时会共享网络连接。为了使流水线式的数据交换平滑进行，TaskManager 必须提供足够多的缓冲区来同时服务所有进出连接。在 Shuffle 或广播连接的情况下，每个发送任务都需要为每个接收任务提供一个缓冲区，因此所需的缓冲区数量可达到相关算子任务数的平方级别。Flink 默认的网络缓冲区配置足以应对中小型使用场景。而对于大型使用场景，需要根据第 9 章的“内存和网络缓冲”中所介绍的内容调整配置。

注 2：批处理应用除了流水线式通信之外，还可以在发送端收集需要发出的数据。一旦发送端任务完成，所有数据会经由一个到接收端的临时 TCP 连接批量发出。

当发送任务和接收任务处于同一个 TaskManager 进程时，发送任务会将要发送的记录序列化到一个字节缓冲区中，一旦该缓冲区占满就会被放到一个队列里。接收任务会从这个队列里获取缓冲区并将其中的记录反序列化。这意味着同一个 TaskManager 内不同任务之间的数据传输不会涉及网络通信。

Flink 采用多种技术来降低任务之间的通信开销。在接下来的几节，我们简要讨论一下基于信用值（credit-based）的流量控制以及任务链接（task chaining）。

基于信用值的流量控制

通过网络连接逐条发送记录不但低效，还会导致很多额外开销。若想充分利用网络连接带宽，就需要对数据进行缓冲。在流处理环境下，缓冲的一个明显缺点是会增加延迟，因为记录首先要收集到缓冲区中而不会立即发送。

Flink 实现了一个基于信用值的流量控制机制，它的工作原理如下：接收任务会给发送任务授予一定的信用值，其实就是保留一些用来接收它数据的网络缓冲。一旦发送端收到信用通知，就会在信用值所限定的范围内尽可能多地传输缓冲数据，并会附带上积压量（已经填满准备传输的网络缓冲数目）大小。接收端使用保留的缓冲来处理收到的数据，同时依据各发送端的积压量信息来计算所有相连的发送端在下一轮的信用优先级。

由于发送端可以在接收端有足够资源时立即传输数据，所以基于信用值的流量控制可以有效降低延迟。此外，信用值的授予是根据各发送端的数据积压量来完成的，因此该机制还能在出现数据倾斜（data skew）时有效地分配网络资源。不难看出，基于信用值的流量控制是 Flink 实现高吞吐低延迟的重要一环。

任务链接

Flink 采用一种名为任务链接的优化技术来降低某些情况下的本地通信开销。任务链接的前提条件是，多个算子必须有相同的并行度且通过本地转发通道（local forward channel）相连。图 3-5 中算子所组成的流水线就满足上述条件。它包含了 3 个算子，每个算子的任务并行度都为 2 且通过本地转发方式连接。

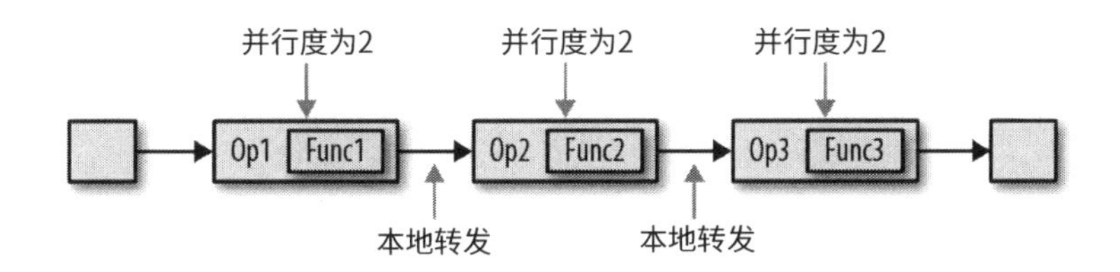

图 3-5：满足任务链接条件的算子流水线

图 3-6 展示了流水线如何在任务链接模式下执行。多个算子的函数被“融合”到同一个任务中，在同一个线程内执行。函数生成的记录只需通过简单的方法调用就可以分别发往各自的下游函数。因此函数之间的记录传输基本上不存在序列化及通信开销。

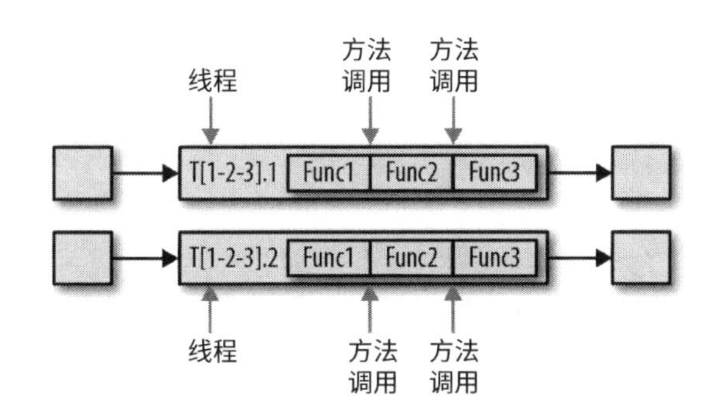

图 3-6：单线程执行的链接任务“融合”了多个函数，并通过方法调用进行数据传输

虽然任务链接可以有效地降低本地任务之间的通信开销，但有的流水线应用反而不希望用到它。举例而言，有时候我们需要对过长任务链接进行切分或者将两个计算量大的函数分配到不同的处理槽中。图 3-7 展示了相同的流水线在非任务链接模式下执行。其中每个函数都交由单独的任务、在特定线程内处理。

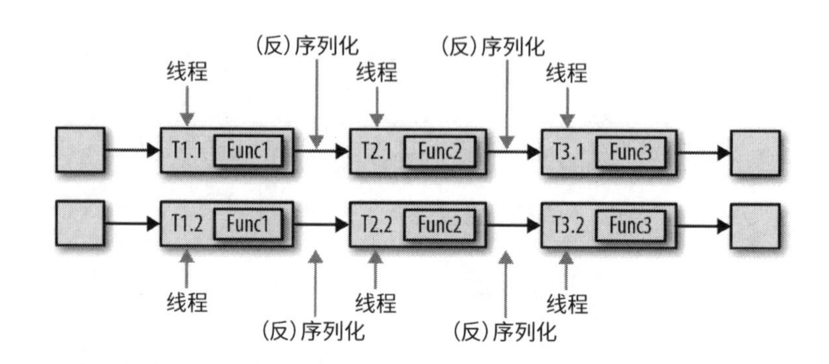

图 3-7：利用专用线程执行非链接任务并通过缓冲通道及序列化进行数据传输

Flink 在默认情况下会开启任务链接。在第 10 章的“控制任务链接”中，我们会展示如何针对某一应用禁用任务链接以及如何单独控制单个算子的链接行为。

事件时间处理

在第 2 章的“时间语义”中，我们强调了时间语义对于流处理应用的重要性并解释了处理时间和事件时间的差异。虽然处理时间是基于处理机器的本地时间，相对容易理解，但它会产生一些较为随意、不一致且无法重现的结果。相反，事件时间语义会生成可重现且一致性的结果，这也是很多流处理用例的刚性需求。但和基于处理时间语义的应用相比，基于事件时间的应用需要一些额外的配置。此外，相比纯粹使用处理时间的引擎，支持事件时间的流处理引擎内部要更加复杂。

Flink 不仅针对常见的事件时间操作提供了直观易用的原语，还支持一些表达能力很强 API，允许使用者以自定义算子的方式实现更高级的事件时间处理应用。在面对这些高级应用时，充分理解 Flink 内部事件处理机制通常会有所帮助，有时候更是必要的。上一章我们介绍了 Flink 在提供处理时间语义时所采用的两个概念：记录时间戳和水位线。接下面我们会介绍 Flink 内部如何实现和处理时间戳及水位线以支持事件时间语义的流式应用。

时间戳

在事件时间模式下，Flink 流式应用处理的所有记录都必须包含时间戳。时间戳将记录和特定时间点进行关联，这些时间点通常是记录所对应事件的发生时间。但实际上应用可以自由选择时间戳的含义，只要保证流记录的时间戳会随着数据流的前进大致递增即可。正如“时间语义”中所述，基本上所有现实应用场景都会出现一定程度的时间戳乱序。

当 Flink 以事件时间模式处理数据流时，会根据记录的时间戳触发时间相关算子的计算。例如，时间窗口算子会根据记录关联的时间戳将其分配到窗口中。Flink 内部采用 8 字节的 Long 值对时间戳进行编码，并将它们以元数据（metadata）的形式附加在记录上。内置算子会将这个 Long 值解析为毫秒精度的 Unix 时间戳（自 1970-01-01-00:00:00.000 以来的毫秒数）。但自定义算子可以有自己的时间戳解析机制，如将精度调整为微秒。

水位线

除了记录的时间戳，Flink 基于事件时间的应用还必须提供水位线（watermark）。水位线用于在事件时间应用中推断每个任务当前的事件时间。基于时间的算子会使用这个时间来触发计算并推动进度前进。例如：基于时间窗口的任务会在其事件时间超过窗口结束边界时进行最终的窗口计算并发出结果。

在 Flink 中，水位线是利用一些包含 Long 值时间戳的特殊记录来实现的。如图 3-8 所示，它们像带有额外时间戳的常规记录一样在数据流中移动。

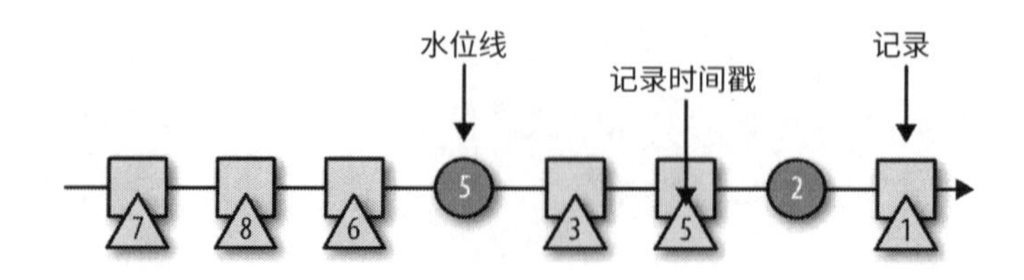

图 3-8：包含带有时间戳的记录及水位线的数据流

水位线拥有两个基本属性：

1. 必须单调递增。这是为了确保任务中的事件时间时钟正确前进，不会倒退。
2. 和记录的时间戳存在联系。一个时间戳为 T 的水位线表示，接下来所有记录的时间戳一定都大于 T。

第二个属性可用来处理数据流中时间戳乱序的记录，例如图 3-8 中的时间戳为 3 和 5 的记录。对基于时间的算子任务而言，其收集和处理的记录可能会包含乱序的时间戳。这些算子只有当自己的事件时间时钟（由接收的水位线驱动）指示不必再等那些包含相关时间戳的记录时，才会最终触发计算。当任务收到一个违反水位线属性，即时间戳小于或等于前一个水位线的记录时，该记录本应参与的计算可能已经完成。我们称此类记录为迟到记录（late record）。为了处理迟到记录，Flink 提供了不同的机制，我们将在第 6 章“处理迟到数据”中讨论它们。

水位线的意义之一在于它允许应用控制结果的完整性和延迟。如果水位线和记录的时间戳非常接近，那结果的处理延迟就会很低，因为任务无须等待过多记录就可以触发最终计算。但同时结果的完整性可能会受影响，因为可能有部分相关记录被视为迟到记录，没能参与运算。相反，非常“保守”的水位线会增加处理延迟，但同时结果的完整性也会有所提升。

水位线传播和事件时间

本节我们主要讨论算子对水位线的处理方式。Flink 内部将水位线实现为特殊的记录，它们可以通过算子任务进行接收和发送。任务内部的时间服务（time service）会维护一些计时器（timer），它们依靠接收到水位线来激活。这些计时器是由任务在时间服务内注册，并在将来的某个时间点执行计算。例如：窗口算子会为每个活动窗口注册一个计时器，它们会在事件时间超过窗口的结束时间时清理窗口状态。

当任务接收到一个水位线时会执行以下操作：

1. 基于水位线记录的时间戳更新内部事件时间时钟。
2. 任务的时间服务会找出所有触发时间小于更新后事件时间的计时器。对于每个到期的计时器，调用回调函数，利用它来执行计算或发出记录。
3. 任务根据更新后的事件时间将水位线发出。

Flink 对通过 DataStream API 访问时间戳和水位线有一定限制。普通函数无法读写记录的时间戳或水位线，但一系列处理函数（process function）除外。它们可以读取当前正在处理记录的时间戳，获得当前算子的事件时间，还能注册计时器。[注3] 所有函数的 API 都无法支持设置发出记录的时间戳、调整任务的事件时间时钟或发出水位线。为发出记录配置时间戳的工作需要由基于时间的 DataStream 算子任务来完成，这样才能确保时间戳和发出的水位线对齐。举例而言，时间窗口算子任务会在发送触发窗口计算的水位线时间戳之前，将所有经过窗口计算所得结果的时间戳设为窗口的结束时间。

接下来我们详细解释一下任务在收到一个新的水位线之后，将如何发送水位线和更新其内部事件时间时钟。正如第 2 章的“数据并行和任务并行”中所述，Flink 会将数据流划分为不同的分区，并将它们交由不同的算子任务来并行执行。每个分区作为一个数据流，都会包含带有时间戳的记录以及水位线。根据算子的上下

注 3： 我们会在第 6 章详细讨论处理函数。

游连接情况，其任务可能需要同时接收来自多个输入分区的记录和水位线，也可能需要将它们发送到多个输出分区。下面我们将详细介绍一个任务如何将水位线发送至多个输出任务，以及它从多个输入任务获取水位线后如何推动事件时间时钟前进。

一个任务会为它的每个输入分区都维护一个分区水位线（partition watermark）。当收到某个分区传来的水位线后，任务会以接收值和当前值中较大的那个去更新对应分区水位线的值。随后，任务会把事件时间时钟调整为所有分区水位线中最小的那个值。如果事件时间时钟向前推动，任务会先处理因此而触发的所有计时器，之后才会把对应的水位线发往所有连接的输出分区，以实现事件时间到全部下游任务的广播。

图 3-9 展示了一个有 4 个输入分区和 3 个输出分区的任务在接收到水位线后，是如何更新它的分区水位线和事件时间时钟，并将水位线发出的。

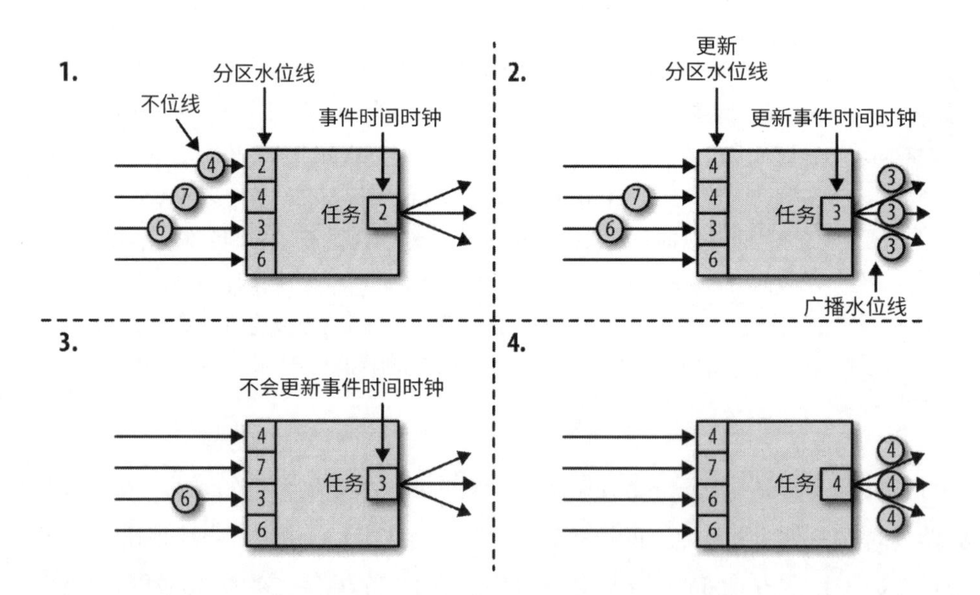

图 3-9：利用水位线更新任务的事件时间

对于那些有着两条或多条输入数据流的算子，如 Union 或 CoFlatMap（详见第 5 章的“多流转换”），它们的任务同样是利用全部分区水位线中的最小值来计算事件时间时钟，并没有考虑分区是否来自不同的输入流。这就导致所有输入的记录都必须基于同一个事件时间时钟来处理。如果不同输入流的事件时间没有对齐，那么该行为就会导致一些问题。

Flink 的水位线处理和传播算法保证了算子任务所发出的记录时间戳和水位线一定会对齐。然而，这依赖于一个事实：所有分区都会持续提供自增的水位线。只要有一个分区的水位线没有前进，或分区完全空闲下来不再发送任何记录或水位线，任务的事件时间时钟就不会前进，继而导致计时器无法触发。这种情形会给那些靠时钟前进来执行计算或清除状态的时间相关算子带来麻烦。因此，如果一个任务没有从全部输入任务以常规间隔接收新的水位线，就会导致时间相关算子的处理延迟或状态大小激增。

当算子两个输入流的水位线差距很大时，也会产生类似影响。对于一个有两个输入流的任务而言，其事件时间时钟会受制于那个相对较慢的流，而较快流的记录或中间结果会在状态中缓冲，直到事件时间时钟到达允许处理它们的那个点。

时间戳分配和水位线生成

到目前为止，我们已经解释了时间戳和水位线的含义以及它们在 Flink 内部的处理逻辑，但一直没涉及它们的来源。时间戳和水位线通常都是在数据流刚刚进入流处理应用的时候分配和生成的。由于不同的应用会选择不同的时间戳，而水位线依赖于时间戳和数据流本身的特征，所以应用必须显式地分配时间戳和生成水位线。Flink DataStream 应用可以通过三种方式完成该工作：

1. 在数据源完成：我们可以利用 `SourceFunction` 在应用读入数据流的时候分配时间戳和生成水位线。源函数会发出一条记录流。每个发出的记录都可以附加一个时间戳，水位线可以作为特殊记录在任何时间点发出。如果源函数（临时性地）不再发出水位线，可以把自己声明成空闲。Flink 会在后续算子计算水位线的时候把那些来自于空闲源函数的流分区排除在外。数据源空闲声明机制可以用来解决上面提到的水位线不向前推进的问题。我们会在第 8 章的“实现自定义数据源函数”中详细讨论数据源函数。

2. 周期分配器（periodic assigner）：DataStream API 提供了一个名为 `AssignerWithPeriodicWatermarks` 的用户自定义函数，它可以用来从每条记录提取时间戳，并周期性地响应获取当前水位线的查询请求。提取出来的时间戳会附加到各自的记录上，查询得到的水位线会注入到数据流中。这个函数会在第 6 章的“分配时间戳和生成水位线”中介绍。

3. 定点分配器（punctuated assigner）：另一个支持从记录中提取时间戳的用户自定义函数叫作 `AssignerWithPunctuatedWatermarks`。它可用于需要根据特殊输入记录生成水位线的情况。和 `AssignerWithPeriodicWatermarks` 函数不同，这个函数不会强制你从每条记录中都提取一个时间戳（虽然这样也行）。我们同样会在第 6 章的“分配时间戳和生成水位线”中详细讨论它。

用户自定义的时间戳分配函数通常都会尽可能地靠近数据源算子，因为在经过其他算子处理后，记录顺序和它们的时间戳会变得难以推断。这也是为什么不建议在流式应用中途覆盖已有的时间戳和水位线（虽然这可以通过用户自定义函数实现）。

状态管理

在第 2 章我们指出，大部分的流式应用都是有状态的。很多算子都会不断地读取并更新某些状态，例如：窗口内收集的记录，输入源的读取位置或是一些定制的，诸如机器学习模型之类的特定应用状态。无论是内置状态还是用户自定义状态，Flink 对它们都一直同仁。本节我们会对 Flink 支持的不同类别的状态进行介绍。我们将解释如何利用状态后端（state backend）对状态进行存储和维护，以及有状态的应用如何通过状态再分配实现扩缩容。

通常意义上，函数里所有需要任务去维护并用来计算结果的数据都属于任务的状态。你可以把状态想象成任务的业务逻辑所需要访问的本地或实例变量。图 3-10 展示了某个任务和它状态之间的典型交互过程。

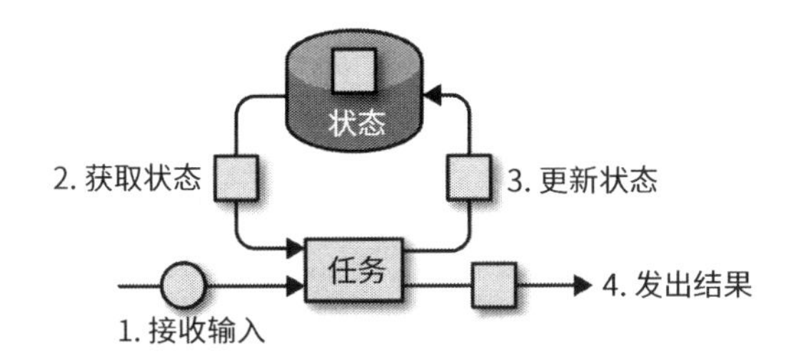

图 3-10：带有状态的流处理任务

任务首先会接收一些输入数据。在处理这些数据的过程中，任务对其状态进行读取或更新，并根据状态和输入数据计算结果。我们以一个持续计算接收到多少条记录的简单任务为例。当任务收到一个新的记录后，首先会访问状态获取当前统计的记录数目，然后把数目增加并更新状态，最后将更新后的数目发送出去。

应用读写状态的逻辑通常都很简单，而难点在于如何高效、可靠地管理状态。这其中包括如何处理数量巨大、可能超出内存的状态，如何保证发生故障时状态不会丢失。所有和状态一致性、故障处理以及高效存取相关的问题都由 Flink 负责搞定，这样开发人员就可以专注于自己的应用逻辑。

在 Flink 中，状态都是和特定算子相关联。为了让 Flink 的运行层知道算子有哪些状态，算子需要自己对其进行注册。根据作用域的不同，状态可以分为两类：算子状态（operator state）和键值分区状态（keyed state），我们将在接下来的几节介绍它们。

算子状态

算子状态的作用域是某个算子任务，这意味着所有在同一个并行任务之内的记录都能访问到相同的状态。算子状态不能通过其他任务访问，无论该任务是否来自相同算子。图 3-11 展示了任务访问算子状态的过程。

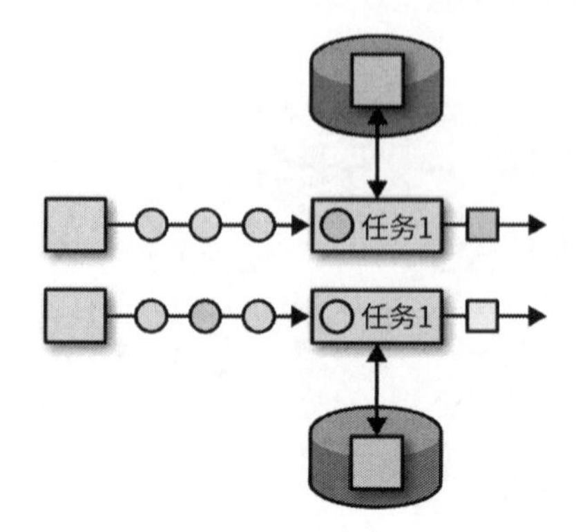

图 3-11：带有算子状态的任务

Flink 为算子状态提供了三类原语：

列表状态（list state）

　　将状态表示为一个条目列表。

联合列表状态（union list state）

　　同样是将状态表示为一个条目列表，但在进行故障恢复或从某个保存点启动应用时，状态的恢复方式和普通列表状态有所不同。详细内容将在本章稍后讨论。

广播状态（broadcast state）

　　专门为那些需要保证算子的每个任务状态都相同的场景而设计。这种相同的特性将有利于检查点保存或算子扩缩容，我们同样会在本章稍后讨论它们。

键值分区状态

键值分区状态会按照算子输入记录所定义的键值来进行维护或访问。Flink 为每个键值都维护了一个状态实例，该实例总是位于那个处理对应键值记录的算子任务上。当任务在处理一个记录时，会自动把状态的访问范围限制为当前记录的键值。

因此所有键值相同的记录都能访问到一样的状态。图 3-12 展示了任务和键值分区状态的交互过程。

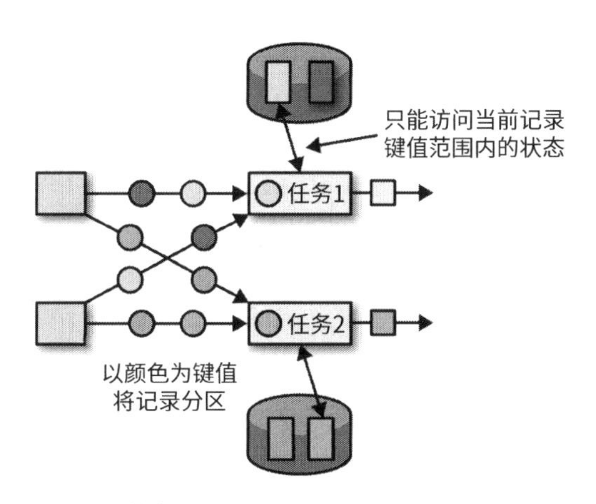

图 3-12：带有键值分区状态的任务

你可以把键值分区状态想象成一个在算子所有并行任务上进行分区（或分片）的键值映射。Flink 为键值分区状态提供了不同原语，它们的区别在于分布式键值映射中每个键所对应存储值的类型不同。我们接下来简要讨论一下键值分区状态最常用的几个原语。

单值状态（value state）

　　每个键对应存储一个任意类型的值，该值也可以是某个复杂数据结构。

列表状态（list state）

　　每个键对应存储一个值的列表。列表中的条目可以是任意类型。

映射状态（map state）

　　每个键对应存储一个键值映射，该映射的键和值可以是任意类型。

通过这些状态原语，我们可以为 Flink 状态指定不同的结构，从而实现更加高效的状态访问。更多相关内容参见第 7 章的“在 RuntimeContext 中声明键值分区状态”。

状态后端

有状态算子的任务通常会对每一条到来的记录读写状态，因此高效的状态访问对于记录处理的低延迟而言至关重要。为了保证快速访问状态，每个并行任务都会把状态维护在本地。至于状态具体的存储、访问和维护，则是由一个名为状态后端的可插拔组件来决定。状态后端主要负责两件事：本地状态管理和将状态以检查点的形式写入远程存储。

对于本地状态管理，状态后端会存储所有键值分区状态，并保证能将状态访问范围正确地限制在当前键值。Flink 提供的一类状态后端会把键值分区状态作为对象，以内存数据结构的形式存在 JVM 堆中；另一类状态后端会把状态对象序列化后存到 RocksDB 中，RocksDB 负责将它们写到本地硬盘上。前者状态访问会更快一些，但会受到内存大小的限制；后者状态访问会慢一些，但允许状态变得很大。

由于 Flink 是一个分布式系统但只在本地维护状态，所以状态检查点就显得极其重要。而考虑到 TaskManager 进程以及它上面所有运行的任务都可能在任意时间出现故障，因此它们的存储只能看做是易失的。状态后端负责将任务状态以检查点形式写入远程持久化存储，该远程存储可能是一个分布式文件系统，也可能是某个数据库系统。不同的状态后端生成状态检查点的方式也存在一定差异。例如：RocksDB 状态后端支持增量检查点。这对于大规模的状态而言，会显著降低生成检查点的开销。

我们会在第 7 章的“选择状态后端”中详细讨论不同状态后端的区别以及它们各自的优劣。

有状态算子的扩缩容

流式应用的一项基本需求是根据输入数据到达速率的变化调整算子并行度。对于无状态的算子，扩缩容很容易。但对于有状态算子，改变并行度就会复杂很多，因为我们需要把状态重新分组，分配到与之前数量不等的并行任务上。Flink 对不同类型的状态提供了四种扩缩容模式。

带有键值分区状态的算子在扩缩容时会根据新的任务数量对键值重新分区。但为了降低状态在不同任务之间迁移的必要成本，Flink 不会对单独的键值实施再分配，而是会把所有键值分为不同的键值组（key group）。每个键值组都包含了部分键值，Flink 以此为单位把键值分配给不同任务。图 3-13 展示了键值分区状态通过键值组进行重新分区的过程。

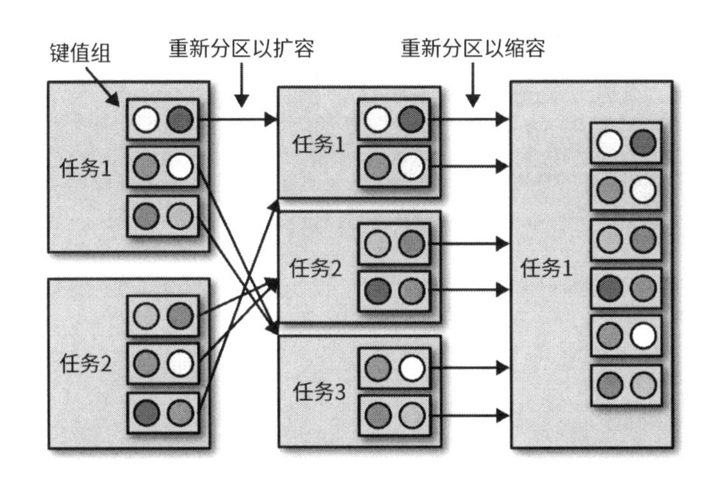

图 3-13：算子扩缩容时键值分区状态的调整

带有算子列表状态的算子在扩缩容时会对列表中的条目进行重新分配。理论上，所有并行算子任务的列表条目会被统一收集起来，随后均匀分配到更少或更多的任务之上。如果列表条目的数量小于算子新设置的并行度，部分任务在启动时的状态就可能为空。图 3-14 展示了算子列表状态的重分配过程。

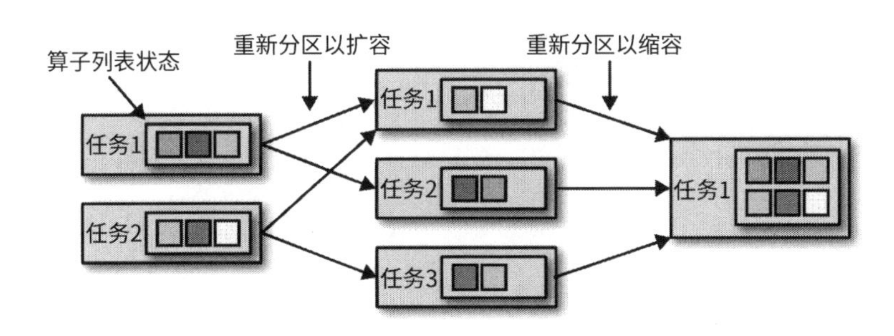

图 3-14：算子扩缩容时算子列表状态的调整

带有算子联合列表状态的算子会在扩缩容时把状态列表的全部条目广播到全部任务上。随后由任务自己决定哪些条目该保留，哪些该丢弃。图 3-15 展示了算子联合列表状态的重分配过程。

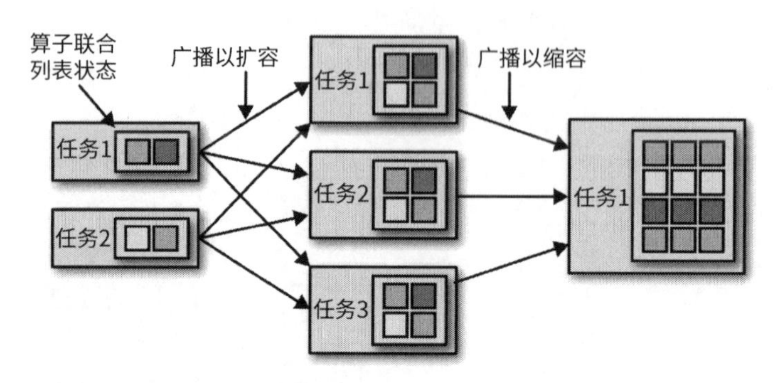

图 3-15：算子扩缩容时算子联合列表状态的调整

带有算子广播状态的算子在扩缩容时会把状态拷贝到全部新任务上。这样做的原因是广播状态能确保所有任务的状态相同。在缩容的情况下，由于状态经过复制不会丢失，我们可以简单地停掉多出的任务。图 3-16 展示了算子广播状态的重分配过程。

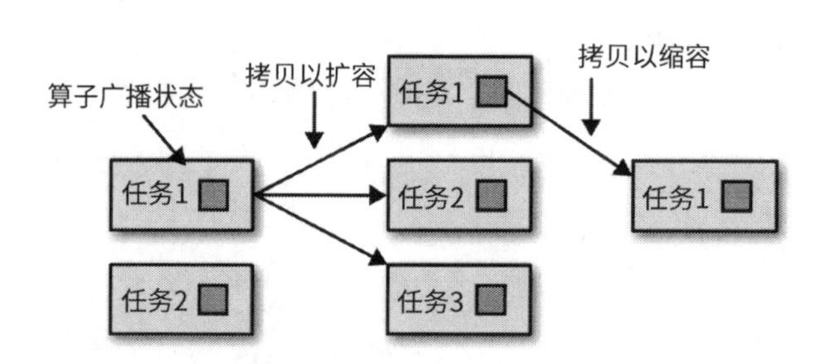

图 3-16：算子扩缩容时算子广播状态的调整

检查点、保存点及状态恢复

Flink 是一个分布式的数据处理系统，因此必须能够处理一些故障，例如：进程被强制关闭、机器故障以及网络连接中断。由于每个任务会把状态维护在本地，Flink 要保证发生故障时状态不丢不错。

本节我们将介绍 Flink 的检查点（checkpoint）及故障恢复机制，看一下它们如何提供精确一次的状态一致性保障。此外我们还会讨论 Flink 所独有的保存点（savepoint）机制，它就像一把“瑞士军刀”，解决了运行流式应用过程中的诸多难题。

一致性检查点

Flink 的故障恢复机制需要基于应用状态的一致性检查点。有状态的流式应用的一致性检查点是在所有任务处理完等量的原始输入后对全部任务状态进行的一个拷贝。我们可以通过一个朴素算法对应用建立一致性检查点的过程进行解释。朴素算法的步骤包括：

1. 暂停接收所有输入流。
2. 等待已经流入系统的数据被完全处理，即所有任务已经处理完所有的输入数据。
3. 将所有任务的状态拷贝到远程持久化存储，生成检查点。在所有任务完成自己的拷贝工作后，检查点生成完毕。
4. 恢复所有数据流的接收。

注意，Flink 没有实现这种朴素策略，而是使用了一种更加复杂的检查点算法，我们会在本节后面介绍该算法。

图 3-17 展示了针对一个简单应用的一致性检查点。

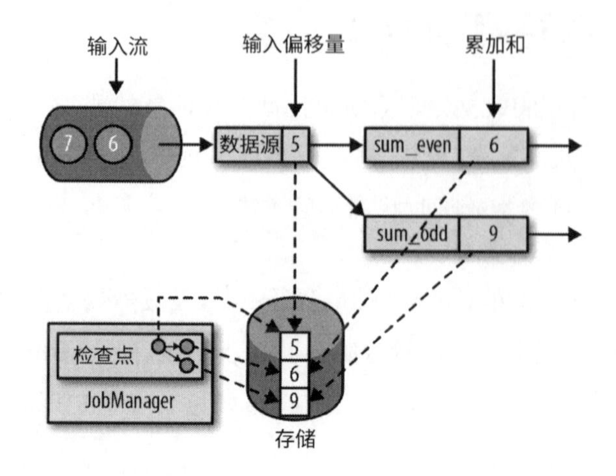

图 3-17：某流式应用的一致性检查点

该应用有一个数据源任务，负责从一个递增数字（1、2、3…）流中读取数据。数字流会被分成奇数流和偶数流，求和算子的两个任务会分别对它们求和。数据源算子的任务会把输入流的当前偏移量存为状态；求和算子的任务会把当前和值存为状态。在图 3-17 中，Flink 会在输入偏移到达 5 的时候生成一个检查点，此时两个和值分别为 6 和 9。

从一致性检查点中恢复

在流式应用执行过程中，Flink 会周期性地为应用状态生成检查点。一旦发生故障，Flink 会利用最新的检查点将应用状态恢复到某个一致性的点并重启处理进程。图 3-18 展示了整个恢复过程。

故障：任务sum_odd失败

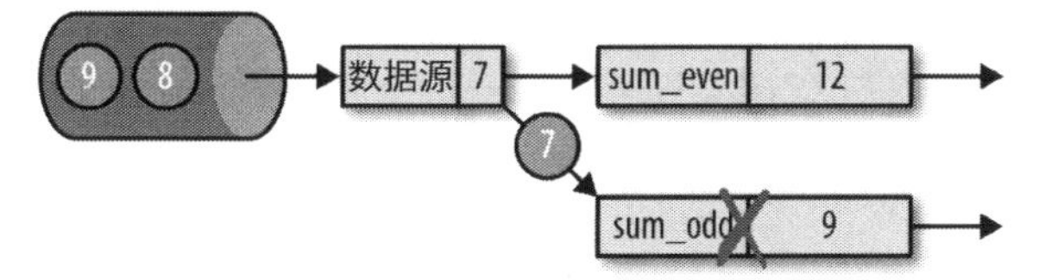

恢复步骤1：重启应用

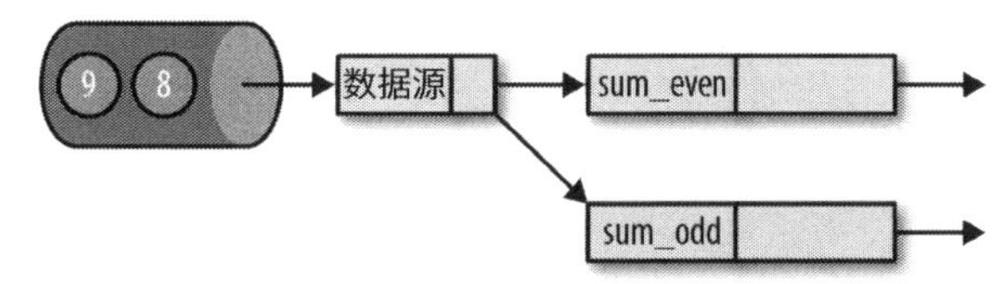

恢复步骤2：从检查点重置任务状态

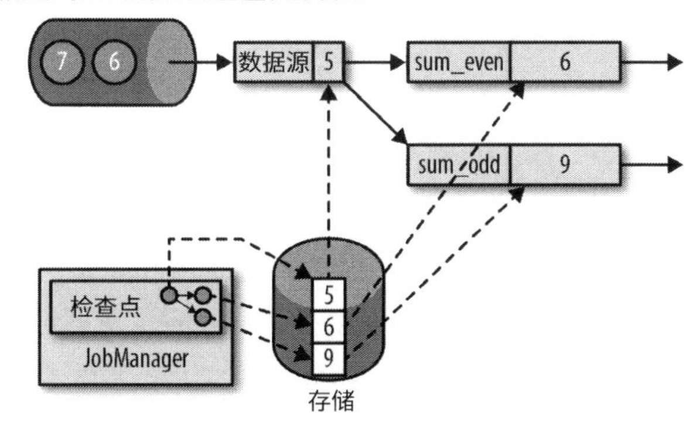

恢复步骤3：继续处理

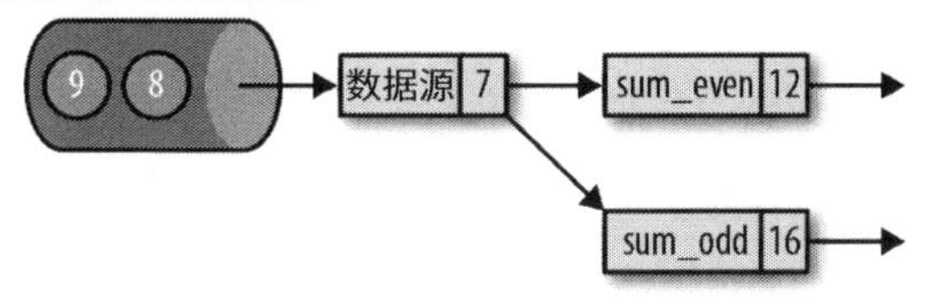

图 3-18：从检查点恢复应用

应用恢复要经过 3 个步骤：

1. 重启整个应用。

2. 利用最新的检查点重置任务状态。

3. 恢复所有任务的处理。

如果所有算子都将它们全部的状态写入检查点并从中恢复，并且所有输入流的消费位置都能重置到检查点生成那一刻，那么该检查点和恢复机制就能为整个应用的状态提供精确一次的一致性保障。数据源能否重置其输入流取决于它的具体实现以及所消费外部系统是否提供相关接口。例如，类似 Apache Kafka 的事件日志系统就允许从之前的某个偏移读取记录。相反，如果数据流是从套接字（socket）消费而来则无法重置，因为套接字会在数据被取走后将它们丢弃。因此只有所有输入流都是来自于可重置的数据源，应用才支持精确一次的状态一致性。

应用从检查点恢复以后，它的内部状态会和生成检查点的时候完全一致。随后应用就会重新消费并处理那些从之前检查点完成开始，到发生系统故障之间已经处理过的数据。虽然这意味着 Flink 会重复处理部分消息，但上述机制仍然可以实现精确一次的状态一致性，因为所有算子的状态都会重置到过去还没有处理过那些数据的时间点。

需要强调的是，Flink 的检查点和恢复机制仅能重置流式应用内部的状态。根据应用所采用的数据汇算子，在恢复期间，某些结果记录可能会向下游系统（如事件日志系统、文件系统或数据库）发送多次。对于某些存储系统，Flink 提供的数据汇函数支持精确一次输出，例如在检查点完成后才会把写出的记录正式提交。另一种适用于很多存储系统的方法是幂等更新。有关端到端精确一次应用所面临的挑战和解决方案会在第 8 章的“应用一致性保障”中详细讨论。

Flink 检查点算法

Flink 的故障恢复机制需要基于应用的一致性检查点。针对流式应用，生成检查点的朴素方法就是暂停执行，生成检查点，然后恢复应用。但这种“停止一切”的行为，即便对于那些具有中等延迟要求的应用也很不切实际。而 Flink 的检查点是基于 Chandy-Lamport 分布式快照算法来实现的。该算法不会暂停整个应用，而是会把生成检查点的过程和处理过程分离，这样在部分任务持久化状态的过程中，其他任务还可以继续执行。接下来我们解释一下这个算法的工作原理。

Flink 的检查点算法中会用到一类名为检查点分隔符（checkpoint barrier）的特殊记录。和水位线类似，这些检查点分隔符会通过数据源算子注入到常规的记录流中。相对其他记录，它们在流中的位置无法提前或延后。为了标识所属的检查点，每个检查点分隔符都会带有一个检查点编号，这样就把一条数据流从逻辑上分成了两个部分。所有先于分隔符的记录所引起的状态更改都会被包含在分隔符所对应的检查点之中；而所有晚于分隔符的记录所引起的状态更改都会被纳入之后的检查点中。

我们通过一个简单流式应用的示例来一步一步解释这个算法。应用包含了两个数据源任务，每个任务都会各自消费一条自增数字流。数据源任务的输出会被分成奇数流和偶数流两个部分，每一部分都会有一个任务负责对收到的全部数字求和，并将结果值更新至下游数据汇。应用细节如图 3-19 所示。

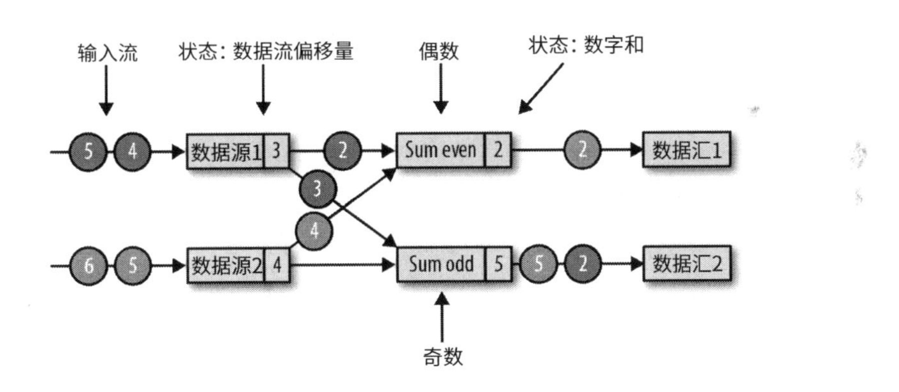

图 3-19：拥有两个有状态的数据源、两个有状态的任务，以及两个无状态数据汇的流式应用

如图 3-20 所示，JobManager 会向每个数据源任务发送一个新的检查点编号，以此来启动检查点生成流程。

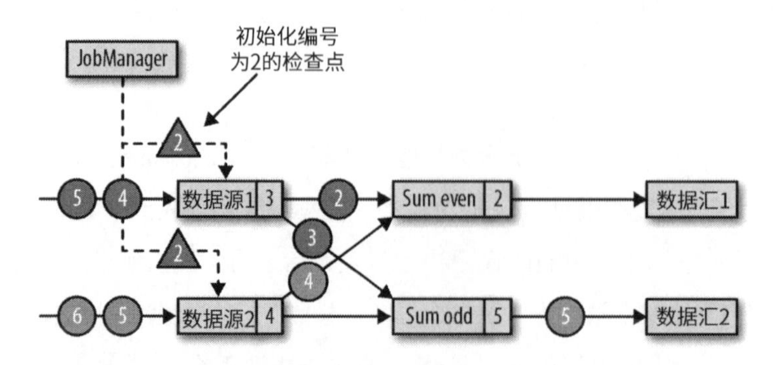

图 3-20：JobManager 通过向所有数据源发送消息来启动检查点生成流

当一个数据源任务收到消息后，会暂停发出记录，利用状态后端触发生成本地状态的检查点，并把该检查点分隔符连同检查点编号广播至所有传出的数据流分区。状态后端会在状态存为检查点完成后通知任务，随后任务会给 JobManager 发送确认消息。在将所有分隔符发出后，数据源将恢复正常工作。通过向输出流中注入分隔符，数据源函数定义了需要在流中哪些位置生成检查点。图 3-21 展示了流式应用为数据源任务的本地状态生成检查点并发出检查点分隔符。

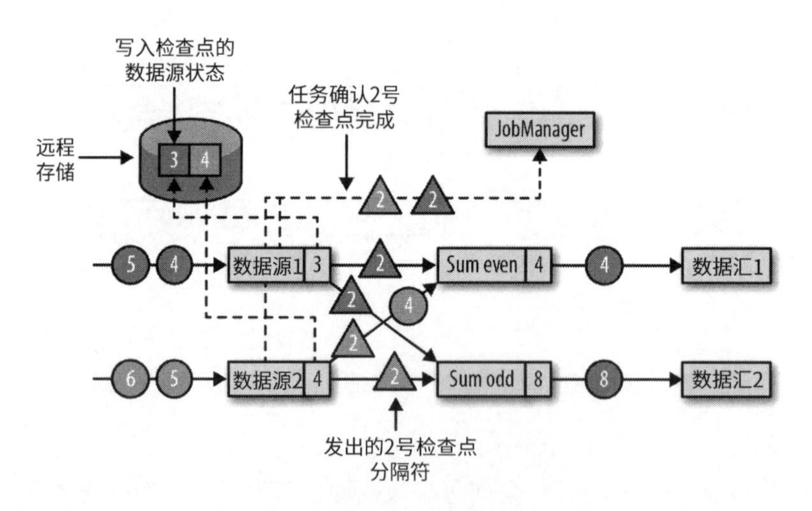

图 3-21：数据源为状态生成检查点并发出检查点分隔符

数据源任务发出的检查点分隔符会传输到与之相连的任务。和水位线类似，检查点分隔符总是以广播形式发送，从而可以确保每个任务能从它们的每个输入都收到一个分隔符。当任务收到一个新检查点的分隔符时，会继续等待所有其他输入分区也发来这个检查点的分隔符。在等待过程中，它会继续处理那些从还未提供分隔符的分区发来的数据。对于已经提供分隔符的分区，它们新到来的记录会被缓冲起来，不能处理。这个等待所有分隔符到达的过程称为分隔符对齐，我们在图 3-22 中对它进行了展示。

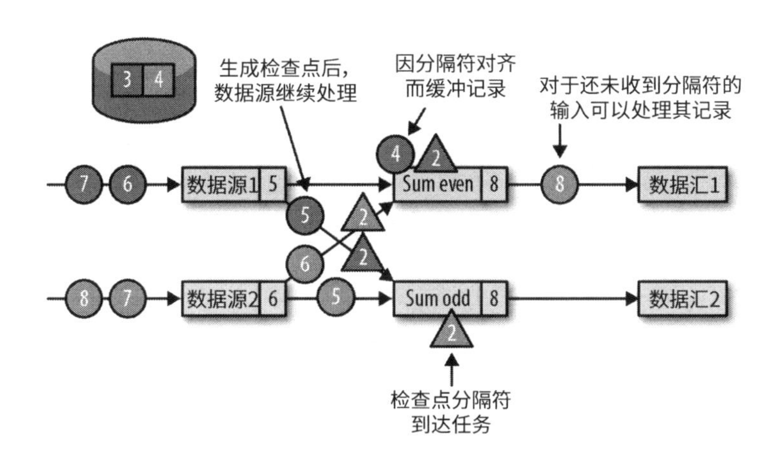

图 3-22：任务等待接收所有输入分区的分隔符，来自已接收分隔符输入分区的记录会被缓存，其他记录则按常规处理

如图 3-23 所示，任务在收齐全部输入分区发送的分隔符后，就会通知状态后端开始生成检查点，同时把检查点分隔符广播到下游相连的任务。

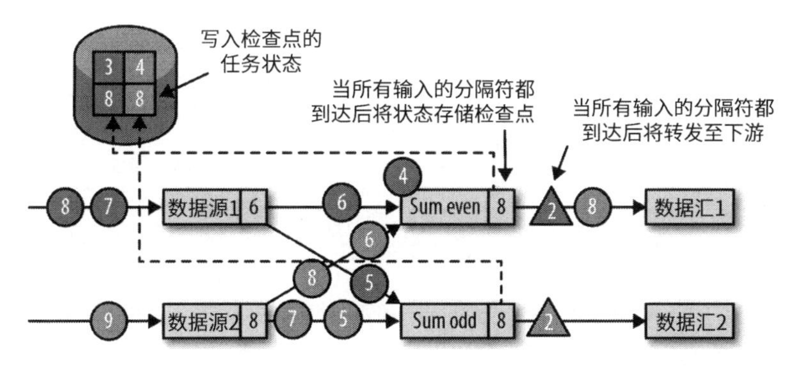

图 3-23：任务在收到全部分隔符后将状态存入检查点，然后向下游转发检查点分隔符

任务在发出所有的检查点分隔符后就会开始处理缓冲的记录。待所有缓冲的记录处理完后，任务就会继续处理输入流。图 3-24 展示了此时的应用状态。

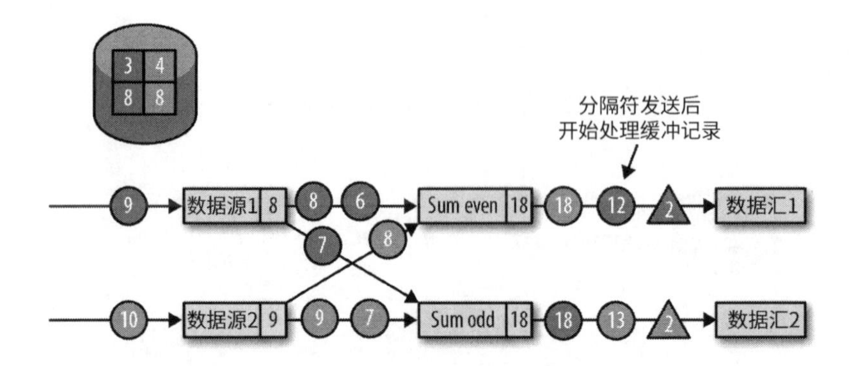

图 3-24：任务在转发检查点分隔符后继续进行常规处理

最终检查点分隔符到达数据汇任务。数据汇任务在收到分隔符后会依次执行分隔符对齐，将自身状态写入检查点，向 JobManager 确认已接收分隔符等一系列动作。JobManager 在接收到所有应用任务返回的检查点确认消息后，就会将此次检查点标记为完成。图 3-25 展示了检查点算法的最后一步。如前所述，应用在发生故障时就可以利用这个生成好的检查点进行恢复。

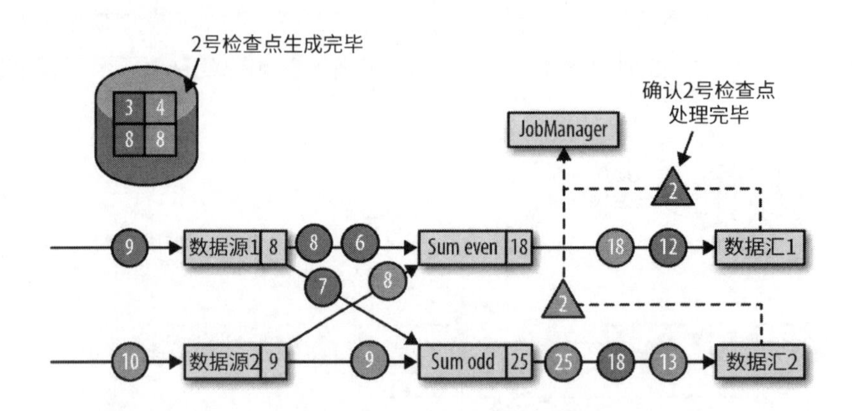

图 3-25：数据汇任务向 JobManager 确认收到检查点分隔符，在所有任务成功将自身状态存入检查点后整个应用的检查点才算完成

检查点对性能的影响

虽然 Flink 的检查点算法能够在不停止整个应用的情况下为流式应用生成一致的分布式检查点，但它仍会增加应用处理延迟。Flink 实现了一些调整策略，可以减轻某些条件下对性能的影响。

任务在将其状态存入检查点的过程中，会处于阻塞状态，此时的输入会进入缓冲区。由于状态可能会很大，而且生成检查点需要把这些数据通过网络写入远程存储系统，该过程可能持续数秒，甚至数分钟。这对于一些延迟敏感的应用而言时间过久。按照 Flink 的设计，是由状态后端负责生成检查点，因此任务的状态的具体拷贝过程完全取决于状态后端的实现。举例而言，文件系统状态后端和 RocksDB 状态后端支持异步生成检查点。当检查点生成过程触发时，状态后端会为当前状态创建一个本地拷贝。在本地拷贝创建完成后，任务就可以继续它的常规处理。后台进程会异步将本地状态快照拷贝到远程存储，然后在完成检查点后通知任务。异步生成检查点可以有效降低任务恢复数据处理所需等待的时间。除此之外，RocksDB 状态后端还支持增量生成检查点，这可以有效降低需要传输的数据量。

我们还可以对分隔符对齐这一步进行调整，以降低检查点算法对处理延迟的影响。对于那些需要极低延迟且能容忍至少一次状态保障的应用，可以通过配置让 Flink 在分隔符对齐的过程中不缓冲那些已收到分隔符所对应分区的记录，而是直接处理它们。待所有的检查点分隔符都到达以后，算子才将状态存入检查点，这时候状态可能会包含一些由本应出现在下一次检查点的记录所引起的改动。一旦出现故障，这些记录会被重复处理，而这意味着检查点只能提供至少一次而非精确一次的一致性保障。

保存点

Flink的故障恢复算法是基于状态的检查点来完成的。检查点会周期性地生成，而且会根据配置的策略自动丢弃。检查点的目的是保证应用在出现故障的时候可以顺利重启，因此当应用被手动停止后，检查点也会随之删除。[注4] 但除了用于故障恢复，应用的一致性快照还有很多其他用途。

Flink 最具价值且独具一格的功能之一是保存点。原则上，保存点的生成算法和检查点完全一样，因此可以把保存点看做包含一些额外元数据的检查点。保存点的生成不是由 Flink 自动完成，而是需要由用户（或外部调度器）显式触发。同时，Flink 也不会自动清理保存点。第 10 章介绍了如何生成和删除保存点。

保存点的使用

给定一个应用和一个兼容的保存点，我们可以从该保存点启动应用。这样就能用保存点内的数据初始化状态并从生成保存点的那一刻继续运行应用。这个行为看上去和利用检查点将应用从故障中恢复完全一致，但其实故障恢复只是一种特殊情况，它会在完全相同的集群上，以完全相同的配置，运行完全相同的应用。而将应用从某个保存点启动还能让你做更多事情。

- 从保存点启动一个不同但相互兼容的应用。这意味着你可以修复应用的一些逻辑 Bug，然后在数据流来源的支持范围内下尽可能多地重新处理输入事件，以此来修复结果。应用修改还可用于 A/B 测试或需要不同业务逻辑的假想场景。需要注意的是，应用和保存点必须相互兼容，只有这样应用才能加载保存点内的状态。
- 用不同的并行度启动原应用，从而实现应用的扩缩容。
- 在另一个集群上启动相同的应用。这允许你把应用迁移到一个新的 Flink 版本，或是一个不同的集群或数据中心。
- 利用保存点暂停某个应用，稍后再把它启动起来。这样可以为更高优先级的应用腾出集群资源，或者在输入数据不连续的情况下及时释放资源。
- 为保存点设置不同版本并将应用状态归档。

注 4： 可以通过配置让应用在取消的时候保留最近一次检查点。

保存点的功能如此强大，以至于很多用户都会周期性地创建保存点，从而可以及时“回到过去”。我们在生态中见到保存点最有趣的应用之一是不断将流式应用迁移到实例价格最低的数据中心。

从保存点启动应用

所有之前提到的保存点相关用例都遵循同一个模式。首先为正在运行的应用生成一个保存点，然后在应用启动时用它去初始化状态。本节我们将介绍 Flink 在从保存点启动时如何去初始化应用状态。

每个应用都会包含很多算子，而每个算子又可以定义一个或多个的键值或算子状态。算子会在一个或多个任务上并行执行，因此一个典型的应用会包含多个状态，它们分布在不同 TaskManager 进程内的算子任务上。

图 3-26 所展示的应用包含了三个算子，每个算子各有两个任务。其中一个算子（OP-1）有一个算子状态（OS-1），另一个算子（OP-2）有两个键值分区状态（KS-1 和 KS-2）。在生成保存点的时候，所有任务的状态都会拷贝到某个持久化存储位置上。

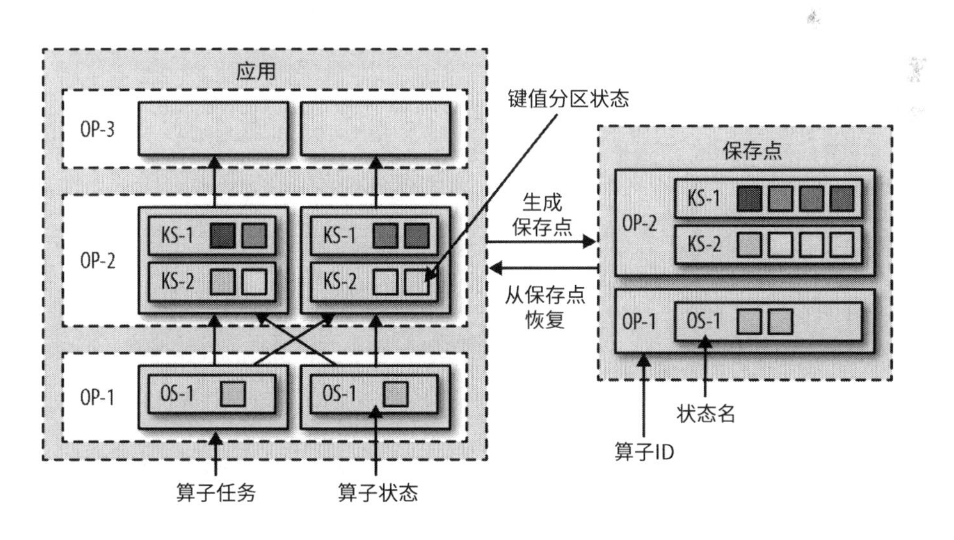

图 3-26：为应用生成保存点和从保存点恢复应用

保存点中的状态副本会按照算子标识和状态名称进行组织。该算子标识和状态名需要能将保存点的状态数据映射到应用启动后的算子状态上。当应用从保存点启动时，Flink 会将保存点的数据分发到对应算子的任务上。

注意，保存点没有包含算子任务的相关信息。这是因为任务数目可能会随着应用启动时所指定的并行度而改变。我们已经在本章前面讨论过 Flink 对于有状态算子的扩缩容策略。

如果应用在从保存点启动的时候发生过改动，那么保存点中的状态只有在应用还保留着那些含有对应标识和状态名称的算子时才可以成功映射。默认情况下，Flink 会给每个算子分配一个唯一标识。但该标识是根据前置算子的标识按照某种确定规则生成的。这意味着任何一个前置算子发生改变（例如添加或删除某个算子）都会导致该标识发生变化。因此使用默认算子标识的应用如果不想丢失状态，那么改动空间会比较有限。所以我们强烈建议手工指定算子标识，而不要依赖 Flink 的默认分配机制。有关分配算子标识的详细内容会在第 7 章的“指定唯一算子标识”中介绍。

小结

本章我们主要讨论了 Flink 的高层次设计架构以及内部的网络栈、事件时间处理模式、状态管理以及故障恢复机制。在设计高级流式应用，搭建和配置集群以及运行流式应用并推断其性能时，这些内容都将派上用场。

第4章

设置 Apache Flink 开发环境

既然我们已经掌握了这么多理论知识，是时候撸起袖子着手开发 Flink 应用了！本章你将学到如何搭建一个用于开发、运行和调试 Flink 应用的环境。我们会从所需软件以及怎样获取书中示例代码开始讲起。这些示例将向你展示如何在 IDE 中执行和调试 Flink 应用。本章最后我们会介绍如何创建 Flink Maven 项目，这通常是任何一个新应用的起点。

所需软件

首先我们来讨论一下开发 Flink 应用所需的软件。你可以在 Linux、macOS 以及 Windows 等常见操作系统上开发和运行 Flink 应用，但基于类 UNIX 系统会享有最丰富的工具支持，因为大多数 Flink 开发人员都偏爱这类环境。我们假设本章其余部分介绍的设置都是基于类 UNIX 系统来完成。如果你是 Windows 用户，可以使用自带的 WSL、Cygwin 或 Linux 虚拟机来在 UNIX 环境下运行 Flink。

Flink DataStream API 支持 Java 和 Scala 语言，因此在写 DataStream 应用前需要安装 Java JDK 8 或更高版本（只有 Java JRE 是不够的）。

此外，虽不强制，但我们假设以下软件也已装好：

- Apache Maven 3.x 版本。书中示例代码都是使用 Maven 来进行构建管理。此外，Flink 还提供了用于创建 Flink Maven 新项目的 Maven 模板（maven archetypes）。
- 用于 Java/Scala 开发的 IDE。常见选项有 IntelliJ IDEA、Eclipse 或 Netbeans，它们都需要相应安装一些插件（例如 Maven 插件、Git 插件及 Scala 插件）。本书建议使用 IntelliJ IDEA。你可以参照 IntelliJ IDEA 官网的说明下载和安装它。

在 IDE 中运行和调试 Flink 程序

尽管 Flink 是一个分布式的数据处理系统，但你通常可以在本地机器上进行开发并运行一些初始测试。这让开发过程变得更容易，也让集群部署更简单，因为你可以在不对代码进行任何修改的情况下直接切换到集群环境中运行。下文我们会介绍如何获取书中的示例代码，如何将它们导入 IntelliJ 以及如何运行和调试它们。

在 IDE 中导入书中示例

书中的示例代码托管在 GitHub 上。在本书的 GitHub 页面上，你会看到两个分别包含 Scala 示例和 Java 示例的代码仓库。我们将选用 Scala 仓库进行设置，但如果你想用 Java，也可以遵循同样的步骤。

打开终端运行以下 Git 命令将 examples-scala 库克隆到你的机器上：[注1]

```
> git clone https://github.com/streaming-with-flink/examples-scala
```

注 1：　我们还提供了一个 examples-Java 库，里面的示例都是用 Java 来完成的。

你也可以把示例代码以 Zip 压缩包的形式从 GitHub 上下载下来：

```
> wget https://github.com/streaming-with-flink/examples-scala/archive/master.zip
> unzip master.zip
```

书中的示例都是以 Maven 项目的形式出现。你可以在 `src/` 目录中找到按照章节组织的源代码：

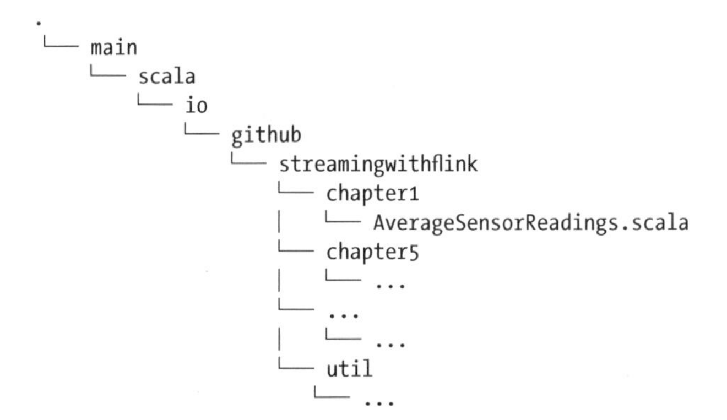

```
.
└── main
    └── scala
        └── io
            └── github
                └── streamingwithflink
                    └── chapter1
                    |   └── AverageSensorReadings.scala
                    └── chapter5
                    |   └── ...
                    └── ...
                    |   └── ...
                    └── util
                        └── ...
```

现在就可以打开你的 IDE，把 Maven 项目导进去。大多数 IDE 的导入步骤都很类似，下文我们会以 IntelliJ 为例对该步骤进行详细解释。

依次找到“File”→“New”→“Project from Existing Sources”，选择书中示例文件夹 examples-scala，单击 OK。确保勾选上“Import project from external model”以及“Maven”两个选项，然后单击 Next。

根据导入向导的指示完成后续步骤，例如：选择要导入的 Maven 项目（应该只有一个），选择 SDK，为项目命名。图 4-1~ 图 4-3 展示了导入过程。

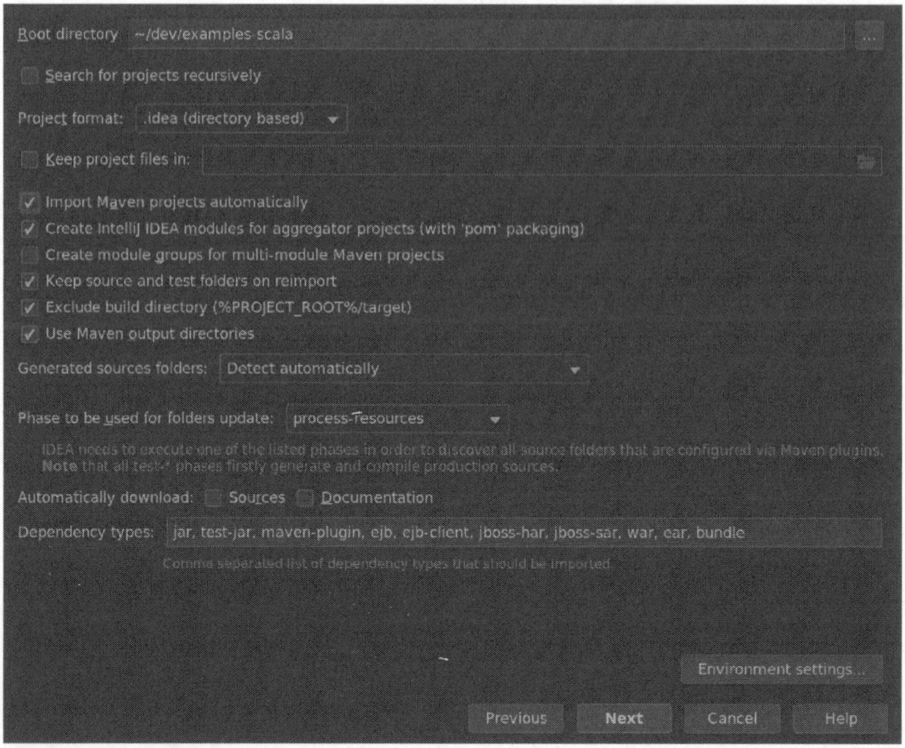

Root directory ~/dev/examples-scala

Search for projects recursively

Project format: .idea (directory based)

Keep project files in:

✓ Import Maven projects automatically
✓ Create IntelliJ IDEA modules for aggregator projects (with 'pom' packaging)
Create module groups for multi-module Maven projects
✓ Keep source and test folders on reimport
✓ Exclude build directory (%PROJECT_ROOT%/target)
✓ Use Maven output directories

Generated sources folders: Detect automatically

Phase to be used for folders update: process-resources

IDEA needs to execute one of the listed phases in order to discover all source folders that are configured via Maven plugins.
Note that all test-* phases firstly generate and compile production sources.

Automatically download: Sources Documentation

Dependency types: jar, test-jar, maven-plugin, ejb, ejb-client, jboss-har, jboss-sar, war, ear, bundle

Comma separated list of dependency types that should be imported

Environment settings...

Previous Next Cancel Help

图 4-1：将书中示例仓库导入 IntelliJ

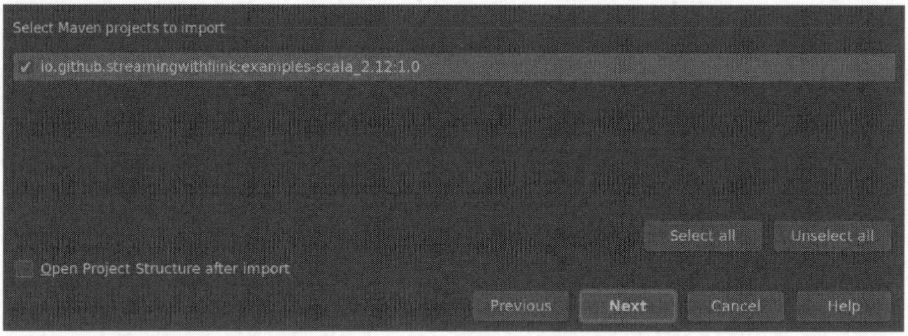

Select Maven projects to import

✓ io.github.streamingwithflink:examples-scala_2.12:1.0

Select all Unselect all

Open Project Structure after import

Previous Next Cancel Help

图 4-2：选择要导入的 Maven 项目

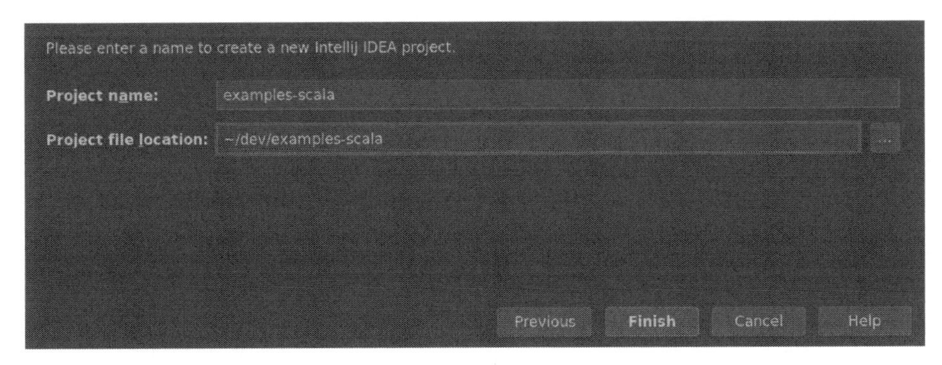

图 4-3：为项目命名，然后单击 Finish

就这么简单！你现在应该就能浏览和研究书中的示例源码了。

在 IDE 中运行 Flink 程序

下一步让我们尝试在 IDE 里运行书中的一个示例程序。找到 AverageSensorReadings 类，打开它。我们在第 1 章的"Flink 快览"中讲过，这个程序会模拟生成多个热传感器的读数事件，将其中的温度由华氏度改为摄氏度，然后计算每个传感器每秒钟的平均温度。程序的结果会写到标准输出。和大多数 DataStream 应用一样，该程序的数据源、数据汇以及其他算子都是在 AverageSensorReadings 类的 main() 方法中进行组装的。

直接运行 main() 方法就能启动应用。程序的输出会写到你 IDE 的标准输出（或控制台）窗口。输出以几行日志语句开始，它们记录了并行算子所经过的一系列状态，例如：SCHEDULING、DEPLOYING 以及 RUNNING。一旦所有任务启动起来并开始运行，程序就会开始生成类似下面这样的结果：

```
2> SensorReading(sensor_31,1515014051000,23.924656183848732)
4> SensorReading(sensor_32,1515014051000,4.118569049862492)
1> SensorReading(sensor_38,1515014051000,14.781835420242471)
3> SensorReading(sensor_34,1515014051000,23.871433252250583)
```

如果不手动终止，这个程序会不停生成新的事件、对它们进行处理并每秒产生新的结果。

接下来我们快速看一下程序内部发生了什么。正如之前第 3 章的“搭建 Flink 所需组件”中介绍的，Flink 应用会提交至 JobManager（master），后者负责将需要执行的任务分配给一个或多个 TaskManager（worker）。Flink 作为一个分布式系统，其 `JobManager` 和 `TaskManager` 一般会在不同机器上作为独立的 JVM 进程运行。

通常情况下程序的 `main()` 方法会把 Dataflow 组装好，然后在 `StreamExecutionEnvironment.execute()` 方法被调用时将其提交到远程的 JobManager 上。

但除此之外还有一种执行模式：当程序的 `execute()` 方法被调用时，会在同一个 JVM 中以独立线程的方式启动一个 JobManager 线程和一个 TaskManager（默认的处理槽数等于 CPU 的线程数）。这样，整个 Flink 应用会以多线程的方式在同一个 JVM 进程中执行。该模式可用于在 IDE 中执行 Flink 应用。

在 IDE 中调试 Flink 程序

由于单 JVM 执行模式的存在，你可以像调试其他程序那样在 IDE 中调试 Flink 应用，如同往常一般，在代码里设置断点，开启调试。

但在调试时需要注意以下几点：

- 除非手工指定并行度，否则程序的线程数会和你开发机器的 CPU 线程数一样多。所以你应该做好调试多线程程序的准备。
- 与把 Flink 程序发送到远程 JobManager 执行相比，将程序放在单个 JVM 进程中执行可能会导致某些问题（例如类加载）无法正确调试。
- 虽然程序运行在单个 JVM 内，但出于跨线程通信和潜在的状态持久化需求考虑，记录都会被序列化。

创建 Flink Maven 项目

将 examples-scala 库导入 IDE 来体验 Flink 是一个良好的开端。但同时你也要掌握如何从头开始创建一个新的 Flink 项目。

Flink 提供了 Maven 模板来为 Java 或 Scala 的 Flink 应用生成 Maven 项目。你可以打开终端运行以下命令来创建 Flink Maven Quickstart Scala 项目，并以它为基础开发 Flink 应用：

```
mvn archetype:generate                               \
   -DarchetypeGroupId=org.apache.flink               \
   -DarchetypeArtifactId=flink-quickstart-scala \
   -DarchetypeVersion=1.7.1                          \
   -DgroupId=org.apache.flink.quickstart             \
   -DartifactId=flink-scala-project                  \
   -Dversion=0.1                                     \
   -Dpackage=org.apache.flink.quickstart             \
   -DinteractiveMode=false
```

上述命令会在 *flink-scala-project* 文件夹内生成一个 Flink 1.7.1 版本的 Maven 项目。你可以通过改变 *mvn* 命令的相应参数来更改 Flink 版本、Maven 的组标识符和项目标识符、项目版本以及生成的包。生成的文件夹内包含了一个 *src/* 目录和一个 *pom.xml* 文件。*src/* 目录的结构如下：

```
src/
└── main
    ├── resources
    │   └── log4j.properties
    └── scala
        └── org
            └── apache
                └── flink
                    └── quickstart
                        ├── BatchJob.scala
                        └── StreamingJob.scala
```

你可以使用项目生成的两个框架文件 BatchJob.scala 和 StreamingJob.scala，作为你程序的起点。如果不需要，也可以将它们删除。

此时，你可以按照我们在上一节所介绍的步骤把项目导入 IDE，也可以执行以下命令来构建一个 JAR 文件：

```
mvn clean package -Pbuild-jar
```

如果命令成功完成，你会在项目目录里看到一个新的 target 文件夹。该文件夹里会有一个 flink-scala-project-0.1.jar 文件，也就是你 Flink 应用打成的 JAR 包。生成的 pom.xml 文件里还包含一些如何往项目中添加其他依赖的说明。

小结

本章你学到了如何搭建一个用于开发和调试 Flink DataStream 应用的环境，以及如何使用 Flink 的 Maven 模板生成 Maven 项目。接下来需要学的自然就是如何实现 DataStream 程序。

我们会在第 5 章介绍 DataStream API 的基础知识，在第 6~8 章分别介绍有关基于时间的算子、有状态函数，以及数据源和数据汇连接器的全部内容。

第 5 章

DataStream API（1.7 版本）

本章主要介绍 Flink DataStream API 的基础知识。我们将展示 Flink 常见流式应用的结构及组件，讨论 Flink 的类型系统和支持的数据类型并介绍数据转换（data transformation）和分区转换（partitioning transformation）操作。有关窗口算子、基于时间的转换、有状态算子以及连接器的内容将在接下来的几章讨论。本章过后，你将了解如何实现一个具有基本功能的流处理应用。出于简洁考虑，我们的示例代码还会以 Scala 版本为主，但绝大多数的 Java API 都与之类似（如果有例外或特殊情况会指出）。我们在 Github 仓库中同时提供了用 Java 和 Scala 实现的完整示例程序。

Hello, Flink!

让我们从一个简单的示例开始，体验一下使用 DataStream API 编写流式应用的感觉。我们将使用该示例展示 Flink 程序的基本结构并引出 DataStream API 中的几个重要特性。示例应用会从多个传感器中获取温度测量数据流。

首先来看一下传感器读取数据的数据类型：

```
case class SensorReading(
  id: String,
  timestamp: Long,
  temperature: Double)
```

示例 5-1 中的程序将温度从华氏度转为摄氏度并计算每个传感器每 5 秒的平均温度。

示例 5-1：针对传感器数据流每 5 秒计算一次平均温度

```
// Scala 对象，其 main() 方法中定义了 DataStream 程序
object AverageSensorReadings {

 // 通过 main() 方法定义并执行 DataStream 程序
 def main(args: Array[String]) {

   // 设置流式执行环境
   val env = StreamExecutionEnvironment.getExecutionEnvironment

   // 在应用中使用事件时间
   env.setStreamTimeCharacteristic(TimeCharacteristic.EventTime)

   // 从流式数据源中创建 DataStream[SensorReading] 对象
   val sensorData: DataStream[SensorReading] = env
     // 利用 SensorSource SourceFunction 获取传感器读数
     .addSource(new SensorSource)
     // 分配时间戳和水位线（事件时间所需）
     .assignTimestampsAndWatermarks(new SensorTimeAssigner)

   val avgTemp: DataStream[SensorReading] = sensorData
     // 使用内联 lambda 函数把华氏温度转为摄氏温度
     .map( r => {
         val celsius = (r.temperature - 32) * (5.0 / 9.0)
         SensorReading(r.id, r.timestamp, celsius)
       } )
     // 按照传感器 id 组织数据
     .keyBy(_.id)
     // 将读数按 5 秒的滚动窗口分组
     .timeWindow(Time.seconds(5))
     // 使用用户自定义函数计算平均温度
     .apply(new TemperatureAverager)

   // 将结果流打印到标准输出
   avgTemp.print()

   // 开始执行应用
   env.execute("Compute average sensor temperature")
 }
}
```

你可能已经注意到了，用常规的 Scala 或 Java 方法就可以定义和提交 Flink 程序。大多数情况下，这些工作都会在静态的 `main()` 方法中完成。在示例中，我们定义了 `AverageSensorReadings` 对象，并将大部分应用逻辑都放到了 `main()` 方法里。

构建一个典型的 Flink 流式应用需要以下几步：

1. 设置执行环境。
2. 从数据源中读取一条或多条流。
3. 通过一系列流式转换来实现应用逻辑。
4. 选择性地将结果输出到一个或多个数据汇中。
5. 执行程序。

接下来我们详细介绍一下这些步骤。

设置执行环境

Flink 应用要做的第一件事就是设置执行环境。执行环境决定了应用是在本地机器上还是集群上运行。DataStream API 的执行环境由 `StreamExecutionEnvironment` 来表示。在示例中，我们通过调用静态的 `getExecutionEnvironment()` 方法来获取执行环境。根据调用时所处上下文的不同，该方法可能会返回一个本地或远程环境。如果是一个连接远程集群的提交客户端调用了该方法，则会返回一个远程执行环境；否则会返回一个本地环境。

同时你也可以像下面这样显式指定本地或远程执行环境：

```
// 创建一个本地的流式执行环境
val localEnv: StreamExecutionEnvironment.createLocalEnvironment()

// 创建一个远程的流式执行环境
val remoteEnv = StreamExecutionEnvironment.createRemoteEnvironment(
  "host",                 // JobManager 的主机名
  1234,                   // JobManager 的端口号
  "path/to/jarFile.jar")  // 需要传输到 JobManager 的 JAR 包
```

接下来我们使用 `env.setStreamTimeCharacteristic(TimeCharacteristic.`

EventTime）指定程序采用事件时间语义。执行环境还提供了很多配置选项，例如设置程序并行度，启用容错等。

读取输入流

在配置完执行环境后，我们就可以着手来做处理数据流的实质性工作。StreamExecutionEnvironment 为我们提供了一系列创建流式数据源的方法，用以将数据流读取到应用中。这些数据流的来源可以是消息队列或文件，也可以是实时生成的。

在示例中，我们通过

```
val sensorData: DataStream[SensorReading] =
  env.addSource(new SensorSource)
```

来连接传感器测量源，并创建出 SensorReading 类型的初始 DataStream。Flink 支持很多数据类型，我们会在下一节介绍它们。在这里我们使用事先定义好的 Scala 样例类作为数据类型。每一条 SensorReading 数据都包含了传感器 ID、测量的时间以及温度。assignTimestampsAndWatermarks(new SensorTimeAssigner) 方法负责分配事件时间所需的时间戳和水位线。你现在还无须关心 SensorTimeAssigner 的实现细节。

应用转换

一旦得到了 DataStream 对象，我们就可以对它应用转换。转换的类型多种多样：有些会生成一个新的 DataStream（类型可能会发生变化）；而另外的一些不会修改 DataStream 中的记录，仅会通过分区或分组的方式将其重新组织。应用程序的逻辑是通过一系列转换来定义的。

在示例中，我们首先利用 map() 转换将每个传感器读取的温度都转换为摄氏度。然后我们使用 keyBy() 转换，将传感器读数按照传感器 ID 进行分区。接下来我们通过 timeWindow() 转换，针对每个传感器 ID 分区都将读数划分为 5 秒一次的滚动窗口：

```
val avgTemp: DataStream[SensorReading] = sensorData
     .map( r => {
          val celsius = (r.temperature - 32) * (5.0 / 9.0)
          SensorReading(r.id, r.timestamp, celsius)
       } )
     .keyBy(_.id)
     .timeWindow(Time.seconds(5))
     .apply(new TemperatureAverager)
```

有关窗口转换的详细内容会在第 6 章的“窗口算子”中介绍。最后我们使用了一个用户自定义函数（user-defined function）来计算每个窗口的平均温度。有关用户自定义函数的实现细节会在本章后面部分讨论。

输出结果

流式应用通常都会把结果发送到某些外部系统，例如 Apache Kafka，文件系统或数据库。Flink 提供了一组维护状态良好的流式数据汇，可用来完成上述工作。你也可以选择自己实现流式数据汇。还有一些应用不会发出结果，而是将它们保存在内部，利用 Flink 的可查询式状态（queryable state）功能对外提供服务。

在所给示例中，会将 DataStream[SensorReading] 中的记录作为结果输出。每条记录都会包含对应传感器在 5 秒内的平均温度。我们通过调用 print() 方法将结果写到标准输出：

```
avgTemp.print()
```

注意，无论应用结果是至少一次语义还是精确一次语义，流式数据汇的选择都将影响应用端到端的一致性（end-to-end consistency）。该一致性取决于所选数据汇和 Flink 检查点算法的组合情况。我们会在第 8 章“应用一致性保障”中详细讨论这一话题。

执行

在应用定义完成后，你就可以调用 StreamExecutionEnvironment.execute() 来执行它。这是我们示例中最后一个方法调用：

```
env.execute("Compute average sensor temperature")
```

Flink 程序都是通过延迟计算（lazily execute）的方式执行。也就是说，那些创建数据源和转换操作的 API 调用不会立即触发数据处理，而只会在执行环境中构建一个执行计划。计划中包含了从环境创建的流式数据源以及应用于这些数据源之上的一系列转换。只有在调用 execute() 方法时，系统才会触发程序执行。

构建完的计划会被转成 JobGraph 并提交至 JobManager 执行。根据执行环境类型的不同，系统可能需要将 JobGraph 发送到作为本地线程启动的 JobManager 上（本地执行环境），也可能会将其发送到远程 JobManager 上。如果是后者，除 JobGraph 之外，我们还要同时提供包含应用所需全部类和依赖的 JAR 包。

转换操作

本节我们将对 DataStream API 中的基本转换做一个概述。基于时间的算子（如窗口算子）以及其他一些特殊转换会在后面章节介绍。流式转换以一个或多个数据流为输入，并将它们转换成一个或多个输出流。完成一个 DataStream API 程序在本质上可以归结为：通过组合不同的转换来创建一个满足应用逻辑的 Dataflow 图。

大多数流式转换都是基于用户自定义函数来完成的。这些函数封装了用户应用逻辑，指定了输入流的元素将如何转换为输出流的元素。函数可以通过实现某个特定转换的接口类来定义，例如下面的 MapFunction：

```
class MyMapFunction extends MapFunction[Int, Int] {
  override def map(value: Int): Int = value + 1
}
```

函数接口规定了用户需要实现的转换方法，例如上例中的 map() 方法。

大多数函数接口都被设计为 SAM（single abstract method 单一抽象方法）形式的，因此可以通过 Java 8 的 Labmda 函数实现。Scala DataStream API 同样内置了对 Lambda 函数的支持。在介绍 DataStream API 的转换时，我们会展示所有函数类的接口。但为了简洁，在绝大多数示例代码中我们会使用 Lambda 函数而不是函数类。

DataStream API 为那些最常见的数据转换操作都提供了对应的转换抽象。如果你熟悉批处理 API、函数式编程语言或 SQL，将会发现这里的 API 概念都很容易掌握。我们将 DataStream API 的转换分为四类：

1. 作用于单个事件的基本转换。
2. 针对相同键值事件的 KeyedStream 转换。
3. 将多条数据流合并为一条或将一条数据流拆分成多条流的转换。
4. 对流中的事件进行重新组织的分发转换。

基本转换

基本转换会单独处理每个事件，这意味着每条输出记录都由单条输入记录所生成。常见的基本转换函数有：简单的值转换，记录拆分或过滤等。我们将结合代码示例对它们的语义进行解释。

Map

通过调用 DataStream.map() 方法可以指定 map 转换产生一个新的 DataStream。该转换将每个到来的事件传给一个用户自定义的映射器（user-defined mapper），后者针对每个输入只会返回一个（可能类型发生改变的）输出事件。图 5-1 所示的 map 转换会将每个方形输入转换为圆形。

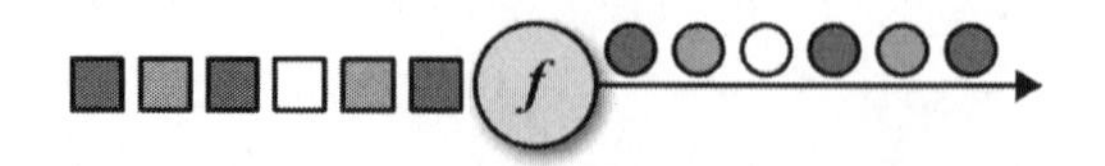

图 5-1：将方形转换为相同颜色圆形的 map 操作

MapFunction 的两个类型参数分别是输入事件和输出事件的类型，它们可以通过 MapFunction 接口来指定。该接口的 map() 方法将每个输入事件转换为一个输出事件：

```
// T: 输入元素的类型
// O: 输出元素的类型
MapFunction[T, O]
    > map(T): O
```

下方展示的是一个简单的映射器，它会提取输入流中的每个 SensorReading 记录的第一个字段（id）。

```
val readings: DataStream[SensorReading] = ...
val sensorIds: DataStream[String] = readings.map(new MyMapFunction)

class MyMapFunction extends MapFunction[SensorReading, String] {
  override def map(r: SensorReading): String = r.id
}
```

在使用 Scala API 或 Java 8 时，你还可以通过 Lambda 函数来实现映射器。

```
val readings: DataStream[SensorReading] = ...
val sensorIds: DataStream[String] = readings.map(r => r.id)
```

Filter

filter 转换利用一个作用在流中每条输入事件上的布尔条件来决定事件的去留：如果返回值为 true，那么它会保留输入事件并将其转发到输出，否则它会把事件丢弃。通过调用 DataStream.filter() 方法可以指定 filter 转换产生一个数据类型不变的 DataStream。图 5-2 展示的 filter 操作仅保留了白色方块。

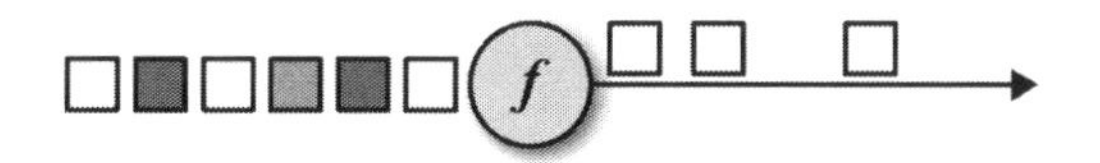

图 5-2：仅保留白色值的 Filter 操作

可以利用 FilterFunction 接口或 Lambda 函数来实现定义布尔条件的函数。FilterFunction 接口的类型为输入流的类型，它的 filter() 方法会接收一个输入事件，返回一个布尔值：

```
// T: 元素类型
FilterFunction[T]
    > filter(T): Boolean
```

下面例子所展示的 filter 会丢弃所有温度低于 25°F 的传感器测量值：

```
val readings: DataStream[SensorReadings] = ...
val filteredSensors = readings
    .filter( r =>  r.temperature >= 25 )
```

FlatMap

flatMap 转换类似于 map，但它可以对每个输入事件产生零个、一个或多个输出事件。事实上，flatMap 转换可以看做是 filter 和 map 的泛化，它能够实现后两者的操作。图 5-3 展示的 flatMap 操作会根据输入事件颜色的不同输出不同的结果。具体而言，它会将白色方块不将改动直接输出，将黑色方块复制，将灰色方块丢弃。

图 5-3：输出白色方块，复制黑色方块，丢弃灰色方块的 flatMap 操作

flatMap 转换会针对每个到来事件应用一个函数。对应的 FlatMapFunction 定义了 flatMap() 方法，你可以在其中通过向 Collector 对象传递数据的方式返回零个、一个或多个事件作为结果：

```
// T: 输入元素的类型
// O: 输入元素的类型
FlatMapFunction[T, O]
    > flatMap(T, Collector[O]): Unit
```

下面例子展示了数据处理教程中一个常见的flagMap转换。这个函数会作用于一个语句流上，将每个语句按照空格字符分割，然后把分割得到的每个单词作为一条独立的记录发出去：

```
val sentences: DataStream[String] = ...
val words: DataStream[String] = sentences
  .flatMap(id => id.split(""))
```

基于 KeyedStream 的转换

很多应用需要将事件按照某个属性分组后再进行处理。作为DataStream API中一类特殊的DataStream，KeyedStream抽象可以从逻辑上将事件按照键值分配到多条独立的子流中。

作用于KeyedStream的状态化转换可以对当前处理事件的键值所对应上下文中的状态进行读写。这意味着所有键值相同的事件可以访问相同的状态，因此它们可以被一并处理。

请注意，在使用状态化转换和基于键值的聚合时要格外小心。如果键值域（key domain）会持续增长（例如将唯一的事务ID作为键值），则必须对那些不再活跃的键值进行清理，以避免出现内存问题。有关有状态函数的详细信息请参阅第7章的“实现有状态函数”。

KeyedStream也支持使用你之见看到过的map、flatMap和filter等转换进行处理。下面我们将使用keyBy转换将一个DataStream转化为KeyedStream，然后对它进行滚动聚合以及reduce操作。

keyBy

keyBy 转换通过指定键值的方式将一个 DataStream 转化为 KeyedStream。流中的事件会根据各自键值被分到不同的分区，这样一来，有着相同键值的事件一定会在后续算子的同一个任务上处理。虽然键值不同的事件也可能会在同一个任务上处理，但任务函数所能访问的键值分区状态始终会被约束在当前事件键值的范围内。

我们假设以输入事件的颜色作为键值，图 5-4 中将所有黑色事件分到一个任务，而将其他事件分到另一个任务。

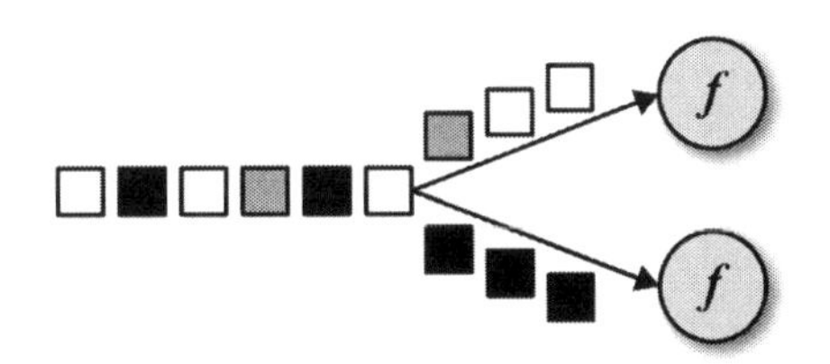

图 5-4：基于颜色对事件进行分区的 keyBy 操作

keyBy() 方法接收一个用来指定分区键值（可以是多个）的参数，返回一个 KeyedStream。指定键值的方式多种多样，我们会在本章后面的“定义键值和引用字段中”介绍它们。以下代码针对 SensorReading 记录流将其中的 id 字段声明为键值：

```
val readings: DataStream[SensorReading] = ...
val keyed: KeyedStream[SensorReading, String] = readings
  .keyBy(r => r.id)
```

Lambda 函数 r => r.id 表示从传感器读数 r 中提取 id 字段。

滚动聚合

滚动聚合转换作用于 KeyedStream 上，它将生成一个包含聚合结果（例如求和、最小值、最大值等）的 DataStream。滚动聚合算子会对每一个遇到过的键值保存一个聚合结果。每当有新事件到来，该算子都会更新相应的聚合结果，并将其以事件的形式发送出去。滚动聚合虽然不需要用户自定义函数，但需要接收一个用于指定聚合目标字段的参数。DataStream API 中提供了以下滚动聚合方法：

`sum()`
: 滚动计算输入流中指定字段的和。

`min()`
: 滚动计算输入流中指定字段的最小值。

`max()`
: 滚动计算输入流中指定字段的最大值。

`minBy()`
: 滚动计算输入流中迄今为止最小值，返回该值所在事件。

`maxBy()`
: 滚动计算输入流中迄今为止最大值，返回该值所在事件。

请注意，你无法将多个滚动聚合方法组合使用，每次只能计算一个。

以下例子中，我们对一个 `Tuple3[Int, Int, Int]` 类型的数据流按照第一个字段进行键值分区，然后滚动计算第二个字段的总和：

```
val inputStream: DataStream[(Int, Int, Int)] = env.fromElements(
  (1, 2, 2), (2, 3, 1), (2, 2, 4), (1, 5, 3))

val resultStream: DataStream[(Int, Int, Int)] = inputStream
  .keyBy(0) // 以元组第一个字段为键值进行分区
  .sum(1)   // 滚动计算每个分区内元组第二个字段的总和
```

该示例中，输入流的元组按照第一个字段进行分区，然后滚动计算第二个字段的总和。示例对于键值“1”首先输出 `(1,2,2)`，然后是 `(1,7,2)`；对于键值“2”首先输出 `(2,3,1)`，然后是 `(2,5,1)`。结果中的第一个字段是键值，第二个字段是总和，第三个字段没有定义。

只对有限键值域使用滚动聚合

滚动聚合算子会为每个处理过的键值维持一个状态。由于这些状态不会被自动清理，所以该算子只能用于键值域有限的流。

Reduce

reduce 转换是滚动聚合转换的泛化。它将一个 ReduceFunction 应用在一个 KeyedStream 上，每个到来事件都会和 reduce 结果进行一次组合，从而产生一个新的 DataStream。reduce 转换不会改变数据类型，因此输出流的类型会永远和输入流保持一致。

我们可以通过实现 ReduceFunction 接口来指定一个 reduce 函数。它当中定义的 reduce() 方法每次接收两个输入事件，生成一个类型相同的输出事件：

```
// T: 元素类型
ReduceFunction[T]
    > reduce(T, T): T
```

在下面的示例中，数据流会以语言字段（即第一个字段）为键值进行分区，最终结果是针对每种语言产生一个不断更新的单词列表：

```
val inputStream: DataStream[(String, List[String])] = env.fromElements(
  ("en", List("tea")), ("fr", List("vin")), ("en", List("cake")))

val resultStream: DataStream[(String, List[String])] = inputStream
  .keyBy(0)
  .reduce((x, y) => (x._1, x._2 ::: y._2))
```

用于 reduce 的 Lambda 函数会直接转发第一个字段（键值字段），并将所有第二个字段中的 List[String] 值连接合并起来。

只对有限键值域使用滚动 reduce 操作

滚动 reduce 算子会为每个处理过的键值维持一个状态。由于这些状态不会被自动清理，所以该算子只能用于键值域有限的流。

多流转换

很多应用需要将多条输入流联合起来处理，或将一条流分割成多条子流以应用不同逻辑。接下来我们将讨论那些能同时处理多条输入流或产生多条结果流的 DataStream API 转换。

Union

`DataStream.union()` 方法可以合并两条或多条类型相同的 `DataStream`，生成一个新的类型相同的 `DataStream`。这样后续的转换操作就可以对所有输入流中的元素统一处理。图 5-5 展示的 union 操作会将黑色和白色的事件合并成一条输出流。

图 5-5：将两条输入流合二为一的 union 操作

union 执行过程中，来自两条流的事件会以 FIFO（先进先出）的方式合并，其顺序无法得到任何保证。此外，union 算子不会对数据进行去重，每个输入消息都会被发往下游算子。

以下示例展示了如何将三条类型为 `SensorReading` 的数据流合并为一条：

```
val parisStream: DataStream[SensorReading] = ...
val tokyoStream: DataStream[SensorReading] = ...
val rioStream: DataStream[SensorReading] = ...
val allCities: DataStream[SensorReading] = parisStream
  .union(tokyoStream, rioStream)
```

Connect，coMap，coFlatMap

在流处理中，合并两条数据流中的事件是一个非常普遍的需求。假设有一个森林区域监控应用会在火灾发生风险很高时报警。该应用会接收一条包含之前所见到的全部温度传感器读数的数据流，以及另外一条烟雾指数测量值数据流。当温度超过给定阈值且烟雾指数很高时，应用就会发出火灾警报。

DataStream API 提供的 connect 转换可以用来实现该用例。[注1] DataStream.connect() 方法接收一个 DataStream 并返回一个 ConnectedStream 对象，该对象表示两个联结起来（connected）的流：

```
// 第一条流
val first: DataStream[Int] = ...
// 第二条流
val second: DataStream[String] = ...

// 将两条流联结
val connected: ConnectedStreams[Int, String] = first.connect(second)
```

ConnectedStreams 对象提供了 map() 和 flatMap() 方法，它们分别接收一个 CoMapFunction 和一个 CoFlatMapFunction 作为参数。[注2]

两个函数都是以两条输入流的类型外加输出流的类型作为其类型参数，它们为两条输入流定义了各自的处理方法。map1() 和 flatMap1() 用来处理第一条输入流的事件，map2() 和 flatMap2() 用来处理第二条输入流的事件：

```
// IN1：第一条输入流的类型
// IN2：第二条输入流的类型
// OUT：输出元素的类型
CoMapFunction[IN1, IN2, OUT]
    > map1(IN1): OUT
    > map2(IN2): OUT

// IN1: 第一条输入流的类型
// IN2: 第二条输入流的类型
// OUT: 输出元素的类型
CoFlatMapFunction[IN1, IN2, OUT]
    > flatMap1(IN1, Collector[OUT]): Unit
    > flatMap2(IN2, Collector[OUT]): Unit
```

注 1： Flink 对基于时间的流式 Join 设有专用算子，相关内容会在第 6 章讨论。本节讨论的 connect 转换以及协处理函数（cofunction）通用性更强。

注 2： 你也可以对 ConnectedStreams 应用 CoProcessFunction。有关 CoProcessFunction 的内容会在第 6 章讨论。

函数无法选择从哪条流读取数据

CoMapFunction 和 CoFlatMapFunction 内方法的调用顺序无法控制。一旦对应流中有事件到来，系统就需要调用相应的方法。

对双流进行联合处理的场景通常需要对两条流中的事件基于某些条件进行确定性路由，以便它们能够发往算子的同一并行实例上处理。

默认情况下，connect() 方法不会使两条输入流的事件之间产生任何关联，因此所有事件都会随机分配给算子实例。该行为会产生不确定的结果，而这往往并不是我们希望看到的。为了在 ConnectedStreams 上实现确定性的转换，connect() 可以与 keyBy() 和 broadcast() 结合使用。我们首先来看一下 keyBy() 的情况：

```
val one: DataStream[(Int, Long)] = ...
val two: DataStream[(Int, String)] = ...

// 对两个联结后的数据流按键值分区
val keyedConnect1: ConnectedStreams[(Int, Long), (Int, String)] = one
  .connect(two)
  .keyBy(0, 0) //  两个数据流都以第一个属性作为键值

// 或者是联结两个已经按键值分好区的数据流
val keyedConnect2: ConnectedStreams[(Int, Long), (Int, String)] = one.keyBy(0)
  .connect(two.keyBy(0)
```

无论你是对 ConnectedStreams 执行 keyBy() 还是对两个已经按键值分好区的数据流执行 connect()，connect() 转换都会将两个数据流中具有相同键值的事件发往同一个算子实例上。注意，就像 SQL Join 查询中的谓词一样，两条流中的键值实体类型需要相同。作用在已经按照键值分区且已联结的数据流上的算子可以访问键值分区状态。[注3]

下面的例子展示了如何联结一个（未按照键值分区的）DataStream 和一个广播流：

注 3：　有关键值分区状态的详细信息请参阅第 8 章。

```
val first: DataStream[(Int, Long)] = ...
val second: DataStream[(Int, String)] = ...

// 利用广播联结数据流
val keyedConnect: ConnectedStreams[(Int, Long), (Int, String)] = first
  // 将第二条输入流广播
  .connect(second.broadcast())
```

所有广播流的事件都会被复制多份并分别发往后续处理函数所在算子的每个实例；而所有非广播流的事件只是会被简单地转发。这样一来，我们就可以联合处理两个输入流的元素。

你可以使用广播状态来联结一个按键值分好区流和一个广播流。广播状态是 broadcast()-connect() 转换的一个改进版本，它不仅支持联结一个按键值分好区的流和一个广播流，还能将广播后的事件存到一个托管状态（managed state）中。你可以利用广播状态实现一个通过数据流进行动态配置的算子（例如：添加、删除规则或者更新机器学习模型）。我们会在第 7 章的“使用联结的广播状态”中详细讨论该功能。

Split 和 Select

split 转换是 union 转换的逆操作。它将输入流分割成两条或多条类型和输入流相同的输出流。每一个到来的事件都可以被发往零个、一个或多个输出流。因此，split 也可以用来过滤或复制事件。图 5-6 所示的 split 算子会将所有白色事件和其他事件分开，发往不同的数据流。

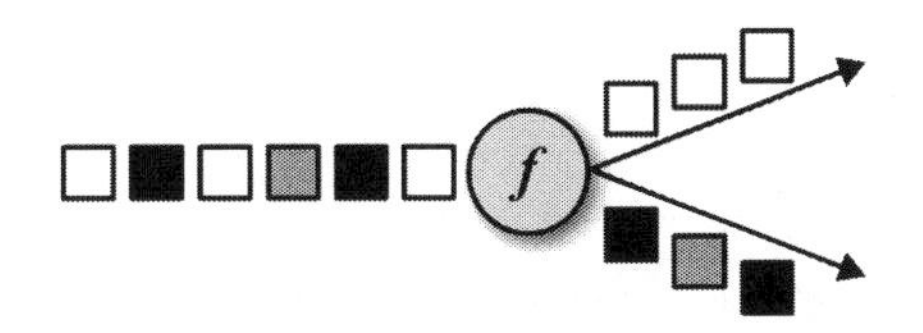

图 5-6：将输入流拆分为白色事件和其他颜色事件的 split 操作

DataStream.split() 方法接收一个 OutputSelector，它用来定义如何将数据流的元素分配到不同的命名输出（named output）中。OutputSelector 中定义的 select() 方法会在每个输入事件到来时被调用，并随即返回一个 java.lang.Iterable[String] 对象。针对某记录所返回的一系列 String 值指定了该记录需要被发往哪些输出流。

```
// IN：拆分流的元素类型
OutputSelector[IN]
    > select(IN): Iterable[String]
```

DataStream.split() 方法会返回一个 SplitStream 对象，它提供的 select() 方法可以让我们通过指定输出名称的方式从 SplitStream 中选择一条或多条流。

示例 5-2 将一条数字流分成一条大数字流和一条小数字流。

示例 5-2：将元组流拆分成一条大数字流和一条小数字流

```
val inputStream: DataStream[(Int, String)] = ...

val splitted: SplitStream[(Int, String)] = inputStream
  .split(t => if (t._1 > 1000) Seq("large") else Seq("small"))

val large: DataStream[(Int, String)] = splitted.select("large")
val small: DataStream[(Int, String)] = splitted.select("small")
val all: DataStream[(Int, String)] = splitted.select("small", "large")
```

split 转换限制了所有输出流的类型必须和输入流相同。在第 6 章的“向副输出发送数据”中，我们会介绍针对处理函数的副输出功能，它可以从函数中发出多条类型不同的数据流。

分发转换

Flink 中的各类分区转换对应我们在第 2 章的“数据交换策略”中介绍的多种数据交换策略。这些操作定义了如何将事件分配给不同任务。在使用 DataStream API 构建程序时，系统会根据操作语义和配置的并行度自动选择数据分区策略并将数据转发到正确的目标。某些时候，我们有必要或希望能够在应用级别控制这些分区策略，或者自定义分区器。举例而言，如果我们知道 DataStream 的并行分区存在倾斜现象，那么可能就希望通过重新平衡数据来均匀分配后续算子的负载。也可能是应用逻辑要求某操作的所有任务接收相同的数据，或按照自定义策略分发事件。本节我们会介绍 DataStream 中用于控制分区策略或自定义分区策略的方法。

注意，keyBy() 和本节介绍的分发转换不同。所有本节介绍的转换都会生成一个 DataStream，而 keyBy() 会生成一个 KeyedStream。基于后者可以应用那些能够访问键值分区状态的转换。

随机

我们可以利用 DataStream.shuffle() 方法实现随机数据交换策略。该方法会依照均匀分布随机地将记录发往后继算子的并行任务。

轮流

rebalance() 方法会将输入流中的事件以轮流方式均匀分配给后继任务，图 5-7 对该分发转换进行了说明。

重调

rescale() 也会以轮流方式对事件进行分发，但分发目标仅限于部分后继任务。本质上看，重调分区策略为发送端和接收端任务不等的情况提供了一种轻量级的负载均衡方法。当接收端任务远大于发送端任务的时候，该方法会更有效，反之亦然。

rebalance() 和 rescale() 的本质不同体现在生成任务连接的方式。rebalance() 会在所有发送任务和接收任务之间建立通信通道；而 rescale() 中每个发送任务只会和下游算子的部分任务建立通道。图 5-7 展示了重调分发转换的连接模式。

广播

broadcast() 方法会将输入流中的事件复制并发往所有下游算子的并行任务。

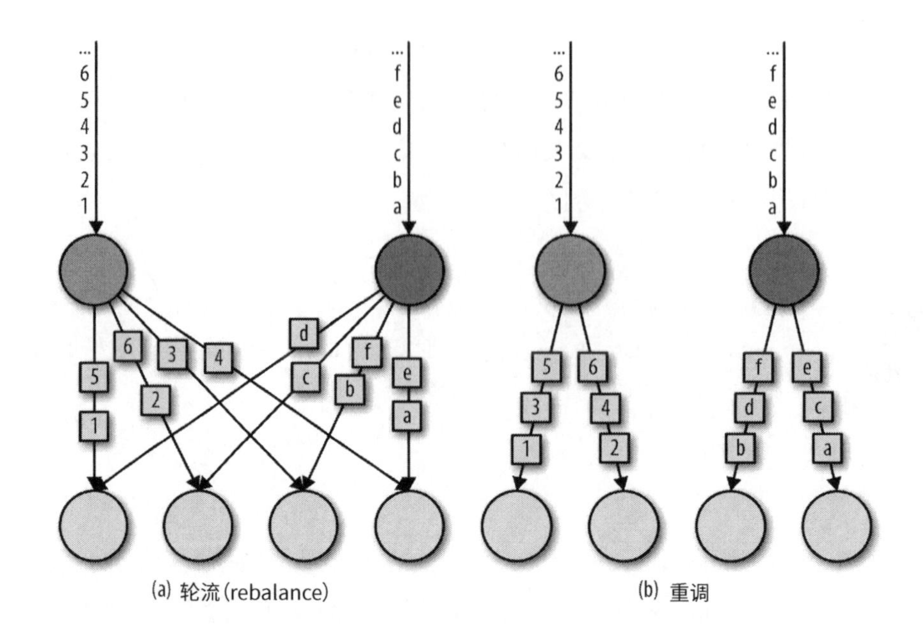

图 5-7：轮流和重调转换

全局

global()方法会将输入流中的所有事件发往下游算子的第一个并行任务。使用此分区策略时务必小心，因为将所有事件发往同一任务可能会影响程序性能。

自定义

如果所有预定义的分区策略都不合适，你可以利用partitionCustom()方法自己定义分区策略。该方法接收一个Partitioner对象，你在其中可以实现分区逻辑，定义分区需要参照的字段或键值位置。

以下示例对一个整数数据流进行了分区，所有负数会定向发往第一个任务，而其他数字会随机选择一个任务发送：

```
val numbers: DataStream[(Int)] = ...
numbers.partitionCustom(myPartitioner, 0)


object myPartitioner extends Partitioner[Int] {
  val r = scala.util.Random


  override def partition(key: Int, numPartitions: Int): Int = {
    if (key < 0) 0 else r.nextInt(numPartitions)
```

```
    }
  }
```

设置并行度

Flink 应用可以在分布式环境中（例如机器集群）并行执行。当提交一个 DataStream 程序到 JobManager 上执行时，系统会生成一个 Dataflow 图并准备好用于执行的算子。每个算子都会产生一个或多个并行任务。每个任务负责处理算子的部分输入流。算子并行化任务的数目称为该算子的并行度。它决定了算子处理的并行化程度以及能够处理的数据规模。

算子的并行度可以在执行环境级别或单个算子级别进行控制。默认情况下，应用内所有算子的并行度都会被设置为应用执行环境的并行度。而环境的并行度（即所有算子的默认并行度）则会根据应用启动时所处的上下文自动初始化。如果应用是在一个本地执行环境中运行，并行度会设置为 CPU 的线程数目。如果应用是提交到 Flink 集群运行，那么除非提交客户端明确指定（详情请参阅第 10 章的“运行和管理流式应用”），否则环境并行度将设置为集群默认并行度。

一般情况下，最好将算子并行度设置为随环境默认并行度变化的值。这样就可以通过提交客户端来轻易调整并行度，从而实现应用的扩缩容。你可以按照下面的示例来访问环境的默认并行度：

```
val env: StreamExecutionEnvironment.getExecutionEnvironment
// 获取通过集群配置或提交客户端指定的默认并行度
val defaultP = env.env.getParallelism
```

你也可以覆盖环境的默认并行度，然而一旦如此，将无法通过提交客户端控制应用并行度：

```
val env: StreamExecutionEnvironment.getExecutionEnvironment
// 设置环境的并行度
env.setParallelism(32)
```

你可以通过显式指定的方式来覆盖算子的默认并行度。下面的示例中，数据源算子会以环境默认并行度执行，map 转换的任务数是数据源的两倍，数据汇操作固定以两个并行任务执行：

```
val env = StreamExecutionEnvironment.getExecutionEnvironment

// 获取默认并行度
val defaultP = env.getParallelism

// 数据源以默认并行度运行
val result: = env.addSource(new CustomSource)
  // 设置 map 的并行度为默认并行度的两倍
  .map(new MyMapper).setParallelism(defaultP * 2)
  // print 数据汇的并行度固定为 2
  .print().setParallelism(2)
```

当你使用提交客户端上传应用且将并行度设置为 16 时，数据源会以 16 的并行度运行，map 将运行 32 个任务，数据汇将运行 2 个任务。如果你在一台 8 核的机器上以本地环境中运行（例如在 IDE 里），那么数据源将会运行 8 个任务，map 将运行 16 个任务，数据汇将运行 2 个任务。

类型

Flink DataStream 应用所处理的事件会以数据对象的形式存在。函数在调用时会传入数据对象，同时它也可以发出数据对象。因此 Flink 在内部需要对这些数据对象进行一些处理，即出于网络传输，读写状态、检查点和保存点等目的，需要对它们进行序列化和反序列化。为了提高上述过程的效率，Flink 有必要详细了解应用处理的数据类型。Flink 利用类型信息的概念来表示数据类型，并且对于每种类型，都会为其生成特定的序列化器、反序列化器以及比较器。

此外，Flink 中还有一个类型提取系统，它可以通过分析函数的输入、输出类型来自动获取类型信息，继而得到相应的序列化器和反序列化器。但在某些情况下，例如使用了 Lambda 函数或泛型类型，则必须显式指定类型信息才能启动应用或提高其性能。

本节我们会讨论 Flink 支持的类型，如何为数据类型创建类型信息，以及当 Flink 无法自动推断函数的返回类型时如何以提示的方式帮助类型系统。

支持的数据类型

Flink 支持 Java 和 Scala 中所有常见数据类型，使用最多的可以分为以下几类：

- 原始类型。
- Java 和 Scala 元组。
- Scala 样例类。
- POJO（包括 Apache Avro 生成的类）。
- 一些特殊类型。

那些无法特别处理的类型会被当做泛型类型交给 Kryo 序列化框架进行序列化。

仅把 Kryo 作为备选方案

注意，如果可能请尽量避免使用 Kryo。作为一个通用序列化器，Kryo 的效率通常不高。为了提高效率，Flink 提供配置选项可以提前将类在 Kryo 中注册好。此外，对于数据类型发生改变的情况，Kryo 没有提供很好的迁移方案。

我们分别来看一下每种类型。

原始类型

Flink 支持所有 Java 和 Scala 的原始类型，例如 `Int`（Java 中是 Integer）、`String` 和 `Double`。下面的示例展示了如何处理一条 `Long` 值组成的数据流，对每个元素加一：

```
val numbers: DataStream[Long] = env.fromElements(1L, 2L, 3L, 4L)
numbers.map( n => n + 1)
```

Java 和 Scala 元组

元组是由固定数量的强类型字段所组成的复合数据类型。

Scala DataStream API 使用常规 Scala 元组。以下示例展示了如何对一个双字段元组的 DataStream 进行过滤处理：

```
// DataStream 的类型 Tuple2[String, Integer] 表示 Person(name, age)
val persons: DataStream[(String, Integer)] = env.fromElements(
  ("Adam", 17),
  ("Sarah", 23))

// 过滤出那些年龄大于 18 的人
persons.filter(p => p._2 > 18)
```

Flink 提供了 Java 元组的高效实现，它最多可包含 25 个字段，每个字段长度都对应一个单独的实现类——Tuple1、Tuple2，直到 Tuple25。这些元组类都是强类型的。

我们可以像下面这样利用 Java DataStream API 重写过滤示例：

```
// DataStream of Tuple2<String, Integer> for Person(name, age)
DataStream<Tuple2<String, Integer>> persons = env.fromElements(
  Tuple2.of("Adam", 17),
  Tuple2.of("Sarah", 23));

// 过滤出那些年龄大于 18 的人
persons.filter(p -> p.f1 > 18);
```

元组中的各个字段可以向上面那样使用公有字段名称（f0、f1、f2 等）访问，也可以通过 getField(int pos) 方法基于位置访问，位置下标从 0 开始。

```
Tuple2<String, Integer> personTuple = Tuple2.of("Alex", "42");
Integer age = personTuple.getField(1); // age = 42
```

和 Scala 不同的是，Java 元组是可变的，因此可以为其字段重新赋值。函数中可以对 Java 元组进行重用，以减轻垃圾回收器的压力。下面的例子展示了如何对 Java 元组的字段进行更新：

```
personTuple.f1 = 42;          // 将第二个字段设为 42
personTuple.setField(43, 1);  // 将第二个字段设为 43
```

Scala 样例类

Flink 对 Scala 样例类也提供了相应支持。样例类的字段可以按名称访问。下面我们定义了一个样例类 Person，它有两个字段：name 和 age。和使用元组的情况一样，我们对 DataStream 按照年龄进行过滤：

```
case class Person(name: String, age: Int)

val persons: DataStream[Person] = env.fromElements(
  Person("Adam", 17),
  Person("Sarah", 23))

// 过滤出那些年龄大于 18 的人
persons.filter(p => p.age > 18)
```

POJO

Flink 会分析那些不属于任何一类的数据类型，并尝试将它们作为 POJO 类型进行处理。如果一个类满足如下条件，Flink 就会将它看做 POJO：

- 是一个公有类。
- 有一个公有的无参默认构造函数。
- 所有字段都是公有的或提供了相应的 getter 及 setter 方法。这些方法需要遵循默认的命名规范，即对于 Y 类型的 x 字段方法头分别为 Y getX() 和 setX(Y x)。
- 所有字段类型都必须是 Flink 所支持的。

例如，以下 Java 类就会被 Flink 识别为 POJO：

```
public class Person {
  // 两个字段都是公有类型
  public String name;
  public int age;

  // 提供了默认构造函数
  public Person() {}

  public Person(String name, int age) {
      this.name = name;
      this.age = age;
  }
}
```

```
DataStream<Person> persons = env.fromElements(
   new Person("Alex", 42),
   new Person("Wendy", 23));
```

Flink 还会将 Avro 自动生成的类作为 POJO 处理。

数组、列表、映射、枚举以及其他特殊类型

Flink 支持多种具有特殊用途的类型，例如：原始或对象类型的数组，Java 的 ArrayList、HashMap 及 Enum，Hadoop 的 Writable 类型等。此外，它还为 Scala 的 Either、Option、Try 类型以及 Flink 内部 Java 版本的 Either 类型提供了相应的类型信息。

为数据类型创建类型信息

Flink 类型系统的核心类是 TypeInformation，它为系统生成序列化器和比较器提供了必要的信息。例如：如果需要通过某个键值进行 Join 或分组，TypeInformation 允许 Flink 对能否使用某字段作为键值进行语义检测。

当应用提交执行时，Flink 的类型系统会为将来所需处理的每种类型自动推断 TypeInformation。一个名为类型提取器的组件会分析所有函数的泛型类型及返回类型，以获取相应的 TypeInformation 对象。因此你可以先用上一段时间 Flink 而无需担心数据类型的 TypeInformation 问题。但有时候类型提取器会失灵，或者你可能需要定义自己的类型并告知 Flink 该如何高效地处理它们。这些情况下，你就需要为特定数据类型生成 TypeInformation。

Flink 为 Java 和 Scala 提供了两个辅助类，其中的静态方法可以用来生成 TypeInformation。Java 中的这个辅助类是 org.apache.flink.api.common.typeInfo.Types，它的用法如下：

```
// 原始类型的 TypeInformation
TypeInformation<Integer> intType = Types.INT;

// Java 元组的 TypeInformation
TypeInformation<Tuple2<Long, String>> tupleType =
  Types.TUPLE(Types.LONG, Types.STRING);
```

```
// POJO 的 TypeInformation
TypeInformation<Person> personType = Types.POJO(Person.class);
```

Scala API 中有关 TypeInformation 的辅助类是 org.apache.flink.api.scala.typeutils.Types，它的用法如下：

```
// 原始类型的 TypeInformation
val stringType: TypeInformation[String] = Types.STRING

// Scala 元组的 TypeInformation
val tupleType: TypeInformation[(Int, Long)] = Types.TUPLE[(Int, Long)]

// 样例类的 TypeInformation
val caseClassType: TypeInformation[Person] = Types.CASE_CLASS[Person]
```

Scala API 中的类型信息

在 Scala API 中，Flink 利用 Scala 编译器的宏功能在编译时为所有数据类型生成 TypeInformation 对象。为了使用 createTypeInformation 宏函数，请确保将以下导入语句添加到你的 Scala 程序中：

```
import org.apache.flink.streaming.api.scala._
```

显式提供类型信息

大多数情况下，Flink 可以自动推断类型并生成正确的 TypeInformation。Flink 的类型提取器会利用反射以及分析函数签名和子类信息的方式，从用户自定义函数中提取正确的输出类型。但有时候一些必要的信息可能无法提取（例如：由于 Java 会擦除泛型信息）。此外，某些情况下 Flink 选择的 TypeInformation 可能无法生成最高效的序列化和反序列化器。因此对于应用中的部分数据类型，可能需要你向 Flink 显式提供 TypeInformation 对象。

提供 TypeInformation 的方法有两种。其一是通过实现 ResultTypeQueryable 接口来扩展函数，在其中提供返回类型的 TypeInformation。下面的例子展示了一个提供返回类型的 MapFunction：

```
class Tuple2ToPersonMapper extends MapFunction[(String, Int), Person]
    with ResultTypeQueryable[Person] {

  override def map(v: (String, Int)): Person = Person(v._1, v._2)

  // 为输出数据类型提供 TypeInformation
  override def getProducedType: TypeInformation[Person] = Types.CASE_CLASS[Person]
}
```

你还可以像下面这样，在定义 Dataflow 时使用 Java DataStream API 中的 returns() 方法来显式指定某算子的返回类型：

```
DataStream<Tuple2<String, Integer>> tuples = ...
DataStream<Person> persons = tuples
   .map(t -> new Person(t.f0, t.f1))
   // 为 map lambda 函数的返回类型提供 TypeInformation
   .returns(Types.POJO(Person.class));
```

定义键值和引用字段

上一节涉及的部分转换需要基于输入流的类型指定键值或引用字段。和某些使用键值对的系统不同，Flink 不是在输入类型中提前定义好键值，而是将键值定义为输入数据上的函数。因此，没有必要为键和值再单独定义数据类型，这样可以省去大量样板代码。

接下来我们将讨论基于数据类型定义引用字段和键值的几种方法。

字段位置

针对元组数据类型，你可以简单地使用元组相应元素的字段位置来定义键值。下面示例以输入元组的第二个字段作为输入流的键值：

```
val input: DataStream[(Int, String, Long)] = ...
val keyed = input.keyBy(1)
```

你还可以利用多个元组字段定义复合键值，只需将所有位置以列表的形式逐一提供即可。可以像下面这样利用第二、三字段作为输入流的键值：

```
val keyed2 = input.keyBy(1, 2)
```

字段表达式

另一种定义键值和选择字段的方法是使用基于字符串的字段表达式。它可用于元组、POJO以及样例类，同时还支持选择嵌套的字段。

在本章的开篇示例中，我们定义了如下样例类：

```
case class SensorReading( id:
  String, timestamp: Long,
temperature: Double)
```

为了将传感器ID设为数据流的键值，我们可以把字段名称id传给keyBy()函数：

```
val sensorStream: DataStream[SensorReading] = ...
val keyedSensors = sensorStream.keyBy("id")
```

POJO或样例类的字段也可以像上面那样根据字段名称进行选择。元组字段的引用既可以利用字段名称（Scala元组编号从1开始，Java元组编号从0开始），也可以利用从0开始的字段索引：

```
val input: DataStream[(Int, String, Long)] = ...
val keyed1 = input.keyBy("2")  // 以第 3 个字段为键值
val keyed2 = input.keyBy("_1") // 以第 1 个字段为键值

DataStream<Tuple3<Integer, String, Long>> javaInput = ...
javaInput.keyBy("f2") // Java 元组以第 3 个字段为键值
```

如需选择POJO和元组中嵌套字段，可以利用“.”来区分嵌套级别。假设有以下样例类：

```
case class Address(
  address: String,
  zip: String
  country: String)
```

```
case class Person(
  name: String,
  birthday: (Int, Int, Int), // 年、月、日
  address: Address)
```

如果我们想引用某人的邮政编码，可以使用字段表达式：

```
val persons: DataStream[Person] = ...
persons.keyBy("address.zip") // 以嵌套的 POJO 字段为键值
```

Flink 还支持在混合类型上嵌套表达式。下面表达式用于访问嵌套在 POJO 中某一元组的字段：

```
persons.keyBy("birthday._1") // 以嵌套元组的字段为键值
```

可以使用通配符字段表达式 "_" 选择全部字段：

```
persons.keyBy("birthday._") // 以元组中的全部字段为键值
```

键值选择器

第三种指定键值的方法是使用 KeySelector 函数，它可以从输入事件中提取键值：

```
// T：输入元素的类型
// KEY：键值类型
KeySelector[IN, KEY]
  > getKey(IN): KEY
```

开篇示例其实就是在 keyBy() 方法中使用了一个简单的 KeySelector 函数：

```
val sensorData: DataStream[SensorReading] = ...
val byId: KeyedStream[SensorReading, String] = sensorData
  .keyBy(r => r.id)
```

KeySelector 函数接收一个输入项，返回一个键值。这个键值不但可以是输入事件中的一个字段，还可以是经由任意计算得来的。下面的示例中，KeySelector 函数会返回元组中最大的字段作为键值：

```
val input : DataStream[(Int, Int)] = ...
val keyedStream = input.keyBy(value => math.max(value._1, value._2))
```

和使用字段位置以及字段表达式相比，KeySelector 函数的一大好处是它返回的键值是强类型的，因为 KeySelector 类需要提供泛型参数。

实现函数

到目前为止，你已经在本章的代码示例中见到过如何使用用户自定义函数。本节我们会对在 DataStream API 中定义和参数化函数的各种方式进行一个更加详细的解释。

函数类

Flink 中所有用户自定义函数（如 MapFunction、FilterFunction 及 ProcessFunction）的接口都是以接口或抽象类的形式对外暴露。

我们可以通过实现接口或继承抽象类的方式实现函数。下面的例子实现了一个 FilterFunction，用来过滤出所有包含“flink”一词的字符串。

```
class FlinkFilter extends FilterFunction[String] {
  override def filter(value: String): Boolean = {
    value.contains("flink")
  }
}
```

随后可将函数类的实例作为参数传递给 filter 转换：

```
val flinkTweets = tweets.filter(new FlinkFilter)
```

还可以通过匿名类来实现函数：

```
val flinkTweets = tweets.filter(
  new RichFilterFunction[String] {
    override def filter(value: String): Boolean = {
      value.contains("flink")
```

```
    }
  })
```

函数可以通过其构造函数接收参数。我们为上述示例添加参数并将“flink”字符串以参数形式传给 KeywordFilter：

```
val tweets: DataStream[String] = ???
val flinkTweets = tweets.filter(new KeywordFilter("flink"))

class KeywordFilter(keyWord: String) extends FilterFunction[String] {
  override def filter(value: String): Boolean = {
    value.contains(keyWord)
  }
}
```

当程序提交执行时，所有参数对象都会利用 Java 自身的序列化机制进行序列化，然后发送到对应算子的所有并行任务上。这样在对象反序列化后，全部配置值都可以保留。

函数必须是 Java 可序列化的

Flink 会利用 Java 序列化机制将所有函数对象序列化后发送到对应的工作进程。用户函数中的全部内容都必须是可序列化的。

如果你有函数需要一个无法序列化的对象实例，可以选择使用富函数（rich function），在 open() 方法中将其初始化或者覆盖 Java 的序列化反序列化方法。

Lambda 函数

大多数 DataStream API 的方法都接收 Lambda 函数。Lambda 函数可用于 Scala 或 Java，它在不需要进行高级操作（如访问状态或配置）的情况下提供了一种简洁明了的方式来实现应用逻辑。下面示例中的 Lambda 函数会过滤出所有包含“flink”一词的推文：

```
val tweets: DataStream[String] = ...
// 用于检查是否包含 "flink" 一词的过滤器 lambda 函数
val flinkTweets = tweets.filter(_.contains("flink"))
```

富函数

很多时候，我们需要在函数处理第一条记录之前进行一些初始化工作或是取得函数执行相关的上下文信息。DataStream API 提供了一类富函数，它和我们之前见到的普通函数相比可对外提供更多功能。

DataStream API 中所有的转换函数都有对应的富函数。富函数的使用位置和普通函数以及 Lambda 函数相同。它们可以像普通函数类一样接收参数。富函数的命名规则是以 Rich 开头，后面跟着普通转换函数的名字，例如：RichMapFunction、RichFlatMapFunction 等。

在使用富函数的时候，你可以对应函数的生命周期实现两个额外的方法：

- open() 是富函数中的初始化方法。它在每个任务首次调用转换方法（如 filter 或 map）前调用一次。open() 通常用于那些只需进行一次的设置工作。注意，Configuration 参数只在 DataSet API 中使用而并没有在 DataStream API 中用到，因此需要将其忽略。
- close() 作为函数的终止方法，会在每个任务最后一次调用转换方法后调用一次。它通常用于清理和释放资源。

此外，你可以利用 getRuntimeContext() 方法访问函数的 RuntimeContext。从 RuntimeContext 中能够获取到一些信息，例如函数的并行度，函数所在子任务的编号以及执行函数的任务名称。同时，它还提供了访问分区状态的方法。有关 Flink 中状态化流处理的内容会在第 7 章的“实现有状态函数”中详细讨论。示例 5-3 展示了如何使用 RichFlatMapFunction 中的方法。

示例 5-3：RichFlatMapFunction 中的 open() 和 close() 方法

```
class MyFlatMap extends RichFlatMapFunction[Int, (Int, Int)] {
  var subTaskIndex = 0

  override def open(configuration: Configuration): Unit = {
    subTaskIndex = getRuntimeContext.getIndexOfThisSubtask
    // 进行一些初始化工作，
```

```
    // 例如和外部系统建立连接
  }

  override def flatMap(in: Int, out: Collector[(Int, Int)]): Unit = {
    // 子任务的编号从 0 开始
    if(in % 2 == subTaskIndex) {
      out.collect((subTaskIndex, in))
    }
    // 做一些额外处理工作
  }

  override def close(): Unit = {
    // 做一些清理工作，例如关闭和外部系统的连接
  }
}
```

导入外部和 Flink 依赖

在实现 Flink 应用时经常需要添加一些外部依赖。用于日常应用的流行库有很多，例如：Apache Commons 或 Google Guava。此外，大多数 Flink 应用都会依赖一个或多个 Flink 的连接器来读写外部系统（例如：Apache Kafka、文件系统或 Apache Cassandra）。还有一些应用需要用到 Flink 一些特定领域的库（例如：Table API、SQL 或 CEP 库）。因此大多数 Flink 应用不仅需要依赖 Flink 的 DataStream API 和 Java SDK，还需要额外的第三方库以及 Flink 内部依赖。

应用在执行时，必须能够访问到所有依赖。默认情况下，Flink 集群只会加载核心 API 依赖（DataStream 和 DataSet API），对于应用的其它依赖则必须显式提供。

之所以这么做是为了保持默认依赖的简洁性，[注4] 因为大多数连接器或库还需要依赖其他库，而这些库通常又会级联引用更多的依赖。这些依赖通常包括一些诸如 Apache Commons 或 Google Guava 等常用库。连接器或用户程序使用的类库一多，就容易出现导入同一类库多个版本的情况，很多问题都是源于类库版本冲突。

注 4：为了尽可能降低自身的外部依赖，Flink 将很多依赖（包括传递依赖）都隐藏起来，对用户应用不可见，以此来避免版本冲突。

有两种方法可以保证在执行应用时可以访问到所有依赖：

1. 将全部依赖打进应用的 JAR 包。这样会生成一个独立但通常很大的 JAR 文件。
2. 可以将依赖的 JAR 包放到设置 Flink 的 *./lib* 目录中。这样在 Flink 进程启动时就会将依赖加载到 Classpath 中。像这样加入 Classpath 的依赖会对同一 Flink 环境中所有运行的应用可见（可能会造成干扰）。

我们推荐使用构建“胖 JAR”的方式来处理应用依赖。我们在第 4 章的“创建 Flink Maven 项目”中介绍了利用 Flink Maven 模板生成 Maven 项目，其中就加入了生成包含全部所需依赖的胖 JAR 的配置。默认情况下，JAR 包中会自动排除那些 Flink 进程的 Classpath 中所包含的依赖。所生成 Maven 项目中的 *pom.xml* 文件包含了教你如何添加额外依赖的注释。

小结

本章我们介绍了 Flink DataStream API 的基础知识。我们研究了 Flink 程序的结构，学习了如何将数据转换和分区转换结合来构建流式应用。我们还了解了 Flink 支持的数据类型以及用于指定键值和实现用户自定义函数的多种方法。此时回顾一下开篇示例，希望你能对它的行为有一个更好的理解。在第 6 章，我们将会接触到一些更加有意义的内容——学习如何利用窗口算子和时间语义来进一步丰富我们的程序。

第6章

基于时间和窗口的算子

本章我们将介绍DataStream API中用于处理时间的方法和基于时间的算子（如窗口）。正如你在第2章“时间语义”中所看到的，Flink内部基于时间的算子可以在不同的时间概念下使用。

具体而言，我们将首先讲解如何定义时间特性、时间戳及水位线。随后我们会介绍处理函数，它对应的底层转换可以访问时间戳和水位线，还能注册计时器。接下来我们会讲到Flink的窗口API，它针对几个最为常用的窗口类型都提供了内置实现。此外你还将了解用户自定义窗口操作以及窗口中的核心结构（如分配器、触发器和移除器）。最后我们会讨论如何基于时间对数据流进行Join以及处理延迟事件的策略。

配置时间特性

为了在分布式流处理应用中定义时间操作，准确理解时间的含义非常关键。当你指定一个窗口来收集每分钟的桶内事件时，如何判定每个桶中需要包含哪些事件？在DataStream API中，你可以使用时间特性告知Flink在创建窗口时如何定义时间。时间特性是`StreamExecutionEnvironment`的一个属性，它可以接收以下值：

ProcessingTime

指定算子根据处理机器的系统时钟决定数据流当前的时间。处理时间窗口基于机器时间触发，它可以涵盖触发时间点之前到达算子的任意元素。通常情况下，在窗口算子中使用处理时间会导致不确定的结果，这是因为窗口内容取决于元素到达的速率。在该配置下，由于处理任务无须依靠等待水位线来驱动事件时间前进，所以可以提供极低的延迟。

EventTime

指定算子根据数据自身包含的信息决定当前时间。每个事件时间都带有一个时间戳，而系统的逻辑时间是由水位线来定义。正如在第 3 章“时间戳”所介绍的，时间戳或是在数据进入处理管道之前就已经存在其中，或是需要由应用在数据源处分配。只有依靠水位线声明某个时间间隔内所有时间戳都已接收时，事件时间窗口才会触发。即便事件乱序到达，事件时间窗口也会计算出确定的结果。窗口结果不会取决于数据流的读取或处理速度。

IngestionTime

指定每个接收的记录都把在数据源算子的处理时间作为事件时间的时间戳，并自动生成水位线。IngestionTime 是 EventTime 和 ProcessingTime 的混合体，它表示事件进入流处理引擎的时间。和事件时间相比，摄入时间（ingestion time）的价值不大，因为它的性能和事件时间类似，但却无法提供确定的结果。

示例 6-1 回顾了你在第 5 章的“Hello, Flink!”流式应用代码中是如何设置时间特性的。

示例 6-1：将时间特性设为事件时间

```
object AverageSensorReadings {

  // 通过 main() 方法定义并执行 DataStream 程序
  def main(args: Array[String]) {
    // 设置流式执行环境
    val env = StreamExecutionEnvironment.getExecutionEnvironment
```

```
    // 在应用中使用事件时间
    env.setStreamTimeCharacteristic(TimeCharacteristic.EventTime)

    // 读入传感器流
    val sensorData: DataStream[SensorReading] = env.addSource(...)
  }
}
```

将时间特性设置为 EventTime 后就可以对时间戳和水印进行处理，从而实现事件时间相关操作。当然，在使用 EventTime 的同时，你仍然可以使用处理时间窗口和计时器。如果需要使用处理时间，请将 TimeCharacteristic.EventTime 替换为 TimeCharacteristic.ProcessingTime。

分配时间戳和生成水位线

我们在第 3 章"事件时间处理"中讲到，为了在事件时间模式下工作，应用需要向 Flink 提供两项重要信息：每个事件都需要关联一个时间戳，该时间戳通常用来表示事件的实际发生时间；此外事件时间数据流还需要携带水位线，以供算子推断当前事件时间。

时间戳和水位线都是通过自 1970-01-01 00:00:00 以来的毫秒数指定。水位线用于告知算子不必再等那些时间戳小于或等于水位线的事件。时间戳分配和水位线生成既可以通过 SourceFunction，也可以显式使用一个用户自定义的时间戳分配及水位线生成器。在 SourceFunction 中分配时间戳和生成水位线将在第 8 章"数据源函数、时间戳和水位线"讨论，此处我们只介绍使用用户自定义函数的方法。

覆盖数据源生成的时间戳和水位线

一旦使用时间戳分配器，已有的时间戳和水位线都将被覆盖。

DataStream API 中提供了 TimestampAssigner 接口，用于从已读入流式应用的元素中提取时间戳。通常情况下，应该在数据源函数后面立即调用时间戳分配器，因为大多数分配器在生成水位线的时候都会做出一些有关元素顺序相对时间戳的假设。由于元素的读取过程通常都是并行的，所以一切引起 Flink 跨并行数据流分区进行重新分发的操作（例如改变并行度，keyBy() 或显式重新分发）都会导致元素的时间戳发生乱序。

最佳做法就是在尽可能靠近数据源的地方，甚至是 SourceFunction 内部，分配时间戳并生成水位线。根据用例的不同，如果某些初始化的过滤或其他转换操作不会引起元素的重新分发，那么可以考虑在分配时间戳之前就使用它们。

为了保证事件时间相关操作能够正常工作，必须将分配器放在任何依赖事件时间的转换之前（例如在第一个事件时间窗口之前）。

时间戳分配器的工作原理和其他转换算子类似。它们会作用在数据流的元素上面，生成一条带有时间戳和水位线的新数据流。时间戳分配器不会改变 DataStream 的数据类型。

示例 6-2 中的代码展示了时间戳分配器的使用方法。在这个例子中，我们首先定义了一个数据源，然后利用 assignTimestampsAndWatermarks() 方法传入时间戳分配器 MyAssigner。

示例 6-2：使用时间戳分配器

```
val env = StreamExecutionEnvironment.getExecutionEnvironment

// 设置为事件时间特性
env.setStreamTimeCharacteristic(TimeCharacteristic.EventTime)

// 读入传感器流
val readings: DataStream[SensorReading] = env
  .addSource(new SensorSource)
  // 分配时间戳并生成水位线
  .assignTimestampsAndWatermarks(new MyAssigner())
```

在上面的例子中，MyAssigner 既可以是 AssignerWithPeriodicWatermarks，也可以是 AssignerWithPunctuatedWatermarks。这两个接口都继承自

DataStream API 所提供的 TimestampAssigner 接口，前者定义的分配器会周期性地发出水位线，而后者会根据输入事件的属性来生成水位线。接下来我们详细讨论一下它们。

周期性水位线分配器

周期性分配水位线的含义是我们会指示系统以固定的机器时间间隔来发出水位线并推动事件时间前进。默认的时间间隔为 200 毫秒，但你可以使用 ExecutionConfig.setAutoWatermarkInterval() 方法对其进行配置：

```
val env = StreamExecutionEnvironment.getExecutionEnvironment
env.setStreamTimeCharacteristic(TimeCharacteristic.EventTime)
// 每 5 秒生成一次水位线
env.getConfig.setAutoWatermarkInterval(5000)
```

在上面示例中，我们指示程序每隔 5 秒发出一次水位线。实际上，Flink 会每隔 5 秒调用一次 AssignerWithPeriodicWatermarks 中的 getCurrentWatermark() 方法。如果该方法的返回值非空，且它的时间戳大于上一个水位线的时间戳，那么算子就会发出一个新的水位线。这项检查对于保证事件时间持续递增十分必要，一旦检查失败将不会生成水位线。

示例 6-3 展示了一个周期性水位线分配器，它通过跟踪至今为止所遇到的最大元素时间戳来生成水位线。当收到新水位线请求时，该分配器会返回一个时间戳等于最大时间戳减去 1 分钟容忍间隔的水位线。

示例 6-3：周期性水位线分配器

```
class PeriodicAssigner
    extends AssignerWithPeriodicWatermarks[SensorReading] {
  val bound: Long = 60 * 1000    // 1 分钟的毫秒数
  var maxTs: Long = Long.MinValue // 观察到的最大时间戳

  override def getCurrentWatermark: Watermark = {
    // 生成具有 1 分钟容忍度的水位线
    new Watermark(maxTs - bound)
  }

  override def extractTimestamp(
      r: SensorReading,
```

```
      previousTS: Long): Long = {
      // 更新最大时间戳
    maxTs = maxTs.max(r.timestamp)
    // 返回记录的时间戳
    r.timestamp
  }
}
```

DataStream API 内置了两个针对常见情况的周期性水位线时间戳分配器。如果你输入元素的时间戳是单调增加的，则可以使用一个简便方法 assignAscendingTimeStamps。基于时间戳不会回退的事实，该方法使用当前时间戳生成水位线。下方展示了如何针对递增时间戳生成水位线：

```
val stream: DataStream[SensorReading] = ...
val withTimestampsAndWatermarks = stream
  .assignAscendingTimestamps(e => e.timestamp)
```

另一个周期性生成水位线的常见情况是，你知道输入流中的延迟（任意新到元素和已到时间戳最大元素之间的时间差）上限。针对这种情况，Flink 提供了 BoundedOutOfOrdernessTimeStampExtractor，它接收一个表示最大预期延迟的参数：

```
val stream: DataStream[SensorReading] = ...
val output = stream.assignTimestampsAndWatermarks(
  new BoundedOutOfOrdernessTimestampExtractor[SensorReading](
    Time.seconds(10))(e =>.timestamp)
```

以上代码中，元素最多允许延迟 10 秒。这意味着如果元素的事件时间和之前到达元素的最大时间戳相差超过 10 秒，那么当元素到达并开始处理时，它本应参与的计算可能已经完成并发出结果。Flink 为处理此类迟到事件提供了不同的策略，我们将在本章后面“处理迟到数据”中对它们进行介绍。

定点水位线分配器

有时候输入流中会包含一些用于指示系统进度的特殊元组或标记。Flink 为此类情形以及可根据输入元素生成水位线的情形提供了 AssignerWith-PunctuatedWatermarks 接口。该接口中的 checkAndGetNextWatermark() 方法会在针对每个事件的 extractTimestamp() 方法后立即调用。它可以决定是否生成一个新的水位线。如果该方法返回一个非空、且大于之前值的水位线，算子就会将这个新水位线发出。

示例 6-4 展示的定点水位线生成器会根据从 ID 为“sensor_1”的传感器接收到的所有读数产生水位线。

示例 6-4：定点水位线分配器

```
class PunctuatedAssigner
    extends AssignerWithPunctuatedWatermarks[SensorReading] {

  val bound: Long = 60 * 1000 //1 分钟的毫秒数

  override def checkAndGetNextWatermark(
      r: SensorReading,
      extractedTS: Long): Watermark = {
    if (r.id == «sensor_1») {
      // 如果读数来自 sensor_1 则发出水位线
      new Watermark(extractedTS - bound)
    } else {
      // 不发出水位线
      null
    }
  }

  override def extractTimestamp(
      r: SensorReading,
      previousTS: Long): Long = {
    // 为记录分配时间戳
   r.timestamp
  }
}
```

水位线、延迟及完整性问题

目前为止，我们已经讨论过如何使用 TimestampAssigner 生成水位线，但并没有涉及水位线对于流式应用的影响。

水位线可用于平衡延迟和结果的完整性。它们控制着在执行某些计算（例如完成窗口计算并发出结果）前需要等待数据到达的时间。基于事件时间的算子使用水位线来判断输入记录的完整度以及自身的操作进度。根据收到的水位线，算子会计算一个所有相关输入记录都已接收完毕的预期时间点。

然而现实中永远不会存在完美的水位线，因为总会有迟到的记录。在实践中，你需要一些有依据的猜测并使用启发式方法为应用生成水位线。你需要尽可能地了解有关数据源、网络以及分区等一切信息，以此来估计进度和输入记录的延迟上限。既然是估计，就会有误差，这意味着你可能会生成不准确的水位线，导致出现迟到数据或无谓增加应用处理延迟。记住这些，你就可以使用水位线来平衡结果的延迟和完整性。

如果生成的水位线过于宽松，即水位线远落后于已处理记录的时间戳，那么将导致产生结果的延迟增大。换言之，你可能早就能够生成结果，但却必须等待水位线来触发。此外，由于应用需要在计算之前缓冲更多的数据，所以通常会导致状态大小也随之增加。但这样的好处是在执行计算时你能确保全部相关数据都已收集完毕。

反之，如果生成的水位线过于紧迫，即水位线可能大于部分后来数据的时间戳，那么计算可能会在所有相关数据到齐之前就已触发。虽然这会导致结果不完整或不准确，但相应地可以做到以较低延迟及时生成结果。

对于批处理应用而言，构建的前提是所有数据都处于可用状态。而流处理应用需要应对随时到来的无限数据，因此要在延迟和完整性之间进行取舍是它的一项基本特点。水位线是一种控制应用时间处理行为的强大方法。除了水位线，Flink 还有很多功能可用于调整时间相关操作（例如处理函数和窗口触发器）的具体行为。此外，它还提供了不同的方法来处理迟到数据，有关内容会在本章后面“处理迟到数据”进行讨论。

处理函数

虽然时间信息和水位线对于很多流式应用都至关重要，但你可能已经注意到，我们无法通过前面介绍的 DataStream API 转换来访问它们。例如，`MapFunction` 无法访问时间戳或当前的事件时间。

DataStream API 提供了一组相对底层的转换——处理函数。除了基本功能，它们还可以访问记录的时间戳和水位线，并支持注册在将来某个特定时间触发的计时器。此外，处理函数的副输出功能还允许将记录发送到多个输出流中。处理函数常被用于构建事件驱动型应用，或实现一些内置窗口及转换无法实现的自定义逻辑。例如，大多数 Flink SQL 所支持的算子都是利用处理函数实现的。

目前，Flink 提供了 8 种不同的处理函数：ProcessFunction、KeyedProcessFunction、CoProcessFunction、ProcessJoinFunction、BroadcastProcessFunction、KeyedBroadcastProcessFunction、ProcessWindowFunction 以及 ProcessAllWindowFunction。从名字就能看出，这些函数适用于不同的上下文环境。但是它们的功能都很相似。接下来我们会以 KeyedProcessFunction 为例来讨论这些函数的通用功能。

KeyedProcessFunction 作用于 KeyedStream 之上，它的用法非常灵活。该函数会针对流中的每条记录调用一次，并返回零个、一个或多个记录。所有处理函数都实现了 RichFunction 接口，因此支持 open()、close()、getRunteimContext() 等方法。除此之外，KeyedProcessFunction[KEY, IN, OUT] 还提供了以下两个方法：

1. processElement(v: IN, ctx: Context, out: Collector[OUT]) 会针对流中的每条记录都调用一次。你可以像往常一样在方法中将结果记录传递给 Collector 发送出去。Context 对象是让处理函数与众不同的精华所在。你可以通过它访问时间戳、当前记录的键值以及 TimerService。此外，Context 还支持将结果发送到副输出。

2. onTimer(timestamp: Long, ctx: OnTimerContext, out: Collector[OUT]) 是一个回调函数，它会在之前注册的计时器触发时被调用。timestamp 参数给出了所触发计时器的时间戳，Collector 可用来发出记录。OnTimerContext 能够提供和 processElement() 方法中的 Context 对象相同的服务，此外，它还会返回触发计时器的时间域（处理时间还是事件时间）。

时间服务和计时器

Context 和 OnTimerContext 对象中的 TimerService 提供了以下方法：

- currentProcessingTime(): Long 返回当前的处理时间。
- currentWatermark(): Long 返回当前水位线的时间戳。
- registerProcessingTimeTimer(timestamp: Long): Unit 针对当前键值注册一个处理时间计时器。当执行机器的处理时间到达给定的时间戳时，该计时器就会触发。
- registerEventTimeTimer(timestamp: Long): Unit 针对当前键值注册一个事件时间计时器。当更新后的水位线时间戳大于或等于计时器的时间戳时，它就会触发。
- deleteProcessingTimeTimer(timestamp: Long): Unit 针对当前键值删除一个注册过的处理时间计时器。如果该计时器不存在，则方法不会有任何作用。
- deleteEventTimeTimer(timestamp: Long): Unit 针对当前键值删除一个注册过的事件时间计时器。如果该计时器不存在，则方法不会有任何作用。

计时器触发时会调用 onTimer() 回调函数。系统对于 processElement() 和 onTimer() 两个方法的调用是同步的，这样可以防止并发访问和操作状态。

在非键值分区流上设置计时器

计时器只允许在按键值分区的数据流上注册。它的常见用途是在某些键值不再使用后清除键值分区状态或实现一些基于时间的自定义窗口逻辑。为了在一条非键值分区的数据流上使用计时器，你可以通过在 KeySelector 中返回一个“假冒的”常数键值来创建一条键值分区数据流。注意，该操作会使所有数据发送到单个任务上，从而强制算子以并行度 1 来执行。

对于每个键值和时间戳只能注册一个计时器。换言之，每个键值可以有多个计时器，但具体到每个时间戳就只能有一个。默认情况下，KeyedProcessFunction会将全部计时器的时间戳放到堆中的一个优先队列里。同时你也可以配置 RocksDB 状态后端来存放计时器。

所有计时器会和其他状态一起写入检查点。如果应用需要从故障中恢复，那么所有在应用重启过程中过期的处理时间计时器会在应用恢复后立即触发，存入保存点中的处理时间计时器也是如此。计时器通常会以异步方式存入检查点，但有一个例外：如果你在使用开启了增量检查点模式 RocksDB 状态后端，且将计时器存储在堆内（默认设置），计时器写入检查点的过程就会是同步的。在这种情况下，建议不要使用太多计时器，以避免检查点生成时间过久。

以过去的时间戳注册的计时器不会被静默地删除，而同样会被处理。处理时间的计时器会在注册方法返回后立即触发，事件时间计时器会在处理下一条水位线时触发。

以下代码展示了如何在一个 KeyedStream 上面使用 KeyedProcessFunction。该函数对传感器温度进行监测，如果某个传感器的温度在 1 秒的处理时间内持续上升则发出警告：

```
val warnings = readings
  // 以传感器 id 为键值进行分区
  .keyBy(_.id)
  // 使用 KeyedProcessFunction 来监测温度
  .process(new TempIncreaseAlertFunction)
```

示例 6-5 给出了 TempIncreaseAlterFunction 的实现。

示例 6-5：KeyedProcessFunction，如果传感器温度在处理时间 1 秒内持续增加，则发出警告

```
/** 如果某传感器的温度在 1 秒（处理时间）内持续增加
  * 则发出警告。
  */
```

```
class TempIncreaseAlertFunction
    extends KeyedProcessFunction[String, SensorReading, String] {
  // 存储最近一次传感器温度读数
  lazy val lastTemp: ValueState[Double] = getRuntimeContext.getState(
      new ValueStateDescriptor[Double]("lastTemp", Types.of[Double]))
  // 存储当前活动计时器的时间戳
  lazy val currentTimer: ValueState[Long] = getRuntimeContext.getState(
      new ValueStateDescriptor[Long]("timer", Types.of[Long]))

  override def processElement(
      r: SensorReading,
      ctx: KeyedProcessFunction[String, SensorReading, String]#Context,
      out: Collector[String]): Unit = {
    // 获取前一个温度
    val prevTemp = lastTemp.value()
    // 更新最近一次的温度
    lastTemp.update(r.temperature)

    val curTimerTimestamp = currentTimer.value();
    if (prevTemp == 0.0 || r.temperature < prevTemp) {
      // 温度下降，删除当前计时器
      ctx.timerService().deleteProcessingTimeTimer(curTimerTimestamp)
      currentTimer.clear()
    } else if (r.temperature > prevTemp && curTimerTimestamp == 0) {
      // 温度升高并且还未设置计时器
      // 以当前时间 +1 秒设置处理时间计时器
      val timerTs = ctx.timerService().currentProcessingTime() + 1000
      ctx.timerService().registerProcessingTimeTimer(timerTs)
      // 记住当前的计时器
      currentTimer.update(timerTs)
    }
  }

  override def onTimer(
      ts: Long,
      ctx: KeyedProcessFunction[String, SensorReading, String]#OnTimerContext,
      out: Collector[String]): Unit = {
    out.collect("Temperature of sensor '" + ctx.getCurrentKey +
      "' monotonically increased for 1 second.")
    currentTimer.clear()
  }
}
```

向副输出发送数据

大多数 DataStream API 的算子都只有一个输出，即只能生成一条某个数据类型的结果流。只有 split 算子可以将一条流拆分成多条类型相同的流。而处理函数提供的副输出功能允许从同一函数发出多条数据流，且它们的类型可以不同。每个副输出都由一个 OutputTag[X] 对象标识，其中 X 是副输出结果流的类型。处理函数可以利用 Context 对象将记录发送至一个或多个副输出。

示例 6-6 展示了如何利用 ProcessFunction 向副输出的 DataStream 发送数据。

示例 6-6：将数据发送至副输出的 ProcessFunction

```
val monitoredReadings: DataStream[SensorReading] = readings
  // 监控冷冻温度数据流
  .process(new FreezingMonitor)

// 获取并打印包含冷冻警报的副输出
monitoredReadings
  .getSideOutput(new OutputTag[String]("freezing-alarms"))
  .print()

// 打印主输出
readings.print()
```

示例 6-7 所示的 FreezingMonitor 函数用于监控传感器读数流，它会在遇到读数温度低于 32°F 的记录时向副输出发送警告。

示例 6-7：向副输出发送记录的 ProcessFunction

```
/** 对于温度低于 32F 的读数
  * 向副输出发送冻结警报。 */
class FreezingMonitor extends ProcessFunction[SensorReading, SensorReading] {

  // 定义副输出标签
  lazy val freezingAlarmOutput: OutputTag[String] =
    new OutputTag[String](«freezing-alarms»)

  override def processElement(
      r: SensorReading,
      ctx: ProcessFunction[SensorReading, SensorReading]#Context,
      out: Collector[SensorReading]): Unit = {
    // 如果温度低于 32F 则发出冻结警报
    if (r.temperature < 32.0) {
      ctx.output(freezingAlarmOutput, s»Freezing Alarm for ${r.id}»)
    }
    // 将所有读数发到常规输出
    out.collect(r)
  }
}
```

CoProcessFunction

针对有两个输入的底层操作，DataStream API 还提供了 CoProcessFunction。和 CoFlatMapFunction 类似，CoProcessFunction 也提供了一对作用在每个输入上的转换方法——processElement1() 和 processElement2()。它们和 ProcessFunction 中的方法类似，在被调用时都会传入一个 Context 对象，用于访问当前元素或计时器时间戳、TimerService 及副输出。CoProcessFunction 同样提供了 onTimer() 回调方法。示例 6-8 展示了如何使用 CoProcessFunction 来结合两条数据流。

示例 6-8：应用 CoProcessFunction

```
// 读入传感器流
val sensorData: DataStream[SensorReading] = ...

// 开启读数转发的过滤开关
val filterSwitches: DataStream[(String, Long)] = env
  .fromCollection(Seq(
    ("sensor_2", 10 * 1000L), // sensor_2 转发 10 秒
    ("sensor_7", 60 * 1000L)) // sensor_7 转发 1 分钟
  )

val forwardedReadings = readings
  // 联结读数和开关
  .connect(filterSwitches)
  // 以传感器 id 为键值进行分区
  .keyBy(_.id, _._1)
  // 应用过滤 CoProcessFunction
  .process(new ReadingFilter)
```

示例 6-9 给出了 ReadingFilter 函数的实现，它基于过滤开关流对传感器读数流进行动态过滤。

示例 6-9：动态过滤传感器读数流的 CoProcessFunction 实现

```
class ReadingFilter
    extends CoProcessFunction[SensorReading, (String, Long), SensorReading] {

  // 转发开关
  lazy val forwardingEnabled: ValueState[Boolean] = getRuntimeContext.getState(
      new ValueStateDescriptor[Boolean]("filterSwitch", Types.of[Boolean]))

  // 用于保存当前活动的停止计时器的时间戳
  lazy val disableTimer: ValueState[Long] = getRuntimeContext.getState(
      new ValueStateDescriptor[Long]("timer", Types.of[Long]))
```

```
  override def processElement1(
      reading: SensorReading,
      ctx: CoProcessFunction[SensorReading, (String, Long), SensorReading]#Context,
      out: Collector[SensorReading]): Unit = {
    // 检查是否可以转发读数
    if (forwardingEnabled.value()) {
      out.collect(reading)
    }
  }

  override def processElement2(
      switch: (String, Long),
      ctx: CoProcessFunction[SensorReading, (String, Long), SensorReading]#Context,
      out: Collector[SensorReading]): Unit = {
    // 开启读数转发
    forwardingEnabled.update(true)
    // 设置停止计时器
    val timerTimestamp = ctx.timerService().currentProcessingTime() + switch._2
    val curTimerTimestamp = disableTimer.value()
      if (timerTimestamp > curTimerTimestamp) {
      // 移除当前计时器并注册一个新的
      ctx.timerService().deleteEventTimeTimer(curTimerTimestamp)
      ctx.timerService().registerProcessingTimeTimer(timerTimestamp)
      disableTimer.update(timerTimestamp)
    }
  }

  override def onTimer(
      ts: Long,
      ctx: CoProcessFunction[SensorReading, (String, Long), SensorReading]
                            #OnTimerContext,
      out: Collector[SensorReading]): Unit = {
    // 移除所有状态，默认情况下转发开关关闭
    forwardingEnabled.clear()
    disableTimer.clear()
  }
}
```

窗口算子

窗口是流式应用中一类十分常见的操作。它们可以在无限数据流上基于有界区间实现聚合等转换。通常情况下，这些区间都是基于时间逻辑定义的。窗口算子提供了一种基于有限大小的桶对事件进行分组，并对这些桶中的有限内容进行计算的方法。举例而言，窗口算子可以将数据流中的事件按每 5 分钟的窗口进行分组，并计算每个窗口中收到的事件数。

DataStream API 针对一些最常见窗口操作都提供了内置方法，此外还提供了

一些非常灵活的窗口机制来自定义窗口逻辑。本节展示如何定义窗口算子，介绍 DataStream API 的内置窗口类型，讨论可用于窗口的函数并说明如何自定义窗口逻辑。

定义窗口算子

窗口算子可用在键值分区或非键值分区的数据流上。用于键值分区窗口的算子可以并行计算，而非键值分区窗口只能单线程处理。

新建一个窗口算子需要指定两个窗口组件：

1. 一个用于决定输入流中的元素该如何划分的窗口分配器（window assigner）。窗口分配器会产生一个 `WindowedStream`（如果用在非键值分区的 `DataStream` 上则是 `AllWindowedStream`）。
2. 一个作用于 `WindowedStream`（或 `AllWindowedStream`）上，用于处理分配到窗口中元素的窗口函数。

以下代码展示了如何在键值分区和非键值分区流上指定窗口分配器和窗口函数：

```
// 定义键值分区窗口算子
stream
  .keyBy(...)
  .window(...)                   // 指定窗口分配器
  .reduce/aggregate/process(...) // 指定窗口函数

// 定义一个非键值分区的全量窗口（window-all）算子
stream
  .windowAll(...)                // 指定窗口分配器
  .reduce/aggregate/process(...) // 指定窗口函数
```

在本章剩余部分，我们将只关注键值分区窗口。非键值分区窗口（在 DataStream API 中也称为全量窗口）的行为与之完全相同，只是它们会收集全部数据且不支持并行计算。

你可以通过提供自定义触发器或移除器以及声明迟到元素处理策略的方式来自定义窗口算子，详细内容会在本节稍后讨论。

内置窗口分配器

Flink 为一些最常见的窗口使用场景提供了内置窗口分配器。所有接下来要讨论的分配器都是基于时间的，我们在第 2 章“数据流上的操作”中对它们都做过介绍。基于时间的窗口分配器会根据元素事件时间的时间戳或当前处理时间将其分配到一个或多个窗口。每个时间窗口都有一个开始时间戳和一个结束时间戳。

所有内置的窗口分配器都提供了一个默认的触发器，一旦（处理或事件）时间超过了窗口的结束时间就会触发窗口计算。请注意，窗口会随着系统首次为其分配元素而创建，Flink 永远不会对空窗口执行计算。

基于数量的窗口

Flink 除了支持基于时间的窗口，还支持基于数量的窗口。后者会按照元素到达窗口算子的顺序以固定数量对其进行分组。由于要依赖元素的到达顺序，基于数量的窗口具有不确定性。此外，如果没有为其自定义触发器来丢弃在某些时候出现的不完整或过期的窗口，还会导致一些问题。

Flink 内置窗口分配器所创建的窗口类型为 `TimeWindow`。该窗口类型实际上表示两个时间戳之间的时间区间（左闭右开）。它对外提供了获取窗口边界、检查窗口是否相交以及合并重叠窗口等方法。

接下来我们将介绍 DataStream API 中的多种内置窗口分配器以及如何用它们来定义窗口算子。

滚动窗口

如图 6-1 所示，滚动窗口分配器会将元素放入大小固定且互不重叠的窗口中。

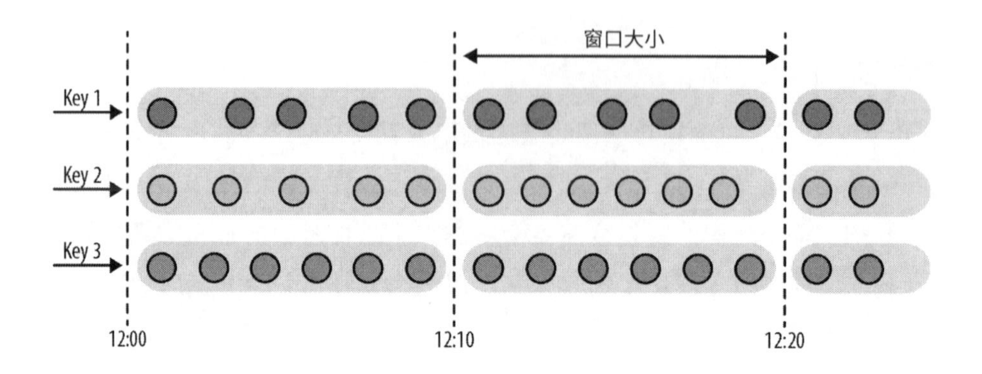

图 6-1：滚动窗口分配器将元素放入大小固定且互不重叠的窗口中

DataStream API 针对事件时间和处理时间的滚动窗口分别提供了对应的分配器——`TumblingEventTimeWindows` 和 `TumblingProcessingTimeWindows`。滚动窗口分配器只接收一个参数：以时间单元表示的窗口大小。它可以利用分配器的 `of(Time size)` 方法指定。时间间隔允许以毫秒、秒、分钟、小时或天数来表示。

以下代码展示了如何在一个传感数据测量流上定义事件时间和处理时间滚动窗口：

```
val sensorData: DataStream[SensorReading] = ...

val avgTemp = sensorData
  .keyBy(_.id)
   // 将读数按照 1 秒事件时间窗口分组
  .window(TumblingEventTimeWindows.of(Time.seconds(1)))
  .process(new TemperatureAverager)
val avgTemp = sensorData
  .keyBy(_.id)
   // 将读数按照 1 秒处理时间窗口分组
  .window(TumblingProcessingTimeWindows.of(Time.seconds(1)))
  .process(new TemperatureAverager)
```

在第 2 章“数据流上的操作”，我们第一个 DataStream API 示例中定义窗口的方式看上去有些不同。在那里，我们使用 timeWindow(size) 方法定义了一个事件时间滚动窗口。

该方法是对 window.(TumblingEventTimeWindows.of(size)) 或 window.(TumblingProcessing TimeWindows.of(size)) 的简写，具体调用那个方法取决于配置的时间特性。以下代码展示了如何使用这种简写：

```
val avgTemp = sensorData
  .keyBy(_.id)
  // window.(TumblingEventTimeWindows.of(size)) 的简写
  .timeWindow(Time.seconds(1))
  .process(new TemperatureAverager)
```

默认情况下，滚动窗口会和纪元时间 1970-01-01-00:00:00.000 对齐。例如，大小为 1 小时的分配器将会在 00:00:00、01:00:00、02:00:00…定义窗口。或者你也可以通过第二个参数指定一个偏移量。以下代码展示了偏移量为 15 分钟的窗口，它们将从 00:15:00、01:15:00、02:15:00…时间点开始：

```
val avgTemp = sensorData
  .keyBy(_.id)
   // 将读数按照大小 1 小时、偏移量 15 分钟的时间窗口分组
  .window(TumblingEventTimeWindows.of(Time.hours(1), Time.minutes(15)))
  .process(new TemperatureAverager)
```

滑动窗口

如图 6-2 所示，滑动窗口分配器将元素分配给大小固定且按指定滑动间隔移动的窗口。

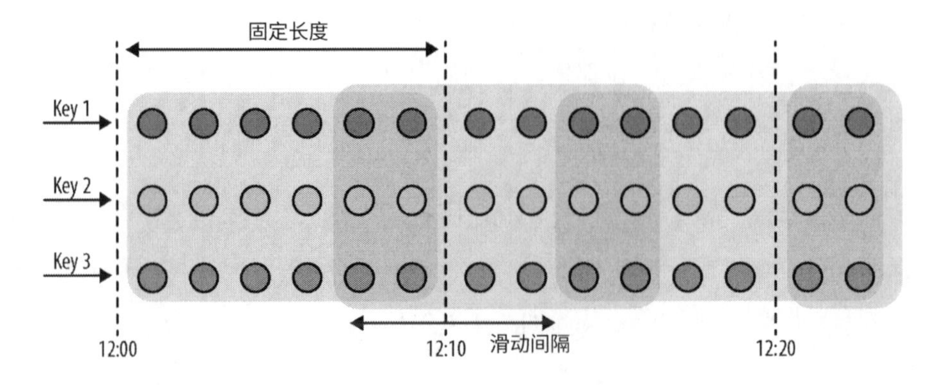

图 6-2：滑动窗口分配器将元素置于大小固定且可能重叠的窗口中

对于滑动窗口而言，你需要指定窗口大小以及用于定义新窗口开始频率的滑动间隔。如果滑动间隔小于窗口大小，则窗口会出现重叠，此时元素会被分配给多个窗口；如果滑动间隔大于窗口大小，则一些元素可能不会分配给任何窗口，因此可能会被直接丢弃。

以下代码展示了如何将传感器读数按照大小为 1 小时、滑动间隔为 15 分钟的滑动窗口进行分组。每个读数将被放入四个窗口中。DataStream API 提供了针对事件时间和处理时间的分配器以及相关的简写方法。你可以利用窗口分配器的第三个参数设置偏移时间：

```
// 事件时间滑动窗口分配器
val slidingAvgTemp = sensorData
  .keyBy(_.id)
   // 每隔 15 分钟创建 1 小时的事件时间窗口
  .window(SlidingEventTimeWindows.of(Time.hours(1), Time.minutes(15)))
  .process(new TemperatureAverager)

// 处理时间滑动窗口分配器
val slidingAvgTemp = sensorData
  .keyBy(_.id)
   // 每隔 15 分钟创建 1 小时的处理时间窗口
  .window(SlidingProcessingTimeWindows.of(Time.hours(1), Time.minutes(15)))
  .process(new TemperatureAverager)

// 使用窗口分配器简写方法
val slidingAvgTemp = sensorData
  .keyBy(_.id)
   // window.(SlidingEventTimeWindow.of(size, slide)) 的简写
```

```
    .timeWindow(Time.hours(1), Time.minutes(15)))
    .process(new TemperatureAverager)
```

会话窗口

会话窗口将元素放入长度可变且不重叠的窗口中。会话窗口的边界由非活动间隔，即持续没有收到记录的时间间隔来定义。图 6-3 解释了如何将元素分配到会话窗口中。

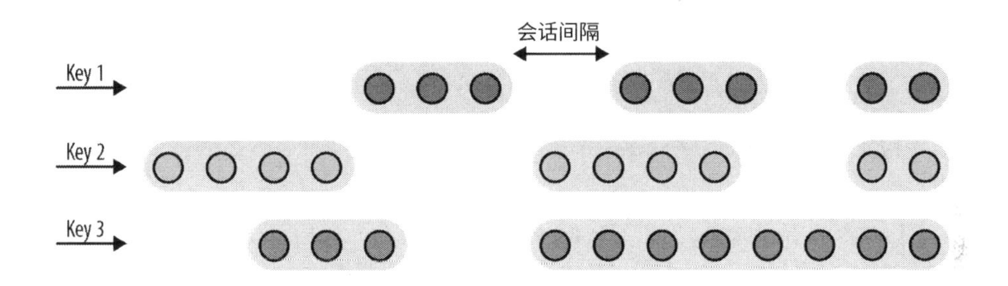

图 6-3：会话窗口分配器将元素置于由会话间隔决定的大小的可变窗口中

以下示例展示了如何将传感器读数按照会话窗口进行分组，其中每个会话的非活动时间都设置为 15 分钟：

```
// 事件时间会话窗口分配器
val sessionWindows = sensorData
  .keyBy(_.id)
   // 创建 15 分钟间隔的事件时间会话窗口
  .window(EventTimeSessionWindows.withGap(Time.minutes(15)))
  .process(...)

// 处理时间会话窗口分配器
val sessionWindows = sensorData
  .keyBy(_.id)
   // 创建 15 分钟间隔的处理时间会话窗口
  .window(ProcessingTimeSessionWindows.withGap(Time.minutes(15)))
  .process(...)
```

由于会话窗口的开始和结束都取决于接收的元素，所以窗口分配器无法实时将所有元素分配到正确的窗口。事实上，SessionWindows 分配器会将每个到来的元素映射到一个它自己的窗口中。该窗口的起始时间是元素的时间戳，大小为会话间隔。随后分配器会将所有范围存在重叠的窗口合并。

在窗口上应用函数

窗口函数定义了针对窗口内元素的计算逻辑。可用于窗口的函数类型有两种：

1. 增量聚合函数。它的应用场景是窗口内以状态形式存储某个值且需要根据每个加入窗口的元素对该值进行更新。此类函数通常会十分节省空间且最终会将聚合值作为单个结果发送出去。ReduceFunction 和 AggregateFunction 就属于增量聚合函数。
2. 全量窗口函数。它会收集窗口内的所有元素，并在执行计算时对它们进行遍历。虽然全量窗口函数通常需要占用更多空间，但它和增量聚合函数相比，支持更复杂的逻辑。ProcessWindowFunction 就是一个全量窗口函数。

本节我们将讨论一些可用在窗口上的不同函数，它们支持对窗口内容执行聚合或施加任何计算。此外我们还将展示如何在窗口算子上同时应用增量聚合及全量窗口函数。

ReduceFunction

我们已经在第 5 章“基于 KeyedStream 的转换”讨论在键值分区流上运行聚合时介绍过 ReduceFunction。ReduceFunction 接收两个同类型的值并将它们组合生成一个类型不变的值。当被用在窗口化数据流上时，Reduce-Function 会对分配给窗口的元素进行增量聚合。窗口只需要存储当前聚合结果，一个和 ReduceFunction 的输入及输出类型都相同的值。每当收到一个新元素，算子都会以该元素和从窗口状态取出的当前聚合值为参数调用 ReduceFunction，随后会用 ReduceFunction 的结果替换窗口状态。

在窗口上应用 ReduceFunction 的优点是只须为每个窗口维护一个常数级别的小状态，此外函数的接口也很简单。然而 ReduceFunction 的应用场景存在一定局限，由于输入、输出类型必须一致，所以通常仅限于一些简单的聚合。

示例 6-10 中展示的 Lambda 函数会计算每 15 秒的最低温度。

示例 6-10：在 WindowedStream 上应用 reduce lambda 函数

```
val minTempPerWindow: DataStream[(String, Double)] = sensorData
  .map(r => (r.id, r.temperature))
  .keyBy(_._1)
  .timeWindow(Time.seconds(15))
  .reduce((r1, r2) => (r1._1, r1._2.min(r2._2)))
```

AggregateFunction

和 ReduceFunction 类似，AggregateFunction 也会以增量方式应用于窗口内的元素。此外，使用了 AggregateFunction 的窗口算子，其状态也只有一个值。

虽然 AggregateFunction 和 ReduceFunction 相比接口更加灵活，但同时实现也更为复杂。以下代码展示了 AggregateFunction 接口：

```
public interface AggregateFunction<IN, ACC, OUT> extends Function, Serializable {

  // 创建一个累加器来启动聚合
  ACC createAccumulator();

  // 向累加器中添加一个输入元素并返回累加器
  ACC add(IN value, ACC accumulator);

  // 根据累加器计算并返回结果
  OUT getResult(ACC accumulator);

  // 合并两个累加器并返回合并结果
  ACC merge(ACC a, ACC b);
}
```

该接口定义了输入类型 IN，累加器类型 ACC 以及结果类型 OUT。它和 ReduceFunction 不同的是中间数据类型以及结果类型不再依赖输入类型。

示例 6-11 展示了如何使用 AggregateFunction 计算每个窗口内传感器读数的平均温度。其累加器负责维护不断变化的温度总和及数量，getResult() 方法用来计算平均值。

示例 6-11：在 WindowedStream 上应用 AggregateFunction

```
val avgTempPerWindow: DataStream[(String, Double)] = sensorData
  .map(r => (r.id, r.temperature))
  .keyBy(_._1)
```

```
  .timeWindow(Time.seconds(15))
  .aggregate(new AvgTempFunction)

// 用于计算每个传感器平均温度的 AggregateFunction
// 累加器用于保存温度总和及事件数量
class AvgTempFunction
    extends AggregateFunction
  [(String, Double), (String, Double, Int), (String, Double)] {

  override def createAccumulator() = {
    ("", 0.0, 0)
  }

  override def add(in: (String, Double), acc: (String, Double, Int)) = {
    (in._1, in._2 + acc._2, 1 + acc._3)
  }

  override def getResult(acc: (String, Double, Int)) = {
    (acc._1, acc._2 / acc._3)
  }

  override def merge(acc1: (String, Double, Int), acc2: (String, Double, Int)) = {
    (acc1._1, acc1._2 + acc2._2, acc1._3 + acc2._3)
  }
}
```

ProcessWindowFunction

ReduceFunction 和 AggregateFunction 都是对分配到窗口的事件进行增量计算。然而有些时候我们需要访问窗口内的所有元素来执行一些更加复杂的计算，例如计算窗口内数据的中值或出现频率最高的值。对于此类应用，ReduceFunction 和 AggregateFunction 都不适合。Flink DataStream API 提供的 ProcessWindowFunction 可以对窗口内容执行任意计算。

Flink 1.7 版本的 DataStream API 还提供了 WindowFunction 接口。但该接口已经被 ProcessWindowFunction 取代，所以此处我们不再讨论。

以下代码展示了 ProcessWindowFunction 接口：

```
public abstract class ProcessWindowFunction<IN, OUT, KEY, W extends Window>
    extends AbstractRichFunction {
```

```
  // 对窗口执行计算
  void process(
    KEY key, Context ctx, Iterable<IN> vals, Collector<OUT> out) throws Exception;

  // 在窗口清除时删除自定义的单个窗口状态
  public void clear(Context ctx) throws Exception {}

  // 保存窗口元数据的上下文
  public abstract class Context implements Serializable {

    // 返回窗口的元数据
    public abstract W window();

    // 返回当前处理时间
    public abstract long currentProcessingTime();

    // 返回当前事件时间水位线
    public abstract long currentWatermark();

    // 用于单个窗口状态的访问器
    public abstract KeyedStateStore windowState();

    // 用于每个键值全局状态的访问器
    public abstract KeyedStateStore globalState();

    // 向 OutputTag 标识的副输出发送记录。
    public abstract <X> void output(OutputTag<X> outputTag, X value);
  }
}
```

process() 方法在被调用时会传入窗口的键值、一个用于访问窗口内元素的 Iterator 以及一个用于发出结果的 Collector。此外，该方法和其他处理方法一样都有一个 Context 参数。ProcessWindowFunction 的 Context 对象可以访问窗口的元数据，当前处理时间和水位线，用于管理单个窗口和每个键值全局状态的状态存储以及用于发出数据的副输出。

在介绍处理函数的时候，我们已经讨论过 Context 对象的一些功能，例如访问当前处理时间和事件时间，访问副输出等。而 ProcessWindowFunction 的 Context 对象还提供了一些特有的功能。窗口的元数据通常包含了一些可用作窗口标识的信息，例如时间窗口中的开始和结束时间。

另一项功能是访问单个窗口的状态及每个键值的全局状态。其中单个窗口的状态指的是当前正在计算的窗口实例的状态，而全局状态指的是不属于任何一个窗口的键值分区状态。单个窗口状态用于维护同一窗口内多次调用 process() 方法所需共享的信息，这种多次调用可能是由于配置了允许数据迟到或使用了自定义触发器。使用了单个窗口状态的 ProcessWindowFunction 需要实现 clear() 方法，在窗口清除前清理仅供当前窗口使用的状态。全局状态可用于在键值相同的多个窗口之间共享信息。

示例 6-12 将传感器读数流按照每 5 秒的滚动窗口进行分组，随后使用 ProcessWindowFunction 计算每个窗口内的最低温和最高温。每个窗口都会发出一条记录，其中包含了窗口的开始、结束时间以及窗口内的最低、最高温度。

示例 6-12：使用 ProcessWindowFunction 计算每个传感器在每个窗口内的最低温和最高温。

```
// 每 5 秒输出最低温和最高温读数
val minMaxTempPerWindow: DataStream[MinMaxTemp] = sensorData
  .keyBy(_.id)
  .timeWindow(Time.seconds(5))
  .process(new HighAndLowTempProcessFunction)

case class MinMaxTemp(id: String, min: Double, max:Double, endTs: Long)

/**
 * 该 ProcessWindowFunction 用于计算每个
 * 窗口内的最低和最高温度读数，
 * 它会将读数连同窗口结束时间戳一起发出。
 */
class HighAndLowTempProcessFunction
    extends ProcessWindowFunction[SensorReading, MinMaxTemp, String, TimeWindow] {

  override def process( key: String,
      ctx: Context,
      vals: Iterable[SensorReading],
      out: Collector[MinMaxTemp]): Unit = {

    val temps = vals.map(_.temperature)
    val windowEnd = ctx.window.getEnd
    out.collect(MinMaxTemp(key, temps.min, temps.max, windowEnd))
  }
}
```

在系统内部，由 ProcessWindowFunction 处理的窗口会将所有已分配的事件存储在 ListState 中。[注1] 通过将所有事件收集起来且提供对于窗口元数据及

注 1：有关 ListState 以及它的性能特点会在第 7 章详细讨论。

其他一些特性的访问和使用，ProcessWindowFunction 的应用场景比 Reduce-Function 和 AggregateFunction 更加广泛。但和执行增量聚合的窗口相比，收集全部事件的窗口其状态要大得多。

增量聚合与 ProcessWindowFunction

ProcessWindowFunction 是一个功能十分强大的窗口函数，但你在用它的时候需要小心，因为它和增量聚合函数比起来通常需要在状态中保存更多数据。其实很多情况下用于窗口的逻辑都可以表示为增量聚合，只不过还需要访问窗口的元数据或状态。

如果可能增量聚合表示逻辑但还需要访问窗口元数据，则可以将 ReduceFunction 或 AggregateFunction 与功能更强的 ProcessWindowFunction 组合使用。你可以对分配给窗口的元素立即执行聚合，随后当窗口触发器触发时，再将聚合后的结果传给 ProcessWindowFunction。这样传递给 ProcessWindowFunction.process() 方法的 Iterable 参数内将只有一个值，即增量聚合的结果。

在 DataStream API 中，实现上述过程的途径是将 ProcessWindowFunction 作为 reduce() 或 aggregate() 方法的第二个参数，如以下代码所示：

```
input
  .keyBy(...)
  .timeWindow(...)
  .reduce(
    incrAggregator: ReduceFunction[IN],
    function: ProcessWindowFunction[IN, OUT, K, W])

input
  .keyBy(...)
  .timeWindow(...)
  .aggregate(

  incrAggregator: AggregateFunction[IN, ACC, V],
  windowFunction: ProcessWindowFunction[V, OUT, K, W])
```

示例6-13和示例6-14中的代码展示了如何使用`ReduceFunction`和`ProcessWindowFunction`的组合来实现示例6-12中的用例——为每个传感器每5秒发出一次最高和最低温度以及窗口的结束时间戳。

示例6-13：使用ReduceFunction执行增量聚合，使用ProcessWindowFunction计算最终结果

```
case class MinMaxTemp(id: String, min: Double, max:Double, endTs: Long)

val minMaxTempPerWindow2: DataStream[MinMaxTemp] = sensorData
  .map(r => (r.id, r.temperature, r.temperature))
  .keyBy(_._1)
  .timeWindow(Time.seconds(5))
  .reduce(
    // 增量计算最低和最高温度
    (r1: (String, Double, Double), r2: (String, Double, Double)) => {
      (r1._1, r1._2.min(r2._2), r1._3.max(r2._3))
    },
    // 在 ProcessWindowFunction 中计算最终结果
    new AssignWindowEndProcessFunction()
  )
```

可以看到，示例6-13在调用`reduce()`方法时既用到了`ReduceFunction`也用到了`ProcessWindowFunction`。由于聚合逻辑是由`ReduceFunction`执行的，`ProcessWindowFunction`只需要像示例6-14中那样，将窗口的结束时间戳加到递增计算结果后面即可。

示例6-14：用于将窗口结束时间戳和递增计算结果组合的ProcessWindowFunction实现

```
class AssignWindowEndProcessFunction
  extends
  ProcessWindowFunction[(String, Double, Double), MinMaxTemp, String, TimeWindow] {

  override def process(
      key: String,
      ctx: Context,
      minMaxIt: Iterable[(String, Double, Double)],
      out: Collector[MinMaxTemp]): Unit = {

    val minMax = minMaxIt.head
    val windowEnd = ctx.window.getEnd
    out.collect(MinMaxTemp(key, minMax._2, minMax._3, windowEnd))
  }
}
```

自定义窗口算子

基于 Flink 内置窗口分配器定义的窗口算子可以应对许多常见用例。然而，当你要着手实现一些高级的流式应用时，可能会发现自己需要完成更为复杂的窗口逻辑。例如，窗口需要提前发出结果并在之后遇到迟到元素时对结果进行更新，或者窗口需要以特定记录作为开始或结束的边界。

DataStream API 对外暴露了自定义窗口算子的接口和方法，你可以实现自己的分配器（assigner）、触发器（trigger）以及移除器（evictor）。这些组件可以和之前讨论的窗口函数协同工作，一起实现对于元素的窗口化分组和处理。

当一个元素进入窗口算子时会被移交给 `WindowAssigner`。该分配器决定了元素应该被放入哪（几）个窗口中。如果目标窗口不存在，则会创建它。

如果为窗口算子配置的是增量聚合函数（如 `ReduceFunction` 或 `AggregateFunction`），那么新加入的元素会立即执行聚合，其结果会作为窗口内容存储。如果窗口算子没有配置增量聚合函数，那么新加入的元素会附加到一个用于存储所有窗口分配元素的 `ListState` 上。

每个元素在加入窗口后还会被传递至该窗口的触发器。触发器定义了窗口何时准备好执行计算（触发），何时需要清除自身及保存的内容。触发器可以根据已分配的元素或注册的计时器（类似处理函数）来决定在某些特定时刻执行计算或清除窗口中的内容。

触发器成功触发后的行为取决于窗口算子所配置的函数。如果算子只是配置了一个增量聚合函数，就会发出当前聚合结果。该情况如图 6-4 所示。

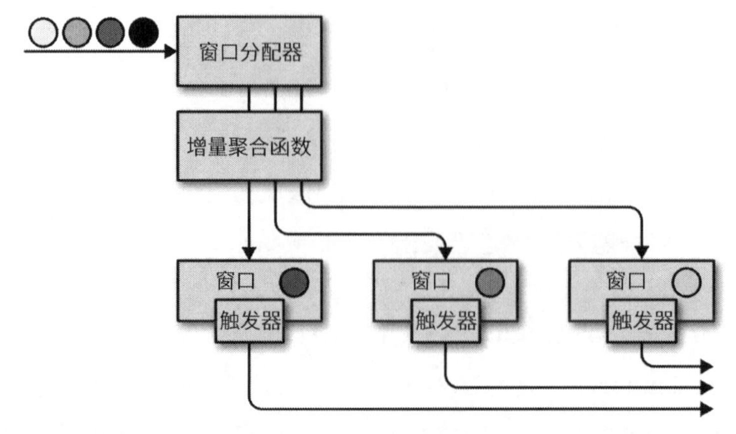

图 6-4：配置了增量聚合函数的窗口算子（每个窗口内的单个圆圈表示聚合后的窗口状态）

如果算子只包含一个全量窗口函数，那么该函数将一次性作用于窗口内的所有元素上，之后便会发出结果。该情况如图 6-5 所示。

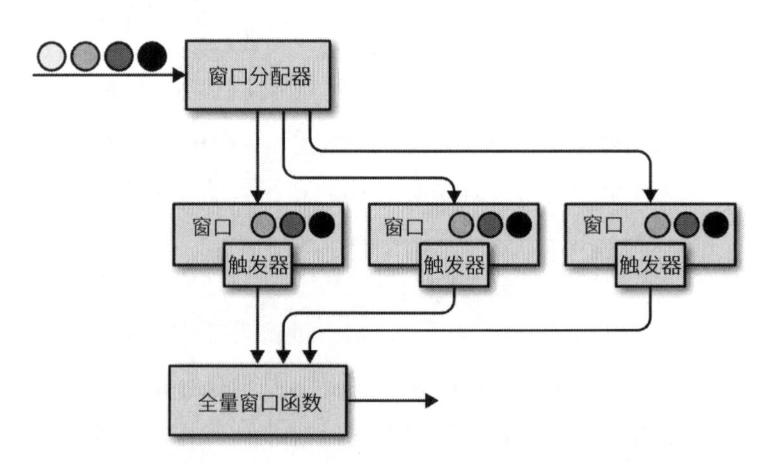

图 6-5. 配置了全量窗口函数的窗口算子（每个窗口内的圆圈表示收集的原始输入记录）

最后，如果算子同时拥有一个增量聚合函数和一个全量窗口函数，那么后者将作用于前者产生的聚合值上，之后便会发出结果。图 6-6 描述了该情况。

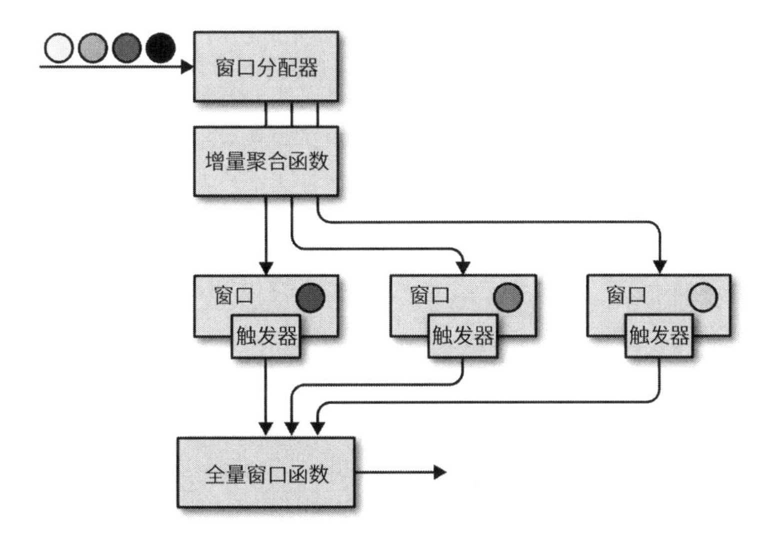

图 6-6：配置了增量聚合及全量窗口函数的窗口算子（每个窗口内的单个圆圈表示聚合后的窗口状态）

移除器作为一个可选组件，允许在 ProcessWindowFunction 调用之前或之后引入。它可以用来从窗口中删除已经收集的元素。由于需要遍历所有元素，移除器只有在未指定增量聚合函数的时候才能使用。

以下代码展示了如何使用自定义触发器和移除器来定义窗口算子。

```
stream
  .keyBy(...)
  .window(...)                       // 指定窗口分配器
[.trigger(...)]                      // 可选项：指定触发器
[.evictor(...)]                      // 可选项：指定移除器
  .reduce/aggregate/process(...) // 指定窗口函数
```

虽然移除器并非必须，但每个窗口算子都要有一个触发器来决定何时对窗口进行计算。为了使窗口算子的 API 保持简洁，系统对于没有显式定义触发器的 WindowAssigner 都会提供一个默认的触发器。

请注意，显式指定的触发器会覆盖已有的触发器而非对其进行补充，这意味着窗口仅会基于最新定义的触发器执行计算。

下面几节我们将讨论窗口的生命周期并介绍自定义分配器、触发器以及移除器的相关接口。

窗口的生命周期

窗口算子在处理到达的数据流元素时通常需要新建和删除一些窗口。如前所述，元素会通过 `WindowAssigner` 分配给窗口，触发器决定何时对窗口执行计算，而实际的计算逻辑则由窗口函数决定。本节我们将讨论窗口的生命周期，即它何时创建、包含了哪些信息以及何时删除。

窗口会在 `WindowAssigner` 首次向它分配元素时创建。因此，每个窗口至少会有一个元素。窗口内的状态由以下几部分组成：

窗口内容

: 窗口内容包含了分配给窗口的元素，或当窗口算子配置了 `ReduceFunction` 或 `AggregateFunction` 时增量聚合所得到的结果。

窗口对象

: `WindowAssigner` 会返回零个、一个或多个窗口对象。窗口算子会根据返回的对象对元素进行分组。因此窗口对象中保存着用于区分窗口的信息。每个窗口对象都有一个结束时间戳，它定义了可以安全删除窗口及其状态的时间点。

触发器计时器

: 你可以在触发器中注册计时器，用于在将来某个时间点触发回调（例如对窗口进行计算或清理其内容）。这些计时器由窗口算子负责维护。

触发器中的自定义状态

: 触发器中可以定义和使用针对每个窗口、每个键值的自定义状态。该状态并非由窗口算子进行维护，而是完全由触发器来控制。

窗口算子会在窗口结束时间（由窗口对象中的结束时间戳定义）到达时

删除窗口。该时间是处理时间还是事件时间语义取决于 WindowAssigner.isEventTime() 方法的返回值。

当窗口需要删除时，窗口算子会自动清除窗口内容并丢弃窗口对象。自定义触发器状态和触发器中注册的计时器将不会被清除，因为这些状态对于窗口算子而言是不可见的。所以说，为了避免状态泄露，触发器需要在 Trigger.clear() 方法中清除自身所有状态。

窗口分配器

WindowAssigner 用于决定将到来的元素分配给哪些窗口。每个元素可以被加到零个、一个或多个窗口中。下面展示了 WindowAssigner 接口：

```
public abstract class WindowAssigner<T, W extends Window>
    implements Serializable {

  // 返回元素分配的目标窗口集合
  public abstract Collection<W> assignWindows(
    T element,
    long timestamp,
    WindowAssignerContext context);

  // 返回 WindowAssigner 的默认触发器
  public abstract Trigger<T, W> getDefaultTrigger(
    StreamExecutionEnvironment env);

  // 返回 WindowAssigner 中窗口的 TypeSerializer
  public abstract TypeSerializer<W> getWindowSerializer(
    ExecutionConfig executionConfig);

  // 表明此分配器是否创建基于事件时间的窗口
  public abstract boolean isEventTime();

  // 用于访问当前处理时间的上下文
  public abstract static class WindowAssignerContext {

    // 返回当前处理时间
    public abstract long getCurrentProcessingTime();
  }
}
```

WindowAssigner的类型由到达元素的类型以及元素分配的目标窗口类型组成。

它还需要返回一个默认触发器，用于没有显式指定触发器的情况。示例 6-15 中的代码为每 30 秒的滚动事件时间窗口创建了一个自定义分配器。

示例 6-15：用于滚动事件时间窗口的窗口分配器

```
/** 将事件按照每 30 秒滚动窗口进行分组的自定义窗口。*/
class ThirtySecondsWindows
    extends WindowAssigner[Object, TimeWindow] {

  val windowSize: Long = 30 * 1000L

  override def assignWindows(
      o: Object,
      ts: Long,
      ctx: WindowAssigner.WindowAssignerContext): java.util.List[TimeWindow] = {
      // 30 秒取余
      val startTime = ts - (ts % windowSize)
      val endTime = startTime + windowSize
      // 发出相应的时间窗口
      Collections.singletonList(new TimeWindow(startTime, endTime))
    }

    override def getDefaultTrigger(
      env: environment.StreamExecutionEnvironment): Trigger[Object, TimeWindow] = {
    EventTimeTrigger.create()
  }

  override def getWindowSerializer(
      executionConfig: ExecutionConfig): TypeSerializer[TimeWindow] = {
    new TimeWindow.Serializer
  }

  override def isEventTime = true
}


}
```

GlobalWindows 分配器

GlobalWindows 分配器会将所有元素映射到一个全局窗口中。它默认的触发器是 NeverTrigger，顾名思义，该触发器永远不会触发。因此，GlobalWindows 分配器需要一个自定义的触发器，可能还需要一个移除器来有选择地将元素从窗口状态中删除。

GlobalWindows 的结束时间戳是 Long.MAX_VALUE，因此，它永远不会被彻底清除。当把 GlobalWindows 应用于一个键值空间不断变化的 KeyedStream 时，它会为每个键值维持一些状态。因此使用时要格外小心。

除了WindowAssigner接口外，Flink还提供了一个继承自它的MergingWindowAssigner接口。MergingWindowAssigner可用于需要对已有窗口进行合并的窗口算子。一个例子就是我们之前讨论过的EventTimeSessionWindows分配器，它需要为每个到来的元素创建一个新的窗口并在之后合并那些重叠的窗口。

在合并窗口时，需要保证所有目标窗口的状态以及它们的触发器都能够正确合并。Trigger接口有一个回调方法，会在对目标窗口的相关状态进行合并时被调用。有关窗口合并的内容会在下一节详细讨论。

触发器

触发器用于定义何时对窗口进行计算并发出结果。它的触发条件可以是时间，也可以是某些特定的数据条件，如元素数量或某些观测到的元素值。对之前讨论的时间窗口而言，其默认触发器会在处理时间或水位线超过了窗口结束边界的时间戳时触发。

触发器不仅能够访问时间属性和计时器，还可以使用状态，因此它在某种意义上等价于处理函数。举例而言，你可以在触发器中实现以下触发逻辑：当窗口接收到一定数量的元素时，当含有某个特定值的元素加入窗口时，或当检测到添加的元素满足某种模式时（如5秒内出现了两个相同类型的事件）。自定义触发器还可以用来在水位线到达窗口的结束时间戳以前，为事件时间窗口计算并发出早期结果。这是一个在保守的水位线策略下依然可以产生（非完整的）低延迟结果的常用方法。

每次调用触发器都会生成一个TriggerResult，它用于决定窗口接下来的行为。TriggerResult可以是以下值之一：

CONTINUE

　　什么都不做。

FIRE

如果窗口算子配置了 ProcessWindowFunction，就会调用该函数并发出结果；如果窗口只包含一个增量聚合函数（ReduceFunction 或 AggregateFunction），则直接发出当前聚合结果。窗口状态不会发生任何变化。

PURGE

完全清除窗口内容，并删除窗口自身及其元数据。同时，调用 ProcessWindowFunction.clear() 方法来清理那些自定义的单个窗口状态。

FIRE_AND_PURGE

先进行窗口计算（FIRE），随后删除所有状态及元数据（PURGE）。

多样化的 TriggerResult 返回值可以让你实现复杂的窗口逻辑。自定义触发器可能会触发多次，你不但可以计算全新的结果或对已有结果进行更新，还能够在某个条件满足时只清除窗口而不发出结果。下面展示了 Trigger 的 API：

```
public abstract class Trigger<T, W extends Window> implements Serializable {

  // 每当有元素添加到窗口中时都会调用
  TriggerResult onElement(
    T element, long timestamp, W window, TriggerContext ctx);

  // 在处理时间计时器触发时调用
  public abstract TriggerResult onProcessingTime(
    long timestamp, W window, TriggerContext ctx);

  // 在事件时间计时器触发时调用
  public abstract TriggerResult onEventTime(
    long timestamp, W window, TriggerContext ctx);

  // 如果触发器支持合并触发器状态则返回 true
  public boolean canMerge();

  // 当多个窗口合并为一个窗口
  // 且需要合并触发器状态时调用
  public void onMerge(W window, OnMergeContext ctx);

  // 在触发器中清除那些为给定窗口保存的状态
  // 该方法会在清除窗口时调用
  public abstract void clear(W window, TriggerContext ctx);
}
```

```
// 用于触发器中方法的上下文对象
// 使其可以注册计时器回调并处理状态
public interface TriggerContext {

  // 返回当前处理时间
  long getCurrentProcessingTime();

  // 返回当前水位线时间
  long getCurrentWatermark();

  // 注册一个处理时间计时器
  void registerProcessingTimeTimer(long time);

  // 注册一个事件时间计时器
  void registerEventTimeTimer(long time);

  // 删除一个处理时间计时器
  void deleteProcessingTimeTimer(long time);

  // 删除一个事件时间计时器
  void deleteEventTimeTimer(long time);

  // 获取一个作用域为触发器键值和当前窗口的状态对象
  <S extends State> S getPartitionedState(StateDescriptor<S, ?> stateDescriptor);
}

// 用于 Trigger.onMerge() 方法的 TriggerContext 扩展
public interface OnMergeContext extends TriggerContext {
  // 合并触发器中的单个窗口状态
  // 目标状态自身需要支持合并
  void mergePartitionedState(StateDescriptor<S, ?> stateDescriptor);
}
```

如你所见，Trigger API 的时间和状态访问机制允许你用它来实现复杂逻辑。但有两类触发器需要格外小心：状态清理触发器和合并触发器。

当在触发器中使用了单个窗口状态时，你需要保证它们会随着窗口删除而被正确地清理。否则窗口算子的状态会越积越多，最终可能导致你的应用在某个时间出现故障。为了在删除窗口时彻底清理状态，触发器的 `clear()` 方法需要删除全部自定义的单个窗口状态并使用 `TriggerContext` 对象删除所有处理时间和事件时间计时器。由于在删除窗口后不会调用计时器回调方法，所以无法在其中清理状态。

如果某个触发器和 `MergingWindowAssigner` 一起使用，则需要处理两个窗口合并的情况。在该情况下所有触发器的自定义状态同样需要合并。`canMerge()`

声明了某个触发器支持合并，而相应地需要在 onMerge() 方法中实现合并逻辑。如果一个触发器不支持合并，则无法与 MergingWindowAssigner 组合使用。

在合并触发器时，需要把所有自定义状态的描述符传给 OnMergeContext 对象的 mergePartitionedState() 方法。

注意，可合并的触发器只能使用那些可以自动合并的状态原语——ListState，ReduceState 或 AggregatingState。

示例 6-16 展示的触发器会在时间到达窗口结束时间之前提前触发。它在第一个事件分配给窗口时注册了一个比当前水位线快 1 秒的计时器。当一个计时器触发时又会注册一个新计时器。因此该触发器最多每秒触发一次。

示例 6-16：可提前触发的触发器

```
/** 可提前触发的触发器。触发周期不小于一秒 */
class OneSecondIntervalTrigger
    extends Trigger[SensorReading, TimeWindow] {

  override def onElement(
      r: SensorReading,
      timestamp: Long,
      window: TimeWindow,
      ctx: Trigger.TriggerContext): TriggerResult = {

    // 如果之前没有设置过值 firstSeen 为 false
    val firstSeen: ValueState[Boolean] = ctx.getPartitionedState(
      new ValueStateDescriptor[Boolean]("firstSeen", classOf[Boolean]))

    // 仅为第一个元素注册初始计时器
    if (!firstSeen.value()) {
      // 将水位线上取整到秒来计算下一次触发时间
      val t = ctx.getCurrentWatermark + (1000 - (ctx.getCurrentWatermark % 1000))
      ctx.registerEventTimeTimer(t)
      // 为窗口结束时间注册计时器
      ctx.registerEventTimeTimer(window.getEnd)
      firstSeen.update(true)
    }
    // 继续。不会针对每个元素都计算
    TriggerResult.CONTINUE
  }
```

```
  override def onEventTime(
      timestamp: Long,
      window: TimeWindow,
      ctx: Trigger.TriggerContext): TriggerResult = {
    if (timestamp == window.getEnd) {
      // 进行最终计算并清除窗口状态
      TriggerResult.FIRE_AND_PURGE
    } else {
      // 注册下一个用于提前触发的计时器
      val t = ctx.getCurrentWatermark + (1000 - (ctx.getCurrentWatermark % 1000))
      if (t < window.getEnd) {
        ctx.registerEventTimeTimer(t)
      }
      // 触发进行窗口计算
      TriggerResult.FIRE
    }
  }

  override def onProcessingTime(
    timestamp: Long,
    window: TimeWindow,
    ctx: Trigger.TriggerContext): TriggerResult = {
    // 继续。我们不使用处理时间计时器
    TriggerResult.CONTINUE
  }

  override def clear(
      window: TimeWindow,
      ctx: Trigger.TriggerContext): Unit = {

    // 清理触发器状态
    val firstSeen: ValueState[Boolean] = ctx.getPartitionedState(
      new ValueStateDescriptor[Boolean]("firstSeen", classOf[Boolean]))
    firstSeen.clear()
  }
}
```

注意，该触发器用到了自定义状态并在 `clear()` 方法中对其进行了清理。由于我们使用的简单状态 `ValueState` 无法自动合并，所以导致触发器也无法自动合并。

移除器

`Evictor` 是 Flink 窗口机制中的一个可选组件，可用于在窗口执行计算前或后从窗口中删除元素。

示例 6-17 中展示了 `Evictor` 接口。

示例 6-17：移除器接口

```
public interface Evictor<T, W extends Window> extends Serializable {

  // 选择性地移除元素。在窗口函数之前调用
  void evictBefore(
    Iterable<TimestampedValue<T>> elements,
    int size,
    W window,
    EvictorContext evictorContext);

  // 选择性地移除元素。在窗口函数之后调用
  void evictAfter(
    Iterable<TimestampedValue<T>> elements,
    int size,
    W window,
    EvictorContext evictorContext);

// 用于移除器内方法的上下文对象
interface EvictorContext {

  // 返回当前处理时间
  long getCurrentProcessingTime();

  // 返回当前事件时间水位线
  long getCurrentWatermark();
}
```

`evictBefore()` 和 `evictAfter()` 方法分别会在窗口函数作用于窗口内容之前和之后调用。它们的参数都包含一个针对窗口内已有元素的 `Iterable` 对象、窗口内的元素数量、窗口对象以及一个用于访问当前处理时间和水位线的 `EvictorContext`。从 `Iterable` 中可以取得 `Iterator` 对象，调用后者的 `remove()` 方法就能删除元素。

预聚合与移除器

移除器会遍历窗口中的元素列表。该操作的应用前提是窗口能够取得全部已加入的事件，且没有对窗口内容使用 `ReduceFunction` 或 `AggregateFunction` 进行增量聚合。

移除器常用于 `GlobalWindow`，它支持清理部分窗口内容而不必完全清除整个窗口状态。

基于时间的双流 Join

数据流操作的另一个常见需求是对两条数据流中的事件进行联结（connect）或 Join。Flink DataStream API 中内置有两个可以根据时间条件对数据流进行 Join 的算子：基于间隔的 Join 和基于窗口的 Join。本节我们会对它们进行介绍。

如果 Flink 内置的 Join 算子无法表达所需的 Join 语义，那么你可以通过 `CoProcessFunction`、`BroadcastProcessFunction` 或 `KeyedBroadcastProcessFunction` 实现自定义的 Join 逻辑。

注意，你要设计的 Join 算子需要具备高效的状态访问模式及有效的状态清理策略。

基于间隔的 Join

基于间隔的 Join 会对两条流中拥有相同键值以及彼此之间时间戳不超过某一指定间隔的事件进行 Join。

图 6-7 展示了两条流（A 和 B）上基于间隔的 Join，如果 B 中事件的时间戳相较于 A 中事件的时间戳不早于 1 小时且不晚于 15 分钟，则会将两个事件 Join 起来。Join 间隔具有对称性，因此上面的条件也可以表示为 A 中事件的时间戳相较 B 中事件的时间戳不早于 15 分钟且不晚于 1 小时。

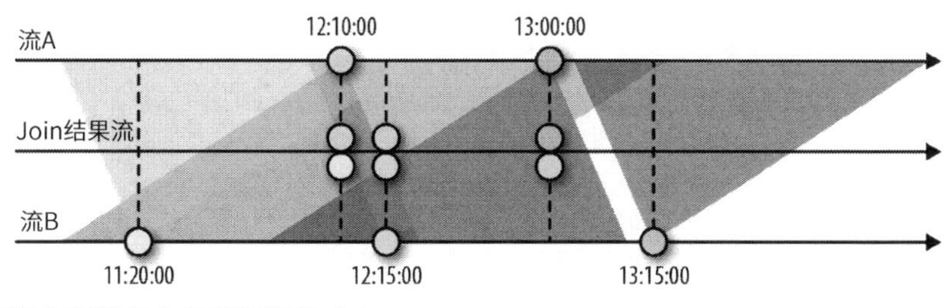

图 6-7：流 A 和流 B 上基于间隔的 Join

基于间隔的 Join 目前只支持事件时间以及 `INNER JOIN` 语义（无法发出未匹配成功的事件）。示例 6-18 中定义了一个基于间隔的 Join。

示例 6-18：使用基于间隔的 Join

```
input1
  .keyBy(…)
  .between(<lower-bound>, <upper-bound>) // 相对于 input1 的上下界
  .process(ProcessJoinFunction) // 处理匹配的事件对
```

Join 成功的事件对会发送给 `ProcessJoinFunction`。下界和上界分别由负时间间隔和正时间间隔来定义，例如 `between(Time.hour(-1), Time.minute(15))`。在满足下界值小于上界值的前提下，你可以任意对它们赋值。例如，允许出现 B 中事件的时间戳相较 A 中事件的时间戳早 1~2 小时这样的条件。

基于间隔的 Join 需要同时对双流的记录进行缓冲。对第一个输入而言，所有时间戳大于当前水位线减去间隔上界的数据都会被缓冲起来；对第二个输入而言，所有时间戳大于当前水位线加上间隔下界的数据都会被缓冲起来。注意，两侧边界值都有可能为负。图 6-7 中的 Join 需要存储数据流 A 中所有时间戳大于当前水位线减去 15 分钟的记录，以及数据流 B 中所有时间戳大于当前水位线减去 1 小时的记录。不难想象，如果两条流的事件时间不同步，那么 Join 所需的存储就会显著增加，因为水位线总是由“较慢”的那条流来决定。

基于窗口的 Join

顾名思义，基于窗口的 Join 需要用到 Flink 中的窗口机制。其原理是将两条输入流中的元素分配到公共窗口中并在窗口完成时进行 Join（或 Cogroup）。

示例 6-19 展示了如何定义基于窗口的 Join。

示例 6-19：对划分窗口后的两条流进行 Join

```
input1.join(input2)
  .where(...)       // 为 input1 指定键值属性
  .equalTo(...)     // 为 input2 指定键值属性
  .window(...)      // 指定 WindowAssigner
```

```
[.trigger(...)]        // 选择性地指定 Trigger
[.evictor(...)]        // 选择性地指定 Evictor
.apply(...)            // 指定 JoinFunction
```

图 6-8 展示了 DataStream API 中基于窗口的 Join 是如何工作的。

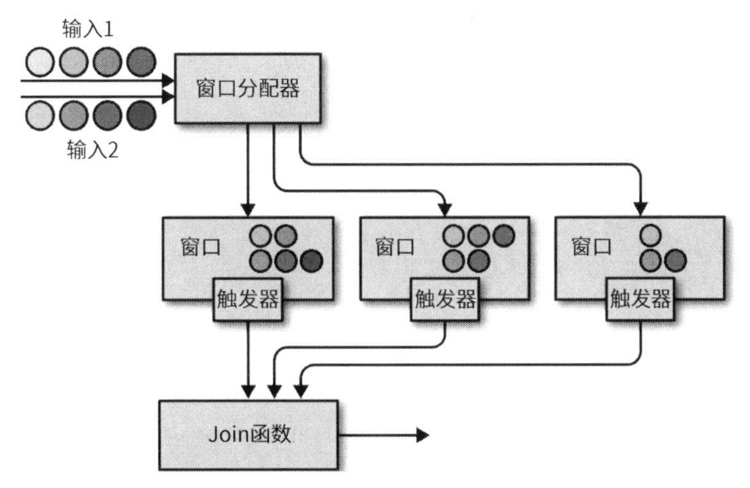

图 6-8：基于窗口的 Join 操作

两条输入流都会根据各自的键值属性进行分区，公共窗口分配器会将二者的事件映射到公共窗口内（其中同时存储了两条流中数据）。当窗口的计时器触发时，算子会遍历两个输入中元素的每个组合（叉乘积）去调用 JoinFunction。同时你也可以自定义触发器或移除器。由于两条流中的事件会被映射到同一个窗口中，因此该过程中的触发器和移除器与常规窗口算子中的完全相同。

除了对窗口中的两条流进行 Join，你还可以对它们进行 Cogroup，只需将算子定义开始位置的 join() 改为 coGroup() 即可。Join 和 Cogroup 的总体逻辑相同，二者的唯一区别是：Join 会为两侧输入中的每个事件对调用 JoinFunction；而 Gogroup 中用到的 GoGroupFunction 会以两个输入的元素遍历器为参数，只在每个窗口中被调用一次。

注意，对划分窗口后的数据流进行 Join 可能会产生意想不到的语义。例如，假设你为执行 Join 操作的算子配置了 1 小时的滚动窗口，那么一旦来自两个输入的元素没有被划分到同一窗口，它们就无法 Join 在一起，即使二者彼此仅相差 1 秒钟。

处理迟到数据

我们在之前介绍过，水位线可用来平衡结果的完整性和延迟。除非你选择一种非常保守的水位线生成策略，以高延迟为代价确保涵盖全部相关记录，否则你的应用将很有可能需要处理迟到的元素。

所谓迟到指的是元素到达算子后，它本应参与贡献的计算已经执行完毕。在事件时间窗口算子的环境下，如果事件到达算子时窗口分配器为其分配的窗口已经因为算子水位线超过了它的结束时间而计算完毕，那么该事件就被认为是迟到的。

DataStream API 提供了不同的选项来应对迟到事件：

- 简单地将其丢弃。
- 将迟到事件重定向到单独的数据流中。
- 根据迟到事件更新并发出计算结果。

下面我们将详细讨论这些选项，看一看它们如何用于处理函数和窗口算子中。

丢弃迟到事件

处理迟到事件最简单的方式就是直接将其丢弃，这也是事件时间窗口的默认行为。因此，迟到的元素将不会创建新的窗口。

处理函数可以通过比较时间戳和当前水位线的方式轻松过滤掉迟到事件。

重定向迟到事件

我们还能利用副输出将迟到事件重定向到另一个 DataStream，这样就可以对它们进行后续处理或利用常规的数据汇函数将其写出。根据业务需求，迟到数据可通过定期的回填操作（backfill process）集成到流式应用的结果中。

示例 6-20 展示了如何在窗口算子中为迟到事件指定副输出。

示例 6-20：在窗口算子中为迟到事件定义副输出

```
val readings: DataStream[SensorReading] = ???

val countPer10Secs: DataStream[(String, Long, Int)] = readings
  .keyBy(_.id)
  .timeWindow(Time.seconds(10))
  // 将迟到读数发至副输出
  .sideOutputLateData(new OutputTag[SensorReading]("late-readings"))
  // 计算每个窗口内的读数个数
  .process(new CountFunction())

// 从副输出中获取迟到事件的数据流
val lateStream: DataStream[SensorReading] = countPer10Secs
  .getSideOutput(new OutputTag[SensorReading]("late-readings"))
```

处理函数可以通过比较事件时间的时间戳和当前水位线来识别迟到事件，并使用常规的副输出 API 将其发出。示例 6-21 展示了 ProcessFunction 如何从输入中过滤出迟到的传感器读数，并将其重定位到副输出流中。

示例 6-21：用于过滤出迟到的传感器读数并将其重定向到副输出的 ProcessFunction

```
val readings: DataStream[SensorReading] = ???
val filteredReadings: DataStream[SensorReading] = readings
  .process(new LateReadingsFilter)

// 获取迟到读数
val lateReadings: DataStream[SensorReading] = filteredReadings
  .getSideOutput(new  OutputTag[SensorReading]("late-readings"))

/** 用于过滤出迟到的传感器读数
  * 并将其重定向到副输出的 ProcessFunction */
class LateReadingsFilter
    extends ProcessFunction[SensorReading, SensorReading] {

  val lateReadingsOut = new OutputTag[SensorReading]("late-readings")

  override def processElement(
      r: SensorReading,
```

```
        ctx: ProcessFunction[SensorReading, SensorReading]#Context,
        out: Collector[SensorReading]): Unit = {

      // 比较记录时间戳和当前水位线
      if (r.timestamp < ctx.timerService().currentWatermark()) {
        // 将迟到读数重定向到副输出
        ctx.output(lateReadingsOut, r)
      } else {
        out.collect(r)
      }
    }
  }
```

基于迟到事件更新结果

迟到事件抵达算子后，它们本应参与贡献的计算可能已经执行完毕。这表示算子之前发出的结果可能是不完整或不准确的。除了将迟到事件丢弃或重定向外，另一种策略是对不完整的结果进行重新计算并发出更新。如果想重新计算和更新结果，就必须考虑几个问题。

支持重新计算和对已发出结果进行更新的算子需要保留那些用于再次计算结果的状态。然而通常算子无法永久保留所有状态，最终还是需要在某个时间点将其清除。一旦清除了针对特定结果的状态，这些结果就再也无法更新，而迟到事件也只能被丢弃或重定向。

除了在算子中保持状态，受结果更新影响下游算子或外部系统还得能够处理这些更新。例如，为了实现此目的，一个用于将键值窗口算子的结果及更新写入键值存储的数据汇算子，可以通过 Upsert 写入模式将之前的非精确结果替换为最近一次更新的结果。对大多数用例而言，可能还要对首次结果和由于迟到事件产生的更新结果加以区分。

窗口算子 API 提供了一个方法，可用来显式声明支持迟到的元素。在使用事件时间窗口时，你可以指定一个名为延迟容忍度（allowed lateness）的额外时间段。配置了该属性的窗口算子在水位线超过窗口的结束时间戳之后不会立即删除窗口，而是会将窗口继续保留该延迟容忍度的时间。在这段额外时间内到达的迟到元素会像按时到达的元素一样交给触发器处理。当水位线超过了窗口结束时间加延迟容忍度间隔，窗口才会被最终删除，此后所有的迟到元素都将直接丢弃。

如示例 6-22 所示，我们可以使用 allowedLateness() 方法指定延迟容忍度。

示例 6-22：定义延迟容忍度为 5 秒的窗口算子

```
val readings: DataStream[SensorReading] = ???

val countPer10Secs: DataStream[(String, Long, Int, String)] = readings
  .keyBy(_.id)
  .timeWindow(Time.seconds(10))
  // 额外处理 5 秒的迟到读数
  .allowedLateness(Time.seconds(5))
  // 如果遇到迟到读数，则重新计数并更新结果
  .process(new UpdatingWindowCountFunction)

/** 用于计数的 WindowProcessFunction，
  * 会区分首次结果和后续更新。*/
class UpdatingWindowCountFunction
    extends ProcessWindowFunction[
            SensorReading, (String, Long, Int, String), String, TimeWindow] {

  override def process(
      id: String,
      ctx: Context,
      elements: Iterable[SensorReading],
      out: Collector[(String, Long, Int, String)]): Unit = {

    // 计算读数个数
    val cnt = elements.count(_ => true)

    // 该状态用于标识是否是第一次对窗口进行计算
    val isUpdate = ctx.windowState.getState(
      new ValueStateDescriptor[Boolean]("isUpdate", Types.of[Boolean]))

    if (!isUpdate.value()) {
      // 首次计算并发出结果
      out.collect((id, ctx.window.getEnd, cnt, "first"))
      isUpdate.update(true)
    } else {
      // 并非首次计算，发出更新
      out.collect((id, ctx.window.getEnd, cnt, "update"))
    }
  }
}
```

我们同样可以在处理函数中应对数据迟到的情况，但由于处理函数内部的状态管理都是通过手工自定义来完成的，所以 Flink 没有在其中内置和迟到数据

处理相关的API。虽然如此，你仍可以利用记录时间戳、水位线和计时器等功能来处理迟到的数据。

小结

在本章中，你学到了如何实现对时间进行操作的流式应用。我们解释了如何为流式应用配置时间特性以及如何分配时间戳和水位线。现在你应该已经对Flink中基于时间的算子（包括处理函数、内置窗口以及自定义窗口）有所了解。我们还讨论了水位线的语义，如何在结果的完整性和延迟之间进行取舍，以及处理迟到事件的相关策略。

第 7 章

有状态算子和应用

有状态算子及用户函数都是流处理应用中的常见组成部分。事实上，由于数据会随时间以流式到来，大多数复杂一些的操作都需要存储部分数据或中间结果。[注1]很多 Flink 内置的 DataStream 算子、数据源以及数据汇都是有状态的，它们需要对数据记录进行缓冲或者对中间结果及元数据加以维护。举例而言，窗口算子会为 ProcessWindowFunction 收集输入记录或为 ReduceFunction 保存产生的结果；ProcessFunction 需要记住设定的计时器；一些数据汇函数为了提供精确一次语义需要维护事务相关状态。除了内置算子和提供的数据源及数据汇之外，Flink DataStream API 也在用户自定义函数里暴露了状态的注册、维护及访问接口。

状态化流处理会在故障恢复、内存管理以及流式应用维护等很多方面对流处理引擎产生影响。第 2、3 两章分别讨论了状态化流处理的基础以及 Flink 架构的相关细节。第 9 章介绍如何设置 Flink 使其能够可靠地处理有状态的应用。第 10 章指导你如何对有状态的应用进行运维，具体包括创建和恢复应用保存点，应用扩缩容以及应用更新等内容。

注 1：这和批处理情况不同。批处理中，只有在全部所需处理的数据都收集完后才会调用用户自定义函数（如 GroupReduceFunction）。

本章重点介绍如何实现有状态的用户自定义函数，并讨论有状态应用的性能及健壮性。具体而言，我们将解释如何在用户自定义函数中定义不同类型的状态并与之交互。此外，还将讨论性能相关问题以及如何控制函数状态的大小。最后，我们将展示怎样将键值分区状态设置为可查询式的以便从外部应用中访问它们。

实现有状态函数

在第 3 章“状态管理”中，我们提到了函数的状态类型有两种——键值分区状态和算子状态。Flink 为定义有状态函数提供了多个接口。本节我们将逐一展示如何实现带有键值分区状态及算子状态的函数。

在 RuntimeContext 中声明键值分区状态

用户函数可以使用键值分区状态来存储和访问当前键值上下文中的状态。对于每一个键值，Flink 都会维护一个状态实例。函数的键值分区状态实例会分布在函数所在算子的所有并行任务上。这意味着每个函数的并行实例都会负责一部分键值域并维护相应的状态实例。因此，键值分区状态看上去就像一个分布式键值映射（distributed key-value map）。有关键值分区状态的详细描述请参照第 3 章“状态管理”。

键值分区状态只能由作用在 `KeyedStream` 上面的函数使用。你可以通过在一条数据流上调用定义键值的 `DataStream.keyBy()` 方法来得到一个 `KeyedStream`。`KeyedStream` 会根据指定键值进行分区并记住键值的定义。作用在 `KeyedStream` 上的算子可以访问它的键值定义上下文信息。

Flink 为键值分区状态提供了很多原语（primitive）。状态原语定义了单个键值对应的状态结构。它的选择取决于函数和状态的交互方式。同时，由于每个状态后端都为这些原语提供了自己的实现，该选择还会影响函数的性能。Flink 目前支持以下状态原语：

- ValueState[T] 用于保存类型为 T 的单个值。你可以利用 ValueState.value() 来读取该值并通过 ValueState.update(value: T) 来更新它。

- ListState[T] 用于保存类型为 T 的元素列表。你可以调用 ListState.add(value: T) 或 ListState.addAll(values: java.util.List[T]) 将新元素附加到列表中，还可以使用 ListState.get() 访问状态元素（它会返回一个可遍历所有元素的 Iterable[T] 对象）。虽然 ListState 不支持删除单个元素，但你可以调用 ListState.update(values: java.util.List[T]) 来更新整个列表，该方法将使用给定列表的值替换已有值。

- MapState[K, V] 用于保存一组键到值的映射。该状态原语提供了很多常规 Java Map 中的方法，例如 get(key: K)，put(key: K, value: V)，contains(key: K)，remove(key: K) 以及用于遍历所含条目（entry）、键和值的遍历器。

- ReducingState[T] 提供了和 ListState[T] 相同的方法（除了 addAll() 和 update()），但它的 ReducingState.add(value: T) 方法会立刻返回一个使用 ReduceFunction 聚合后的值。你可以通过调用 ReducingState.get() 方法获取该值。

- AggregatingState[I, O] 和 ReducingState 行为类似，但它使用了更加通用的 AggregateFunction 来聚合内部的值。AggregatingState.get() 方法会计算最终结果并将其返回。

所有状态原语都支持调用 State.clear() 方法来进行清除。

示例 7-1 展示了如何在一条传感数据测量流上应用一个带有键值分区 ValueState 的 FlatMapFunction。该示例应用会在检测到相邻温度值变化超过给定阈值时发出警报。

示例 7-1：应用一个带有键值分区 ValueState 的 FlatMapFunction

```
val sensorData: DataStream[SensorReading] = ???
// 根据传感器 ID 进行键值分区
```

```
val keyedData: KeyedStream[SensorReading, String] = sensorData
  .keyBy(_.id)

// 在键值分区数据流上应用一个有状态的 FlatMapFunction
// 来比较读数并发出警报
val alerts: DataStream[(String, Double, Double)] = keyedData
  .flatMap(new TemperatureAlertFunction(1.7))
```

使用键值分区状态的函数必须作用在 `KeyedStream` 上，即在应用函数之前需要在输入流上调用 `keyBy()` 方法来指定键值。对于一个作用在键值分区输入上的函数而言，Flink 运行时在调用它的处理方法时，会自动将函数中的键值分区状态对象放入到当前处理记录的键值上下文中。这样，函数每次只能访问属于当前处理记录的键值的状态。

示例 7-2 展示了如何实现带有键值分区 `ValueState` 的 `FlatMapFunction`，该函数用来检测温度测量值的变化是否超过配置的阈值。

示例 7-2：实现带有键值分区 ValueState 的 FlatMapFunction

```
class TemperatureAlertFunction(val threshold: Double)
    extends RichFlatMapFunction[SensorReading, (String, Double, Double)] {

  // 状态引用对象
  private var lastTempState: ValueState[Double] = _

  override def open(parameters: Configuration): Unit = {
    // 创建状态描述符
    val lastTempDescriptor =
      new ValueStateDescriptor[Double]("lastTemp", classOf[Double])
    // 获得状态引用
    lastTempState = getRuntimeContext.getState[Double](lastTempDescriptor)
  }

  override def flatMap(
      reading: SensorReading,
      out: Collector[(String, Double, Double)]): Unit = {
    // 从状态中获取上一次的温度
    val lastTemp = lastTempState.value()
    // 检查是否需要发出警报
    val tempDiff = (reading.temperature - lastTemp).abs
    if (tempDiff > threshold) {
      // 温度变化超过阈值
      out.collect((reading.id, reading.temperature, tempDiff))
    }
    // 更新 lastTemp 状态
    this.lastTempState.update(reading.temperature)
```

```
  }
}
```

为了创建一个状态对象，我们需要利用 RichFunction（有关该接口的内容请参照第 5 章“实现函数”）中的 RuntimeContext 在 Flink 运行时中注册一个 StateDescriptor。每个状态原语都有自己特定的 StateDescriptor，它里面包含了状态名称和类型。ReducingState 和 AggregatingState 的描述符还需要接收一个 ReduceFunction 或 AggregateFunction 对象，以此来对加入的值进行聚合。状态名称的作用域是整个算子，你可以通过在函数内注册多个状态描述符来创建多个状态对象。状态处理的数据类型可以通过 Class 或 TypeInformation 对象指定（有关 Flink 类型处理的讨论请参见第 5 章的“类型”）。由于 Flink 需要为状态创建合适的序列化器，所以数据类型指定是强制的。或者，你也可以显式指定一个 TypeSerializer 来控制状态如何写入状态后端、检查点及保存点。注 2

通常情况下，状态引用对象要在 RichFunction 的 open() 方法中初始化。该方法会在任意处理方法（例如 FlatMapFunction 中的 flatMap()）之前调用。我们一般会将状态引用对象（示例 7-2 中的 lastTempState）声明为函数类的普通成员变量。

状态引用对象只提供用于访问状态的接口而不会存储状态本身，具体保存工作需要由状态后端来完成。

如果有状态函数正在从某检查点恢复或从某保存点重启，那么当函数注册 StateDescriptor 时，Flink 会检查状态后端是否存储了函数相关数据以及与给定名称、类型匹配的状态。无论上述哪种原因，Flink 都会将新注册的状态

注 2： 状态的序列化格式是在更新应用时需要重点考虑的一个方面，我们将在本章稍后对此进行讨论。

引用对象和已有状态建立关联。如果状态后端没包含给定描述符的对应状态，那么系统就会将引用对象所关联的状态初始化为空。

Scala DataStream API 为只有单个 ValueState 的 `map` 和 `flatMap` 等函数提供了更为简洁的写法。示例 7-3 展示了如何利用 `flatMapWithState()` 方法来实现上一个示例中的逻辑。

示例 7-3：利用 Scala DataStream API 中的 flatMapWithState() 方法实现只有一个键值分区 ValueState 的 FlatMap

```
val alerts: DataStream[(String, Double, Double)] = keyedData
  .flatMapWithState[(String, Double, Double), Double] {
    case (in: SensorReading, None) =>
      // 之前的温度还未定义，只需更新前一个温度值
      (List.empty, Some(in.temperature))
    case (r: SensorReading, lastTemp: Some[Double]) =>
      // 比较温差和阈值
      val tempDiff = (r.temperature - lastTemp.get).abs
      if (tempDiff > 1.7) {
        // 超出阈值，发出警报并更新前一个温度值
        (List((r.id, r.temperature, tempDiff)), Some(r.temperature))
      } else {
        // 没有超出阈值，仅更新前一个温度值
        (List.empty, Some(r.temperature))
      }
  }
```

调用 `flatMapWithState()` 方法时需要提供一个接收 `Tuple2` 类型参数的函数。参数元组的第一个字段是 flatMap 的输入记录；第二个字段是一个 `Option` 对象，其中保存了针对当前记录键值的状态。如果状态尚未初始化则 `Option` 为 None。该函数同样会返回一个 `Tuple2` 对象。其中第一个字段是 `flatMap` 的结果列表，第二个字段是新的状态值。

通过 ListCheckpointed 接口实现算子列表状态

算子状态的维护是按照每个算子并行实例来分配的。因此同一算子并行任务在处理任何事件时都可以访问相同的状态。在第 3 章“状态管理”，我们讨论了 Flink 支持的三种算子状态：列表状态、联合列表状态以及广播状态。

若要在函数中使用算子列表状态，需要实现 ListCheckpointed 接口。该接口不像 ValueState 或 ListState 那样直接在状态后端注册，而是需要将算子状态实现为成员变量并通过接口提供的回调函数与状态后端进行交互。ListCheckpointed 接口提供了两个方法：

```
// 以列表形式返回一个函数状态的快照
snapshotState(checkpointId: Long, timestamp: Long): java.util.List[T]

// 根据提供的列表恢复函数状态
restoreState(java.util.List[T] state): Unit
```

snapshotState() 方法会在 Flink 触发为有状态函数生成检查点时调用。它接收两个参数：一个唯一且单调递增的检查点编号 checkpointId 和一个 JobManager 开始创建检查点的机器时间 timestamp。该方法需要将算子状态以列表的形式返回。

restoreState() 方法会在初始化函数状态时调用，该过程可能发生在作业启动（无论是否从保存点启动）或故障恢复的情况下。该方法接收一个状态对象列表，并需要基于这些对象恢复算子状态。

示例 7-4 展示了如何利用 ListCheckpointed 接口实现一个函数，其作用是在每个函数并行实例内，统计该分区数据超过某一阈值的温度值数目。

示例 7-4：使用了算子列表状态的 RichFlatMapFunction

```
class HighTempCounter(val threshold: Double)
    extends RichFlatMapFunction[SensorReading, (Int, Long)]
  with ListCheckpointed[java.lang.Long] {

  // 子任务的索引号
  private lazy val subtaskIdx = getRuntimeContext
    .getIndexOfThisSubtask
  // 本地计数器变量
  private var highTempCnt = 0L

  override def flatMap(
      in: SensorReading,
      out: Collector[(Int, Long)]): Unit = {
    if (in.temperature > threshold) {
      // 如果超过阈值计数器加一
      highTempCnt += 1
```

```
      // 发出由子任务索引号和数目组成的更新元组
      out.collect((subtaskIdx, highTempCnt))
    }
  }

  override def restoreState(
      state: util.List[java.lang.Long]): Unit = {
    highTempCnt = 0
    // 将状态恢复为列表中的全部 long 值之和
    for (cnt <- state.asScala) {
      highTempCnt += cnt
    }
  }

  override def snapshotState(
      chkpntId: Long,
      ts: Long): java.util.List[java.lang.Long] = {
    // 将一个包含单个数目值的列表作为状态快照
    java.util.Collections.singletonList(highTempCnt)
  }
}
```

上述例子中的函数会统计每个并行实例中超过阈值的温度值数目。它其中用到了算子状态，该状态会为每个并行算子实例保存一个状态变量并通过 `ListCheckpointed` 接口定义的方法创建检查点和进行恢复。请注意，`ListCheckpointed` 接口是用 Java 实现的，所以它内部使用的是 `java.util.List` 而非 Scala 原生列表。

看完上述例子，你可能会好奇为什么要将算子状态作为状态对象列表来处理？其实这个问题的答案已经在第 3 章“有状态算子”中提到了。列表结构允许对使用了算子状态的函数修改并行度。为了达到该目的，Flink 需要将算子状态重新分配到更多或更少的任务实例上。这就需要拆分或合并状态对象。由于每个函数都有自己的状态拆分及合并逻辑，所以这两个过程无法对任意状态类型都自动完成。

通过提供状态对象列表，有状态函数就能使用 `snapshotState()` 和 `restoreState()` 方法来实现自动化逻辑。`snapshotState()` 方法能够将算子状态分为多个部分，而 `restoreState()` 方法也可以利用（一个或）多个部分对算子状态进行组装。在函数进行状态恢复时，Flink 会将状态的各个部分分发到函数的相关并行实例上，并使用每个实例上已经分发的状态调用 restoreState() 方法。如果并行子任务的数量多于状态对象，那么有些子任务在启动时就会获取不到状态，此时传入 restoreState() 方法的就会是一个空列表。

回顾一下示例 7-4 中的 HighTempCounter 函数，每个算子并行实例所提供的状态列表都只包含了一个项目。如果我们增加算子的并行度，那么部分新的子任务就只能得到空的状态，从而需要从零开始计数。为了让状态在 HighTempCounter 函数扩缩容时分布地更好，我们可以像示例 7-5 中那样，在实现 snapshotState() 方法时将计数值分成多个子部分。

示例 7-5：将算子列表状态拆分，从而在扩缩容时实现更佳的分布

```
override def snapshotState(
    chkpntId: Long,
    ts: Long): java.util.List[java.lang.Long] = {
  // 将计数值分成 10 个子部分
  val div = highTempCnt / 10
  val mod = (highTempCnt % 10).toInt
  // 将计数值作为 10 个子部分返回
  (List.fill(mod)(new java.lang.Long(div + 1)) ++
    List.fill(10 - mod)(new java.lang.Long(div))).asJava
}
```

ListCheckpointed 接口使用了 Java 序列化机制

ListCheckpointed 接口使用 Java 序列化机制来对状态对象进行序列化和反序列化。由于该序列化机制不支持修改或配置自定义序列化器，所以可能会在你需要更新应用时导致问题。如果想确保函数的算子状态日后支持更新，请使用 CheckpointedFunction 接口替代 ListCheckpointed。

使用联结的广播状态

流式应用的一个常见需求是将相同信息发送到函数的所有并行实例上，并将它们作为可恢复的状态进行维护。一个典型的例子是有一条规则流和一条需要应用这些规则的事件流。规则应用函数需要同时接收这两条输入流。它会将规则存为算子状态然后将它们应用到事件流中的全部事件上。由于函数的

所有并行实例都需要在算子状态中保存全部规则，所以规则流需要以广播形式发送，以便每个实例都能收到全部规则。

在 Flink 中，这种状态称为广播状态（broadcast state），它可以和常规的 DataStream 或 KeyedStream 结合使用。示例 7-6 展示了如何实现用广播流动态配置阈值的温度报警应用。

示例 7-6：联结广播流和键值分区事件流

```
val sensorData: DataStream[SensorReading] = ???
val thresholds: DataStream[ThresholdUpdate] = ???
val keyedSensorData: KeyedStream[SensorReading, String] = sensorData.keyBy(_.id)

// 广播状态的描述符
val broadcastStateDescriptor =
  new MapStateDescriptor[String, Double](
    "thresholds", classOf[String], classOf[Double])

val broadcastThresholds: BroadcastStream[ThresholdUpdate] = thresholds
  .broadcast(broadcastStateDescriptor)

// 联结键值分区传感数据流和广播的规则流
val alerts: DataStream[(String, Double, Double)] = keyedSensorData
  .connect(broadcastThresholds)
  .process(new UpdatableTemperatureAlertFunction())
```

在两条数据流上应用带有广播状态的函数需要三个步骤：

1. 调用 DataStream.broadcast() 方法创建一个 BroadcastStream 并提供一个或多个 MapStateDescriptor 对象。每个描述符都会为将来用于 BroadcastStream 的函数定义一个单独的广播状态。
2. 将 BroadcastStream 和一个 DataStream 或 KeyedStream 联结起来。必须将 BroadcastStream 作为参数传给 connect() 方法。
3. 在联结后的数据流上应用一个函数。根据另一条流是否已经按键值分区，该函数可能是 KeyedBroadcastProcessFunction 或 BroadcastProcessFunction。

示例 7-7 展示了一个 KeyedBroadcastProcessFunction 的实现，它支持在运行时动态配置传感器阈值。

示例 7-7：实现 KeyedBroadcastProcessFunction

```
class UpdatableTemperatureAlertFunction()
    extends KeyedBroadcastProcessFunction
      [String, SensorReading, ThresholdUpdate, (String, Double, Double)] {

  // 广播状态的描述符
  private lazy val thresholdStateDescriptor =
    new MapStateDescriptor[String, Double](
      "thresholds", classOf[String], classOf[Double])

  // 键值分区状态引用对象
  private var lastTempState: ValueState[Double] = _

  override def open(parameters: Configuration): Unit = {
    // 创建键值分区状态描述符
    val lastTempDescriptor = new ValueStateDescriptor[Double](
      "lastTemp", classOf[Double])
    // 获取键值分区状态引用对象
    lastTempState = getRuntimeContext.getState[Double](lastTempDescriptor)
  }

  override def processBroadcastElement(
      update: ThresholdUpdate,
      ctx: KeyedBroadcastProcessFunction
        [String, SensorReading, ThresholdUpdate, (String, Double, Double)]#Context,
      out: Collector[(String, Double, Double)]): Unit = {
    // 获取广播状态引用对象
    val thresholds = ctx.getBroadcastState(thresholdStateDescriptor)

    if (update.threshold != 0.0d) {
      // 为指定传感器配置新的阈值
      thresholds.put(update.id, update.threshold)
    } else {
      // 删除该传感器的阈值
      thresholds.remove(update.id)
    }
  }

  override def processElement(
      reading: SensorReading,
      readOnlyCtx: KeyedBroadcastProcessFunction
        [String, SensorReading, ThresholdUpdate,
        (String, Double, Double)]#ReadOnlyContext,
      out: Collector[(String, Double, Double)]): Unit = {
    // 获取只读的广播状态
    val thresholds = readOnlyCtx.getBroadcastState(thresholdStateDescriptor)
    // 检查阈值是否已经存在
    if (thresholds.contains(reading.id)) {
      // 获取指定传感器的阈值
      val sensorThreshold: Double = thresholds.get(reading.id)
      // 从状态中获取上一次的温度
      val lastTemp = lastTempState.value()
      // 检查是否需要发出警报
      val tempDiff = (reading.temperature - lastTemp).abs
```

```
      if (tempDiff > sensorThreshold) {
        // 温度增加超过阈值
        out.collect((reading.id, reading.temperature, tempDiff))
      }
    }

    // 更新 lastTemp 状态
    this.lastTempState.update(reading.temperature)
  }
}
```

BroadcastProcessFunction 和 KeyedBroadcastProcessFunction 与常规 CoProcessFunction 不同，它们针对两条流内元素的处理方法是非对称的。processElement() 和 processBroadcastElement() 两个方法在调用时会传入不同的上下文对象。前者传入的是只读上下文，只能对使用 getBroadcastState(MapStateDescriptor) 方法获得的广播状态进行读操作；而后者传入的是可读写上下文，可以对获得的广播状态进行读写操作。这其实是一种安全机制，用于确保所有并行实例中广播状态所保存的信息完全相同。此外，和其他处理函数的上下文对象类似，此处的两个上下文对象也支持访问事件时间戳、当前水位线、当前处理时间以及副输出。

BroadcastProcessFunction 和 KeyedBroadcastProcessFunction 本身也有所不同。BroadcastProcessFunction 没有提供用于注册计时器的时间服务，因此也就没有 onTimer() 方法。此外，由于广播输入一侧没有指定键值，状态后端无法访问键值分区的状态值，所以你无法从 KeyedBroadcastProcessFunction 的 processBroadcastElement() 方法中访问键值分区状态，强行这么做会使状态后端抛出异常。作为替代，该方法的上下文对象提供了一个 applyToKeyedState(StateDescriptor, KeyedStateFunction) 方法，可以对 StateDescriptor 所引用的键值分区状态内每个键值所对应的状态值应用 KeyedStateFunction。

广播事件的到达顺序可能不确定

如果发出广播消息的算子并行度大于1，那么广播事件到达广播状态算子不同并行任务的顺序可能会不同。

因此你需要确保广播状态的值不依赖于收到广播消息的顺序，或者将上游广播算子的并行度设置为1。

使用 CheckpointedFunction 接口

CheckpointedFunction 是用于指定有状态函数的最底层接口。它提供了用于注册和维护键值分区状态以算子状态的钩子函数（hook），同时也是唯一支持使用算子联合列表状态（UnionListState，该状态在进行恢复时需要被完整地复制到每个任务实例上）的接口。[注3]

CheckpointedFunction 接口定义了两个方法：initializeState() 和 snapshotState()。它们的工作模式和算子列表状态中 ListCheckpointed 接口的方法类似。initializeState() 方法会在创建 CheckpointedFunction 的并行实例时被调用。其触发时机是应用启动或由于故障而重启任务。Flink 在调用该方法时会传入一个 FunctionInitializationContext 对象，我们可以利用它访问 OperatorStateStore 及 KeyedStateStore 对象。这两个状态存储对象能够使用 Flink 运行时来注册函数状态并返回状态对象（例如 ValueState、ListState 或 BroadcastState）。我们在注册任意一个状态时，都要提供一个函数范围内唯一的名称。在函数注册状态过程中，状态存储首先会利用给定名称检查状态后端中是否存在一个为当前函数注册过的同名状态，并尝试用它对状态进行初始化。如果是重启任务（无论由于故障还是从保存点恢复）的情况，Flink 就会用保存的数据初始化状态；如果应用不是从检查点或保存点启动，那状态就会初始化为空。

snapshotState() 方法会在生成检查点之前调用，它需要接收一个

注3：有关算子列表状态在实例上进行分配的详情请参阅第3章。

FunctionSnapshotContext 对象作为参数。从 FunctionSnapshotContext 中，我们可以获取检查点编号以及 JobManager 在初始化检查点时的时间戳。snapshotState() 方法的目的是确保检查点开始之前所有状态对象都已更新完毕。此外，该方法还可以结合 CheckpointListener 接口使用，在检查点同步阶段将数据一致性地写入外部存储中。

示例 7-8 展示了如何使用 CheckpointedFunciton 接口创建一个函数，该函数分别利用了键值分区状态和算子状态，来统计每个键值分区内和每个算子实例内有多少传感器读数超过指定阈值。

示例 7-8：实现了 CheckpointedFunction 接口的函数

```
class HighTempCounter(val threshold: Double)
    extends FlatMapFunction[SensorReading, (String, Long, Long)]
    with CheckpointedFunction {

  // 在本地用于存储算子实例高温数目的变量
  var opHighTempCnt: Long = 0
  var keyedCntState: ValueState[Long] = _
  var opCntState: ListState[Long] = _

  override def flatMap(
      v: SensorReading,
      out: Collector[(String, Long, Long)]): Unit = {
    // 检查温度是否过高
    if (v.temperature > threshold) {
      // 更新本地算子实例的高温计数器
      opHighTempCnt += 1
      // 更新键值分区的高温计数器
      val keyHighTempCnt = keyedCntState.value() + 1
      keyedCntState.update(keyHighTempCnt)
      // 发出新的计数器值
      out.collect((v.id, keyHighTempCnt, opHighTempCnt))
    }
  }

  override def initializeState(initContext: FunctionInitializationContext): Unit = {
    // 初始化键值分区状态
    val keyCntDescriptor = new ValueStateDescriptor[Long]("keyedCnt", classOf[Long])
    keyedCntState = initContext.getKeyedStateStore.getState(keyCntDescriptor)
    // 初始化算子状态
    val opCntDescriptor = new ListStateDescriptor[Long]( “opCnt” , classOf[Long])
    opCntState = initContext.getOperatorStateStore.getListState(opCntDescriptor)
    // 利用算子状态初始化本地的变量
    opHighTempCnt = opCntState.get().asScala.sum
  }
```

```
  override def snapshotState(
      snapshotContext: FunctionSnapshotContext): Unit = {
    // 利用本地的状态更新算子状态
    opCntState.clear()
    opCntState.add(opHighTempCnt)
  }
}
```

接收检查点完成通知

频繁地同步是分布式系统产生性能瓶颈的主要原因。Flink 的设计旨在减少同步点的数量，其内部的检查点是基于和数据一起流动的分隔符来实现的，因此可以避免对应用所有算子实施全局同步。

得益于该检查点机制，Flink 有着非常好的性能表现。但这也意味着除了生成检查点的几个逻辑时间点外，应用程序的状态无法做到强一致。对一些算子而言，了解检查点的完成情况非常重要。例如，数据汇函数为了以精确一次语义将数据写入外部系统，只能发出那些在检查点成功创建前收到的记录。这样做是为了保证在出现故障时不会重复发送接收的数据。

正如第 3 章“检查点、保存点及状态恢复”所述，在所有算子任务都成功将其状态写入检查点存储后，整体的检查点才算创建成功。因此，只有 JobManager 才能对此做出判断。算子为了感知检查点创建成功，可以实现 `CheckpointListener` 接口。该接口提供的 `notifyCheckpointComplete(long checkpointId)` 方法，会在 JobManager 将检查点注册为已完成时（即所有算子都成功将其状态复制到远程存储后）被调用。

请注意，Flink 不保证对每个完成的检查点都会调用 `notifyCheckpointComplete()` 方法。所以说任务可能会错过一些通知。你在实现接口时需要考虑到这点。

为有状态的应用开启故障恢复

连续运行的流式应用需要具备从（机器或进程）故障中恢复的能力，它们中的绝大多数都要求故障不会对计算结果的正确性产生影响。

在第 3 章的“检查点、保存点即状态恢复”，我们解释了 Flink 为有状态的应用创建一致性检查点的机制：在所有算子都处理到应用输入流的某一特定位置时，为全部内置或用户定义的有状态函数基于该时间点创建一个状态快照。为了支持应用容错，JobManager 会以固定间隔创建检查点。

应用需要像示例 7-9 中那样，显式地在 `StreamExecutionEnvironment` 中启用周期性检查点机制。

示例 7-9：为应用开启检查点功能

```
val env = StreamExecutionEnvironment.getExecutionEnvironment

// 将检查点的生成周期设置为 10 秒（10000 毫秒）
env.enableCheckpointing(10000L)
```

检查点间隔是影响常规处理期间创建检查点的开销以及故障恢复所需时间的一个重要参数。较短的间隔会为常规处理带来较大的开销，但由于恢复时要重新处理的数据量较小，所以恢复速度会更快。

Flink 还为检查点行为提供了其他一些可供调节的配置选项，例如，一致性保障（精确一次或至少一次）的选择，可同时生成的检查点的数目以及用来取消长时间运行检查点的超时时间，以及多个和状态后端相关的选项。我们会在第 10 章“调整检查点和恢复”详细讨论这些选项。

确保有状态应用的可维护性

在应用运行较长一段时间后，其状态就会变得成本十分昂贵，甚至无法重新计算。同时，我们也需要对长时间运行的应用进行一些维护。例如，修复

Bug，添加、删除或调整功能，或针对不同的数据到来速率调整算子的并行度。所以说，能够将状态迁移到一个新版本的应用或重新分配到不同数量的算子任务上就显得十分重要。

Flink 利用保存点机制来对应用及其状态进行维护，但它需要初始版本应用的全部有状态算子都指定好两个参数，才可以在未来正常工作。这两个参数是算子唯一标识和最大并行度（只针对具有键值分区状态的算子）。下面我们来介绍如何设置它们。

算子唯一标识和最大并行度会被固化到保存点中

算子的唯一标识和最大并行度会被固化到保存点中，不可更改。如果新应用中这两个参数发生了变化，则无法从之前生成的保存点启动。

一旦你修改了算子标识或最大并行度则无法从保存点启动应用，只能选择丢弃状态从头开始运行。

指定算子唯一标识

你应该为应用中的每个算子指定唯一标识。该标识会作为元数据和算子的实际状态一起写入保存点。当应用从保存点启动时，会利用这些标识将保存点中的状态映射到目标应用对应的算子。只有当目标应用的算子标识和保存点中的算子标识相同时，状态才能顺利恢复。

如果你没有为有状态应用的算子显式指定标识，那么在更新应用时就会受到诸多限制。有关唯一算子标识的重要性及保存点状态的映射规则已经在第 3 章“保存点”详细讨论过了。

我们强烈建议你像示例 7-10 中那样利用 `uid()` 方法为应用中的每个算子都分配唯一标识。

示例 7-10：为算子设置唯一标识

```
val alerts: DataStream[(String, Double, Double)] = keyedSensorData
  .flatMap(new TemperatureAlertFunction(1.1))
  .uid("TempAlert")
```

为使用键值分区状态的算子定义最大并行度

算子的最大并行度参数定义了算子在对键值状态进行分割时，所能用到的键值组数量。该数量限制了键值分区状态可以被扩展到的最大并行任务数。第 3 章“有状态算子”已经对键值组和键值状态的伸缩规则进行了介绍。如示例 7-11 所示，我们可以通过 `StreamExecutionEnvironment` 为应用的所有算子设置最大并行度或利用算子的 `setMaxParallelism()` 方法为每个算子单独设置。

示例 7-11：设置算子的最大并行度

```
val env = StreamExecutionEnvironment.getExecutionEnvironment

// 为应用设置最大并行度
env.setMaxParallelism(512)
val alerts: DataStream[(String, Double, Double)] = keyedSensorData
  .flatMap(new TemperatureAlertFunction(1.1))
  // 为此算子设置最大并行度，
  // 会覆盖应用级别的数值
  .setMaxParallelism(1024)
```

算子的默认最大并行度会取决于应用首个版本中算子的并行度：

- 如果并行度小于或等于 128，则最大并行度会设置成 128。
- 如果算子并行度大于 128，那么最大并行度会取 `nextPowerOfTwo(parallelism + (parallelism / 2))` 和 2^{15} 之中的较小值。

有状态应用的性能及鲁棒性

算子和状态的交互会对应用的鲁棒性及性能产生一定影响。这些影响的原因是多方面的，例如，状态后端的选择（影响本地状态如何存储和执行快照），检查点算法的配置以及应用状态大小等。本节我们将重点讨论几个方面，它们可以为长期运行应用的健壮执行和一致性能提供保障。

选择状态后端

在第 3 章“状态后端”，我们介绍了 Flink 使用状态后端来维护应用状态。状态后端负责存储每个状态实例的本地状态，并在生成检查点时将它们写入远程持久化存储。由于本地状态的维护及写入检查点的方式多种多样，所以状态后端被设计为“可插拔的”（pluggable），两个应用可以选择不同的状态后端实现来维护其状态。状态后端的选择会影响有状态应用的鲁棒性及性能。每一种状态后端都为不同的状态原语（如 ValueState、ListState 和 MapState）提供了不同的实现。

目前，Flink 提供了三种状态后端：MemoryStateBackend，FsStateBackend 以及 RocksDBStateBackend：

- MemoryStateBackend 将状态以常规对象的方式存储在 TaskManager 进程的 JVM 堆里。例如，MapState 的后端其实是 Java HashMap 对象。虽然这种方法读写状态的延迟会很低，但它会影响应用的鲁棒性。如果某个任务实例的状态变得很大，那么它所在的 JVM 连同所有运行在该 JVM 之上的任务实例都可能由于 OutOfMemoryError 而终止。此外，该方法可能由于堆中放置了过多常驻内存的对象（long-lived object）而引发垃圾回收停顿（garbage collection pause）问题。在生成检查点时，MemoryStateBackend 会将状态发送至 JobManager 并保存到它的堆内存中。因此 JobManager 的内存需要装得下应用的全部状态。因为内存具有易失性，所以一旦 JobManager 出现故障，状态就会丢失。由于存在这些限制，我们建议仅将 MemoryStateBackend 用于开发和调试。
- FsStateBackend 和 MemoryStateBackend 一样，将本地状态保存在 TaskManager 的 JVM 堆内。但它不会在创建检查点时将状态存到 JobManager 的易失内存中，而是会将它们写入远程持久化文件系统。因此，FsStateBackend 既让本地访问享有内存的速度，又可以支持故障容错。但它同样会受到 TaskManager 内存大小的限制，并且也可能导致垃圾回收停顿问题。

- RocksDBStateBackend 会把全部状态存到本地 RocksDB 实例中。RocksDB 是一个嵌入式键值存储（key-value store），它可以将数据保存到本地磁盘上。为了从 RocksDB 中读写数据，系统需要对数据进行序列化和反序列化。RocksDBStateBackend 同样会将状态以检查点形式写入远程持久化文件系统。因为它能够将数据写入磁盘，且支持增量检查点（详见第 3 章“检查点、保存点及状态恢复”），所以对于状态非常大的应用是一个很好的选择。已经有用户介绍使用 RocksDBStateBackend 支撑起了状态大小为数个 TB 的应用。然而，对于磁盘的读写和序列化反序列化对象的开销使得它和在内存中维护状态比起来，读写性能会偏低。

由于 StateBackend 接口是公开的，所以你也可以实现自定义的状态后端。示例 7-12 展示了如何为应用及其有状态函数配置状态后端（此处选用 RocksDBStateBackend）。

示例 7-12：为应用配置 RocksDBStateBackend

```
val env = StreamExecutionEnvironment.getExecutionEnvironment

val checkpointPath: String = ???
// 远程文件系统检查点配置路径
val backend = new RocksDBStateBackend(checkpointPath)

// 配置状态后端
env.setStateBackend(backend)
```

我们会在第 10 章“调整检查点及恢复”讨论具体如何在应用中使用和配置状态后端。

选择状态原语

有状态算子（无论是内置的还是用户自定义的）的性能取决于多个方面，包括状态的数据类型，应用的状态后端以及所选的状态原语。

对于那些在读写状态时涉及对象序列化和反序列化的状态后端（如 RocksDBStateBackend），状态原语（ValueState、ListState 或 MapState）

的选择将对应用性能产生决定性的影响。例如，ValueState 需要在更新和访问时分别进行完整的序列化和反序列化。在构造用于数据访问的 Iterable 对象之前，RocksDBStateBackend 的 ListState 需要将它所有的列表条目反序列化。但向 ListState 中添加一个值（将其附加到列表最后）的操作会相对轻量级一些，因为它只会序列化新添加的值。RocksDBStateBackend 的 MapState 允许按照每个键对其数据值进行读写，并且只有那些读写的键和数据值才需要进行（反）序列化。在遍历 MapState 的条目集（entry set）时，状态后端会从 RocksDB 中预取出序列化好的所有条目，并只有在实际访问某个键或数据值的时候才会将其反序列化。

举例而言，针对 RocksDBStateBackend，使用 MapState[X, Y] 要比 ValueState[HashMap[X, Y]] 更高效。如果经常要在列表后面添加元素且列表元素的访问频率很低，那么 ListState[X] 会比 ValueState[List[X]] 更有优势。

此外我们建议每次函数调用只更新一次状态。由于检查点需要和函数调用同步，所以在单个函数内调用多次更新状态没有任何好处，反而会带来额外的序列化开销。

防止状态泄露

流式应用经常会被设计成需要长年累月地连续运行。应用状态如果不断增加，总有一天会变得过大并“杀死”应用，除非我们有什么办法能为应用不断扩充资源。为了防止应用资源逐渐耗尽，关键要控制算子状态大小。由于对状态的处理会直接影响算子语义，所以 Flink 无法通过自动清理状态来释放资源。所有有状态算子都要控制自身状态大小，确保它们不会无限制增长。

导致状态增长的一个常见原因是键值状态的键值域不断发生变化。在该场景下，有状态函数所接收记录的键值只有一段特定时间的活跃期，此后就再也不会收到。一个典型的例子是有一条包含会话 id 属性的点击事件流，其中的会话 id 会在一段时间后过期。此时，具有键值分区状态的函数就会积累越来越多的键值。随着键值空间的不断变化，状态中那些过期的旧键值会变得毫无价值。该问题的解决方案是从状态中删除那些过期的键值。然而，具有键值分区状态的函数只有在收到某键值的记录时才能访问该键值的状态。很多情况下，函数不会知道某条记录是否是该键值所对应的最后一条。因此它根本无法准确移除某一键值的状态（因为不确定将来是否还有该键值的记录到来）。

该问题不但存在于自定义的有状态函数中，还会影响 DataStream API 中的部分内置算子。例如，当我们在一个 KeyedStream 上计算聚合时，无论采用的是内置聚合函数（例如 min、max、sum、minBy 或 maxBy）还是自定义的 ReduceFunction 或 AggregateFunction，都会为每个键值保存状态并且永不丢弃。所以说，只有在键值域不变或有界的前提下才能使用这些函数。其他例子还有像基于数量触发的窗口，它们只有在收到一定数量的记录时才会进行处理并清除状态。基于时间（无论是处理时间还是事件时间）触发的窗口则不受该问题的影响，因为它们会根据不断前进的时间触发计算并清除状态。

这意味着你在设计和实现有状态算子的时候，需要把应用需求和输入数据的属性（如键值域）都考虑在内。如果你的应用需要用到键值域不断变化的键值分区状态，那么必须要确保能够对那些无用的状态进行清除。该工作可以通过注册针对未来某个时间点的计时器来完成。[注4] 和状态类似，计时器也会注册在当前活动键值的上下文中。计时器在触发时，会调用回调方法并加载计时器键值的上下文。因此在回调方法内你可以获得当前键值状态的完整访问权限并将其清除。

只有窗口的 Trigger 接口以及处理函数才支持注册计时器。我们已经在第 6 章对它们进行了介绍。

示例 7-13 展示的 KeyedProcessFunction 会对两个连续的温度测量值进行比

注 4： 计时器可以基于事件时间或处理时间。

较，如果二者的差值大于一个特定阈值就会发出警报。这和之前使用键值分区状态的用例相同，但此处的 KeyedProcessFunction 会在某一键值超过 1 小时（事件时间）都没有新到的温度测量数据时将其对应的状态清除。

示例 7-13：可以清除状态的 KeyedProcessFunction

```
class SelfCleaningTemperatureAlertFunction(val threshold: Double)
    extends KeyedProcessFunction[String, SensorReading, (String, Double, Double)] {

  // 用于存储最近一次温度的键值分区状态引用
  private var lastTempState: ValueState[Double] = _
  // 前一个注册的计时器的键值分区状态引用
  private var lastTimerState: ValueState[Long] = _

  override def open(parameters: Configuration): Unit = {
    // 注册用于最近一次温度的状态
    val lastTempDesc = new ValueStateDescriptor[Double]("lastTemp", classOf[Double])
    lastTempState = getRuntimeContext.getState[Double](lastTempDescriptor)
    // 注册用于前一个计时器的状态
    val lastTimerDesc = new ValueStateDescriptor[Long]("lastTimer", classOf[Long])
    lastTimerState = getRuntimeContext.getState(timestampDescriptor)
  }

  override def processElement(
      reading: SensorReading,
      ctx: KeyedProcessFunction
        [String, SensorReading, (String, Double, Double)]#Context,
      out: Collector[(String, Double, Double)]): Unit = {

    // 将清理状态的计时器设置为比记录时间戳晚一小时
    val newTimer = ctx.timestamp() + (3600 * 1000)
    // 获取当前计时器的时间戳
    val curTimer = lastTimerState.value()
    // 删除前一个计时器并注册一个新的计时器
    ctx.timerService().deleteEventTimeTimer(curTimer)
    ctx.timerService().registerEventTimeTimer(newTimer)
    // 更新计时器时间戳状态
    lastTimerState.update(newTimer)

    // 从状态中获取上一次的温度
    val lastTemp = lastTempState.value()
    // 检查是否需要发出警报
    val tempDiff = (reading.temperature - lastTemp).abs
    if (tempDiff > threshold) {
      // 温度增加超过阈值
      out.collect((reading.id, reading.temperature, tempDiff))
    }

    // 更新 lastTemp 状态
    this.lastTempState.update(reading.temperature)
  }
```

```
  override def onTimer(
      timestamp: Long,
      ctx: KeyedProcessFunction
        [String, SensorReading, (String, Double, Double)]#OnTimerContext,
      out:  Collector[(String, Double, Double)]): Unit = {

    // 清除当前键值的所有状态
    lastTempState.clear()
    lastTimerState.clear()
  }
}
```

上述 KeyedProcessFunction 实现的状态清除策略的工作机制如下。对于每个输入事件，都会调用 processElement() 方法。在对温度值进行比较并更新最近一次温度之前，该方法会通过删除已有计时器并注册新计时器的方法达到“延期清理”的目的。清理时间被设置为比当前记录时间晚一小时。为了删除当前已经注册的计时器，KeyedProcessFunction 会使用一个名为 lastTimerState 的 ValueState[Long] 来记录它的时间。随后，方法就会比较两个相邻的温度值，依照逻辑决定是否发出警报，并更新最近一次温度的状态。

由于 KeyedProcessFunction 总会在注册新计时器之前将已有的计时器删除，所以每个键值在同一时间最多只会有一个注册的计时器。一旦该计时器触发，就会调用 onTimer() 方法。该回调方法会清除所有当前键值的状态，包括用于保存最近一次温度以及前一个计时器时间的状态。

更新有状态应用

很多时候我们需要对一个长时间运行的有状态的流式应用进行 Bug 修复或业务逻辑调整。这往往要求我们在不丢失状态的前提下对当前运行的应用进行版本更新。

Flink 可以通过为运行的应用生成保存点，停止该应用，重启新版本等三个步骤来实现此类更新。[注5] 然而这种保留状态的应用更新对应用改动也有一些限

注 5： 第 10 章介绍了如何为运行中的应用创建保存点以及如何从现有的保存点启动一个新的应用。

制，原始应用和新版本应用的检查点必须兼容。接下来我们将介绍如何在保持检查点兼容的前提下更新应用。

在“保存点”一节，我们说明了保存点中的每个状态都可以利用一个复合标识进行定位，该标识包含了一个唯一算子标识和一个由状态描述符声明的状态名称。

实现应用时须长远考虑

请谨记，应用的初始设计决定了它日后能否或以何种方式进行保存点兼容的修改。如果原始版本在设计时没有考虑到日后的更新，则很难对其进行较大改动。大多数应用的改动都需要以分配算子唯一标识为前提。

当应用从保存点启动时，它的算子会使用算子标识和状态名称从保存点中查找对应的状态进行初始化。从保存点兼容性的角度来看，应用可以通过以下三种方式进行更新：

1. 在不对已有状态进行更改或删除的前提下更新或扩展应用逻辑，包括向应用中添加有状态或无状态算子。
2. 从应用中移除某个状态。
3. 通过改变状态原语或数据类型来修改已有算子的状态。

接下来的几节我们就来详细讨论一下这三种情况。

保持现有状态更新应用

如果应用在更新时不会删除或改变已有状态，那么它一定是保存点兼容的，并且能够从旧版本的保存点启动。

如果你向应用中添加了新的有状态算子或为已有算子增加了状态，那么在应用从保存点启动时，这些状态都会被初始化为空。

改变内置有状态算子的输入数据类型

注意，改变内置有状态算子（例如窗口聚合，基于时间的 Join 或异步函数）的输入数据类型通常都使它们内部状态的类型发生变化。因此，这些看上去不显眼的改动会破坏保存点的兼容。

从应用中删除状态

除了向应用中添加状态，你可能还想在修改应用的同时从中删除一些状态。这些删除操作所针对的可以是一个完整的有状态算子，也可以是函数中的某个状态。当新版本的应用从一个旧版本的保存点启动时，保存点中的部分状态将无法映射到重启的应用中。如果算子的唯一标识或状态名称发生了改变，也会出现这种情况。

为了避免保存点中的状态丢失，Flink 在默认情况下不允许那些无法将保存点中的状态全部恢复的应用启动。但你可以禁用这一安全检查（相关内容会在第 10 章“运行和管理流式应用”中介绍）。因此，通过删除有状态算子或其中的状态来更新应用其实并不困难。

修改算子的状态

虽然从应用中增删状态非常容易，也不会影响保存点兼容性，但一旦涉及修改已有算子的状态，问题就会变得十分复杂。我们有两种办法可以对状态进行修改：

- 通过更改状态的数据类型，例如将 `ValueState[Int]` 改为 `ValueState[Double]`

- 通过更改状态原语类型，例如将 ValueState[List[String]] 改为 ListState[String]

在某些特定情况下，你可以改变状态的数据类型。但是目前 Flink 还不支持改变状态的原语（或结构）。有一些思路是通过提供一个用来转换保存点的离线工具来支持这种情况，但它们还没有在 Flink 1.7 版本中提供。所以说，接下来我们将重点关注更改状态的数据类型。

为了弄清状态数据类型的修改问题，我们需要理解状态数据在保存点中的表示形式。保存点主要由序列化后的状态数据组成。用于转换 JVM 中状态对象的序列化器是由 Flink 的类型系统生成和配置的，其转换过程基于状态的数据类型。举例而言，如果你有一个 ValueState[String]，Flink 的类型系统会生成一个 StringSerializer 来将 String 对象转换成字节。该序列化器还用于将原始字节转换回 JVM 对象。根据状态后端是将数据序列化后存储（如 RocksDBStateBackend）还是以堆中对象的形式存储（如 FsStateBackend），反序列化过程可能发生在函数读取状态时或应用从保存点重启时。

由于 Flink 的类型系统需要根据状态的数据类型生成序列化器，所以当状态的数据类型发生改变时，序列化器也可能随之改变。举例而言，如果你将 ValueState[String] 改为 ValueState[Double]，Flink 将创建一个 DoubleSerializer 来访问状态。毫无疑问，使用 DoubleSerializer 去反序列化一个由 StringSerializer 序列化的二进制 String 数据一定会失败。所以说，修改状态的数据类型仅限于某些特定情况。

在 Flink 1.7 版本，如果数据类型为 Apache Avro 类型，并且新的数据类型也是一个遵循 Avro 的 Schema 演变规则、从原类型演变而来的 Avro 类型，那么此时就可以支持改变状态数据类型。Flink 的类型系统将自动生成可以读取之前版本数据类型的序列化器。状态的演变和迁移在 Flink 社区是一个非常重要的主题，也得到了很多关注。相信未来版本的 Apache Flink 会对这些场景有更好的支持。尽管如此，我们还是建议你在把应用投入到生产环境之前，仔细确认应用是否可以按需更新。

可查询式状态

很多处理应用需要将它们的结果与其他应用分享。常见的分享模式是先把结果写入数据库或键值存储中，再由其他应用从这些存储中获取结果。为了实现该架构，我们需要搭建并维护一套独立的系统。该过程的工作量可能非常大，尤其在系统同样是分布式的情况下。

为了解决以往需要外部数据存储才能分享数据的问题，Apache Flink 提供了可查询式状态（queryable state）功能。在 Flink 中，任何键值分区状态都可以作为可查询式状态暴露给外部应用，就像一个只读的键值存储一样。有状态的流式应用可以按照正常流程处理事件，并在可查询状态中对其中间或最终结果进行存储和更新。外部应用可以在流式应用运行过程中访问某一键值的状态。

注意，Flink 仅能按照单个键值进行查询，而不支持键值范围或更复杂的条件查询。

可查询式状态无法应对所有需要外部数据存储的场景。原因之一是：它只有在应用运行过程中才可以访问。如果应用正在因为错误而重启、正在进行扩缩容或正在迁移至其他集群，那么可查询式状态将无法访问。反过来说，可查询式状态的确让很多应用变得容易实现，例如实时仪表盘或其他监控应用。

接下来我们将讨论 Flink 可查询式状态服务的架构，并解释流式应用如何对外提供可查询式状态以及外部应用怎么才能查询到它。

可查询式状态服务的架构及启用方式

Flink 的可查询式状态服务包含三个进程：

- `QueryableStateClient` 用于外部系统提交查询及获取结果。
- `QueryableStateClientProxy` 用于接收并响应客户端请求。该客户端代理需要在每个 TaskManager 上面都运行一个实例。由于键值分区状态会分布在算子所有并行实例上面，所以代理需要识别请求键值对应的状态所在的 TaskManager。该信息可以从负责键值组分配的 JobManager 上面获得，代理在一次请求过后就会将它们缓存下来。[注6] 客户端代理从各自 TaskManager 的状态服务器上取得状态，然后把结果返给客户端。
- `QueryableStateServer` 用于处理客户端代理的请求。状态服务器同样需要运行在每个 TaskManager 上面。它会根据查询的键值从本地状态后端取得状态，然后将其返回给提交请求的客户端代理。

图 7-1 展示了可查询式状态服务的架构。

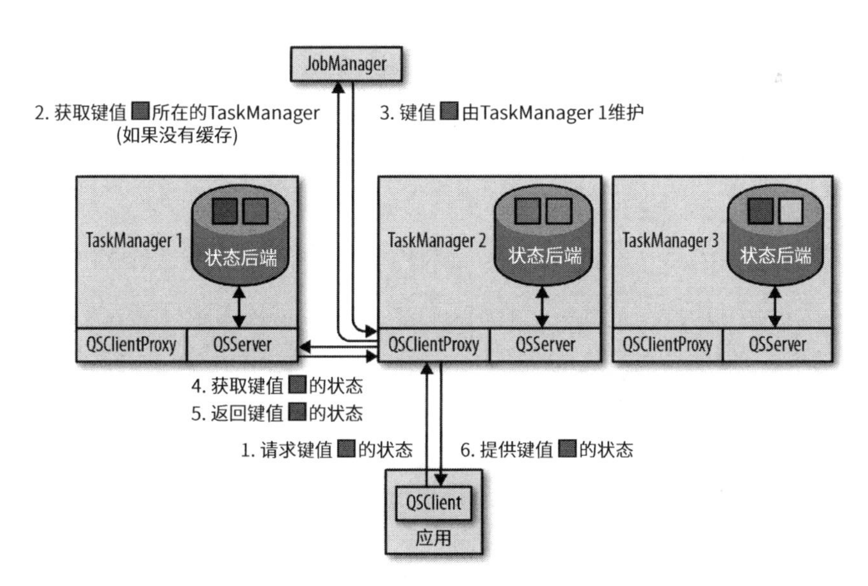

图 7-1：Flink 可查询式状态服务的架构

注 6： 键值组的相关内容已经在第 3 章讨论过。

为了在 Flink 设置中启用可查询式状态服务（即在 TaskManager 中启动客户端代理和服务器线程），你需要将 *flink-queryable-state-runtime* JAR 文件放到 TaskManager 进程的 Classpath 中。为此，你可以直接将 JAR 文件从 Flink 安装路径的 *./opt* 目录拷贝到 *./lib* 目录中。如果 Classpath 中存在该 JAR 文件，可查询式状态的线程就会自动启动，以响应客户端的请求。正确配置后，你会在 TaskManager 的日志中看到以下信息：

```
Started the Queryable State Proxy Server @ …
```

客户端代理和服务器所使用的端口以及一些额外的参数可以在 *./conf/flink-conf.yaml* 文件中配置。

对外暴露可查询式状态

实现一个支持可查询式状态的流式应用非常简单。你要做的就是定义一个具有键值分区状态的函数，然后在获取状态引用之前调用 `StateDescriptor` 的 `setQueryable(String)` 方法。这样，目标状态就变为可查询的了。示例 7-14 中以 `lastTempState` 状态为例，说明了如何将键值分区状态设置为可查询的。

示例 7-14：将键值分区状态设置为可查询的

```
override def open(parameters: Configuration): Unit = {

  // 创建状态描述符
  val lastTempDescriptor =
    new ValueStateDescriptor[Double]("lastTemp", classOf[Double])
  // 启用可查询式状态并设置其外部标识符
  lastTempDescriptor.setQueryable("lastTemperature")
  // 获得状态引用
  lastTempState = getRuntimeContext
    .getState[Double](lastTempDescriptor)
}
```

传递给 `setQueryable()` 方法的外部标识符可以随意选择，它们只会在可查询式状态客户端的配置中用到。

除了这种将任意类型的键值分区状态设置为可查询式的通用方法外，Flink 还提供了一种简便方法，支持利用数据汇将流中所有事件都存到可查询式状态中。示例 7-15 展示了如何使用可查询式状态的数据汇。

示例 7-15：将 DataStream 写入可查询式状态的数据汇中

```
val tenSecsMaxTemps: DataStream[(String, Double)] = sensorData
  // 仅保留传感器 id 和温度字段
  .map(r => (r.id, r.temperature))
  // 每 10 秒为每个传感器计算一次最高温度
  .keyBy(_._1)
  .timeWindow(Time.seconds(10))
  .max(1)

// 将每个传感器每 10 秒的最高温度
// 存入可查询式状态中
tenSecsMaxTemps
  // 以传感器 id 为键值进行分区
  .keyBy(_._1)
  .asQueryableState("maxTemperature")
```

`asQueryableState()` 方法会在数据流后面添加一个可查询式状态的数据汇。可查询式状态的类型是 `ValueState`，它内部的数据类型和输入流的类型相同（在我们示例中即 `(String, Double)`）。对于每个收到的记录，可查询式状态的数据汇都会用它去更新 `ValueState` 的值，这样就能为每个键值保存最新的事件。

具有可查询式状态的函数并不会改变应用的执行方式。你只需要像上节讨论的那样，确保为 TaskManager 配置了可查询式状态的服务即可。

从外部系统查询状态

所有基于 JVM 的应用都可以使用 `QueryableStateClient` 对运行中 Flink 的可查询式状态进行查询。这个类由 `flink-queryable-state-client-java` 依赖提供，你可以像下面这样把它添加到你的项目里：

```
<dependency>
  <groupid>org.apache.flink</groupid>
  <artifactid>flink-queryable-state-client-java_2.12</artifactid>
  <version>1.7.1</version>
</dependency>
```

为了初始化 QueryableStateClient，你需要提供任意一个 TaskManager 的主机名以及其上可查询式状态客户端代理的监听端口。客户端代理的默认监听端口是 9067，你可以在 *./conf/flink- conf.yaml* 文件中对它进行配置：

```
val client: QueryableStateClient =
  new QueryableStateClient(tmHostname, proxyPort)
```

在你得到一个状态客户端对象之后，就可以调用它的 getKvState() 方法来查询应用的状态。该方法需要接收几个参数，包括：当前运行应用的 JobID，状态标识符，所需状态的键值，键值的 TypeInformation 以及可查询式状态的 StateDescriptor。其中的 JobID 可以通过 REST API、Web UI 或者日志文件得到。getKvState() 方法返回一个 CompletableFuture[S]，其中 S 是状态类型（例如 ValueState[_] 或 MapState[_, _]）。因此，客户端可以同时发出多个异步请求并等待其返回结果。示例 7-16 展示了一个简单的控制台仪表盘，它会对上一节中应用的可查询式状态进行查询。

示例 7-16：一个简单的 Flink 应用状态查询仪表盘

```
object TemperatureDashboard {

  // 假设使用本地模式，TM 和客户端运行在相同机器上
  val proxyHost = "127.0.0.1"
  val proxyPort = 9069

  // 运行 QueryableStateJob 的 jobId
  // 可以通过运行作业的日志或 Web UI 获取
  val jobId = "d2447b1a5e0d952c372064c886d2220a"

  // 需要查询的传感器数量
  val numSensors = 5
  // 状态的查询频率
  val refreshInterval = 10000

  def main(args: Array[String]): Unit = {
    // 利用可查询式状态代理的主机名和端口来配置客户端
    val client = new QueryableStateClient(proxyHost, proxyPort)

    val futures = new Array[
      CompletableFuture[ValueState[(String, Double)]]](numSensors)
    val results = new Array[Double](numSensors)

    // 打印仪表盘展示表的标题行
    val header =
```

```
      (for (i <- 0 until numSensors) yield "sensor_" + (i + 1))
    .mkString("\t| ") println(header)

    // 不断循环查询
    while (true) {
      // 发出异步查询
      for (i <- 0 until numSensors) {
        futures(i) = queryState("sensor_" + (i + 1), client)
      }
      // 等待结果
      for (i <- 0 until numSensors) {
        results(i) = futures(i).get().value()._2
      }
      // 打印结果
      val line = results.map(t => f"$t%1.3f").mkString("\t| ")
      println(line)

      // 等待发送下一组查询
      Thread.sleep(refreshInterval)
    }
    client.shutdownAndWait()
  }
  def queryState(
      key: String,
      client: QueryableStateClient)
    : CompletableFuture[ValueState[(String, Double)]] = {

    client
      .getKvState[String, ValueState[(String, Double)], (String, Double)](
        JobID. fromHexString(jobId),
        "maxTemperature",
        key,
        Types.STRING,
        new ValueStateDescriptor[(String, Double)](
          "", // 此处和状态名称无关
          Types.TUPLE[(String, Double)]))
  }
}
```

为了运行这个示例，你需要先将配置了可查询式状态的应用启动起来。随后你需要从日志文件或 Web UI 中找到 `JobID`，将其设置到代码中，并运行仪表盘应用。这时候，仪表盘就会开始从运行的流式应用中查询状态。

小结

几乎所有复杂一点的流式应用都是有状态的。DataStream API 提供了强大、易用的工具来访问和维护算子状态。它提供了多种类型的状态原语，还支持可插拔的状态后端。在为开发人员和状态之间提供大量灵活交互的基础上，Flink 的运行时可以管理起 TB 级别的状态且在故障时保证精确一次语义。开发人员利用我们在第 6 章介绍的基于时间的计算以及可伸缩的状态管理，能够实现复杂的流式应用。作为一种方便使用的功能，可查询式状态支持将流式应用的结果暴露给外部应用，从而为你节省设置和维护数据库或键值存储的工作量。

第 8 章
读写外部系统

我们平日经常会把数据存储在很多不同的系统中，例如：文件系统，对象存储，关系数据库系统，键值存储，搜索索引，事件日志以及消息队列等。每一类系统都是针对某个特定的访问模式而设计的，有各自擅长的服务领域。因此，如今的数据基础架构通常都会包含很多不同的存储系统。在向其中添加某个组件之前，我们一般都会先思考一个问题，“新加的组件和现有组件栈兼容情况如何？”

添加一个数据处理系统（如 Apache Flink）需要考虑的方面很多，因为它通常都不包含内置的存储层，而是依赖外部存储系统来传入和持久化数据。因此对于 Flink 这样的数据处理引擎而言，很关键的一方面是能提供一套齐全的用于外部系统读写的连接器库，以及一组用于实现自定义连接器的 API。然而，对于一个流处理引擎，仅能读写外部数据存储是不够的，还需要在故障时提供重要的一致性保障。

在本章中，我们将讨论数据源和数据汇连接器如何影响 Flink 流式应用的一致性保障，并介绍 Flink 中最常用的数据读写连接器。你将学到如何实现自定义的数据源和数据汇连接器，以及如何在函数中向外部数据存储发送异步的读写请求。

应用的一致性保障

你在“检查点、保存点及状态恢复”一节已经了解到，Flink 的检查点和恢复机制会周期性地为应用状态创建一致性检查点。一旦发生故障，应用会从最近一次完成的检查点中恢复状态并继续处理数据。虽然如此，但像这样把应用状态重置到某个一致性检查点所提供的应用处理保障还无法令人满意。我们需要应用的数据源和数据汇连接器能和 Flink 的检查点及恢复策略集成，并提供某些特定的属性以支持各类有意义的保障。

为了在应用中实现精确一次的状态一致性保障，[注1] 应用的每个数据源连接器都需要支持将读取位置重置为某个已有检查点中的值。在生成检查点时，数据源算子会将读取位置持久化并在故障恢复过程中将其还原。支持将读取位置写入检查点的数据源连接器有：基于文件的连接器（会存储文件字节流的读取偏移）以及 Kafka 连接器（会存储消费主题分区的读取偏移）等。如果应用使用的数据源连接器无法存储和重置读取位置，那么在它出现故障时就可能要丢失部分数据，从而只能提供最多一次保障。

Flink 的检查点和恢复机制结合可重置的数据源连接器能够确保应用不会丢失数据。但由于在前一次成功的检查点（故障恢复时的回退位置）后发出的数据会被再次发送，所以应用可能会发出两次结果。因此，可重置的数据源以及 Flink 的恢复机制虽然可以为应用状态提供精确一次的一致性保障，但无法提供端到端的精确一次保障。

应用若想提供端到端的精确一次性保障，需要一些特殊的数据汇连接器。根据情况不同，这些连接器可以使用两种技术来实现精确一次保障：幂等性写（idempotent write）和事务性写（transactional write）。

注 1： 精确一次的状态一致性是实现端到端精确一次一致的需求之一，二者并不等价。

幂等性写

幂等操作可以多次执行，但只会引起一次改变。例如，将相同的键值对插入一个哈希映射就是一个幂等操作。因为在首次将键值对插入映射中后，目标键值对就已经存在，此时无论该操作重复几次都不会改变这个映射。相反，追加操作（append operation）就不是幂等的，因为多次追加某个元素会导致它出现多次。幂等性写操作对于流式应用而言具有重要意义，因为它们可以在不改变结果的前提下多次执行。因此，幂等性写操作可以在一定程度上减轻 Flink 检查点机制所带来的重复结果的影响。

注意，依赖于幂等性数据汇的应用若要获得精确一次的结果，需要保证在重放时可以覆盖之前写出的结果。举例而言，如果应用中用到了一个写键值存储的数据汇，那么必须保证每次计算出的用于插入操作的键都相同。此外，从下游数据汇系统中读取数据的应用可能会在应用恢复期间观察到异常结果。当开始重放数据时，之前发出的结果可能会被更早的结果覆盖。因此消费故障恢复过程中所产生的结果可能会使应用“回到过去”，例如读到一个比之前小的计数值。同时，在重放进行过程中，由于只有部分结果会被覆盖，所以流式应用的整体结果将处于不一致的状态。一旦重放完成，应用的进度超过了之前失败的点，结果就会恢复一致。

事务性写

实现端到端精确一次一致性的第二个途径是事务性写。它的基本思路是只有在上次成功的检查点之前计算的结果才会被写入外部数据汇系统。该行为可以提供端到端的精确一次保障。因为在发生故障后，应用会被重置到上一个检查点，而接收系统不会收到任何在该检查点之后生成的结果。通过只在检查点完成后写入数据，事务性写虽然不会像幂等性写那样出现重放过程中的不一致现象，但会增加一定延迟，因为结果只有在检查点完成后才对外可见。

Flink 提供了两个构件来实现事务性的数据汇连接器：一个通用的 WAL（write-ahead log，写前日志）数据汇和一个 2PC（two-phase commit，两阶段提交）数据汇。WAL 数据汇会将所有结果记录写入应用状态，并在收到检查点完成通知后将它们发送到数据汇系统。由于该数据汇利用状态后端缓冲记录，所以它适用于任意数据汇系统。然而，WAL 数据汇无法 100% 提供精确一次保障，[注2] 此外还会导致应用状态大小增加以及接收系统需要处理一次次的“波峰式”写入。

相反，2PC 数据汇需要数据汇系统支持事务或提供可用来模拟事务的构件。每次生成检查点，数据汇都会开启一次事务并将全部收到的记录附加到该事务中，即将它们写入接收系统但先不提交。直至收到检查点完成通知后，数据汇才会通过提交事务真正写入结果。该机制需要数据汇在故障恢复后能够提交某检查点完成前开启的事务。

2PC 协议需要基于 Flink 现有的检查点机制来完成。检查点分隔符可认为是开启新事务的通知，所有算子完成各自检查点的通知可看做是提交投票（commit vote），而来自 JobManager 的检查点创建成功的消息其实是提交事务的指令。和 WAL 数据汇不同，2PC 数据汇可依赖数据汇系统和数据汇的实现来完成精确一次的结果输出。此外，2PC 数据汇可以持续平稳地将记录写入接收系统，而不会像 WAL 数据汇那样经历周期性的“波峰式”写入。

表 8-1 展示了不同类型的数据源和数据汇连接器搭配，在最佳情况下能够实现的端到端的一致性。根据数据汇的具体实现，实际的一致性可能无法达到最优。

注 2：　我们会在“GenericWriteAheadSink”一节更详细地讨论 WAL 数据汇的一致性保障。

表 8-1：不同数据源和数据汇组合所能实现的端到端的一致性保障

	不可重置数据源	可重置数据源
任意数据汇	至多一次	至少一次
幂等性数据汇	至多一次	精确一次 *（故障恢复过程中会有临时性不一致）
WAL 数据汇	至多一次	至少一次
2PC 数据汇	至多一次	精确一次

内置连接器

Apache Flink 为很多外部存储系统都提供了相应的数据读写连接器。消息队列（如 Apache Kafka、Kinesis 或 RabbitMQ）是一类常见的数据流消息来源。在以批处理为主的环境中，我们还经常通过监视文件系统目录并读取其中新增文件的方式来获取数据流。

在数据汇一端，数据流中的事件经常会写入消息队列中，以支撑后续流式应用；或者是写入文件系统，实现归档或支撑后续离线分析及批处理应用；也可以插入到键值存储或数据库系统中（如 Cassandra、ElasticSearch 或 MySQL），以供查询、搜索或仪表盘应用使用。

然而遗憾的是，除了关系型数据库系统有 JDBC 外，大多数存储系统都缺乏标准的接口。它们每一个都要用到自己专有协议的连接器库。因此，像 Flink 这样的处理系统就需要维护很多专用的连接器，以便能够从最常用的消息队列、事件日志、文件系统、键值存储以及数据库系统中读写事件。

Flink 为 Apache Kafka、Kinesis、RabbitMQ、Apache Nifi、多种文件系统、Apache Cassandra、ElasticSearch 以及 JDBC 都提供了相应的连接器。此外，Apache Bahir 项目中还额外提供了针对 ActiveMQ、Akka、Flume、Influxdb、Kudu、Netty 以及 Redis 的连接器。

为了在应用中使用这些连接器，你需要把相应的依赖添加到项目的构建文件中。我们已经在第5章“导入外部和Flink依赖”中介绍了如何添加连接器依赖。

下一节，我们将讨论针对以下系统的连接器：Apache Kafka、文件系统以及Apache Cassandra。这些连接器的应用最为广泛，同时也代表了几类重要的数据源和数据汇系统。你可以从Apache Flink或Apache Bahir项目的文档中查找更多有关其他连接器的信息。

Apache Kafka 数据源连接器

Apache Kafka是一个分布式流处理平台。它的核心是一个分布式的发布/订阅消息系统，该系统被广泛用于获取和分发事件流。在深入了解Flink Kafka连接器之前，我们首先来简单介绍一下Kafka的核心概念。

Kafka将事件流组织为不同的主题（topic）。每个主题都是一个事件日志，其事件读取顺序和写入顺序完全相同。为了实现主题读写的伸缩性，Kafka允许将主题拆分为多个分布在集群之上的分区。但像这样就只能针对某个分区实现保序，即Kafka不能够保证不同分区间的事件顺序。Kafka中分区的读取位置称为偏移（offset）。

Flink为所有常见的Kafka版本都提供了数据源连接器。Kafka在0.11版本以前，其客户端库的API一直在改变且经常添加一些新的功能。例如，Kafka 0.10增加了对记录时间戳的支持。自1.0发布版以来，它的API一直比较稳定。Flink提供了一个通用的Kafka连接器，可用于Kafka 0.11之后的版本；同时它还为Kafka 0.8、0.9、0.10以及0.11版本分别提供了专用的连接器。在本章其余部分，我们会把关注点放在通用的连接器上面。如果你想了解某个特定版本的连接器，请参阅Flink的相关文档。

我们可以像下面这样把Flink Kafka通用连接器依赖添加到Maven项目中：

```
    <dependency>
        <groupId>org.apache.flink</groupId>
        <artifactId>flink-connector-kafka_2.12</artifactId>
        <version>1.7.1</version>
    </dependency>
```

Flink Kafka 连接器会以并行方式获取事件流。每个并行数据源任务都可以从一个或多个分区读取数据。任务会跟踪每一个它所负责分区的偏移，并将它们作为检查点数据的一部分。在进行故障恢复时，数据源实例将恢复那些写入检查点的偏移，并从它们指示的位置继续读取数据。Flink Kafka 连接器并不依赖于 Kafka 自身基于消费者组（consumer group）的偏移追踪机制。图 8-1 展示了数据源实例的分区分配情况。

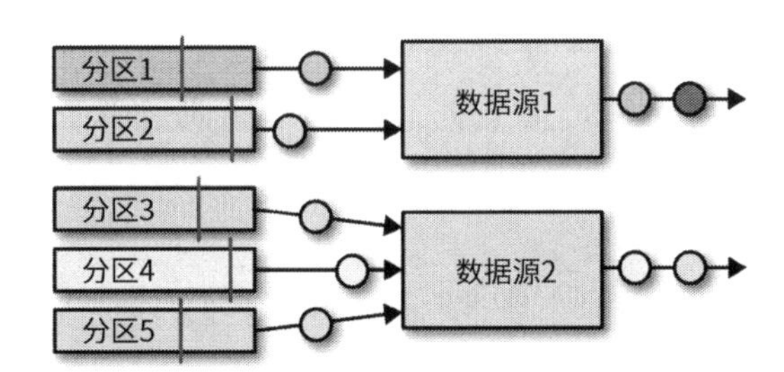

图 8-1：Kafka 主题分区的读取偏移

示例 8-1 展示了如何创建一个 Kafka 数据源连接器。

示例 8-1：创建 Flink kafka 数据源连接器

```
val properties = new Properties()
properties.setProperty("bootstrap.servers", "localhost:9092")
properties.setProperty("group.id", "test")

val stream: DataStream[String] = env.addSource(
  new FlinkKafkaConsumer[String](
    "topic",
    new SimpleStringSchema(),
    properties))
```

构造方法需要三个参数。第一个参数是要读取的主题，它可以是单个主题，某个主题列表或是一个匹配所有目标主题的正则表达式。当选择多个主题时，

Kafka 连接器会对所有主题的分区一视同仁，将它们的事件混合成为一条数据流。

第二个参数是一个DeserializationSchema或KeyedDeserializationSchema。Kafka 中的消息是以原始字节的方式存储，因此需要被反序列化成 Java 或 Scala 对象。示例 8-1 中用到的 SimpleStringSchema 是一个内置的 DeserializationSchema，它会简单地将字节数组反序列化成 String。除此之外，Flink 还为 Apache Avro 和基于文本的 JSON 编码提供了相应的实现。DeserializationSchema 和 KeyedDeserializationSchema 都是公开接口，因此你可以随意实现自定义的反序列化逻辑。

第三个参数是一个 Properties 对象，它用于配置连接器内部负责连接和从 Kafka 读取数据的 Kafka 客户端。Properties 至少需要两个配置项，"bootstrap.servers" 和 "group.id"。其他配置属性请参照 Kafka 文档。

为了提取事件时间的时间戳并生成水位线，你可以通过调用 FlinkKafkaConsumer.assignTimestampsAndWatermark() 方法向 Kafka 消费者提供一个 AssignerWithPeriodicWatermark 或 AssignerWithPunctuatedWatermark 对象。[注3] 为了利用 Kafka 分区内部保序的特性，分配器会作用在每个分区上，随后数据源实例会根据水位线传播协议（参照“水位线穿过和事件时间”一节）对各分区的水位线进行合并。

注意，如果某一分区变成非活跃状态且不再提供消息，那么数据源实例的水位线将无法前进，因继而导致整个应用的水位线都不会前进。因此，单个非活跃的分区会导致整个应用停止运行。

Kafka 从版本 0.10.0 开始支持消息时间戳。因此，当我们从 0.10 之后的版本读取数据时，如果应用运行在事件时间模式下，消费者会自动提取消息

注 3： 有关时间戳分配接口的详细信息请参照第 6 章。

的时间戳作为事件时间的时间戳。此时，你仍然需要生成水位线，并利用 `AssignerWithPeriodicWatermark` 或 `AssignerWithPunctuatedWatermark` 来转发之前分配的 Kafka 时间戳。

除了上面提到的，还有一些我们认为值得关注的配置项。例如，你可以配置主题分区开始读取数据的位置，可选配置有：

- 通过 `group.id` 参数配置的 Kafka 消费者组所记录的最后读取位置，这也是默认的行为：
  `FlinkKafkaConsumer.setStartFromGroupOffsets()`
- 每个分区最早的偏移：
  `FlinkKafkaConsumer.setStartFromEarliest()`
- 每个分区最晚的偏移：
  `FlinkKafkaConsumer.setStartFromLatest()`
- 所有时间戳大于某个给定值的记录（需要 Kafka 0.10.x 或之后的版本）：
  `FlinkKafkaConsumer.setStartFromTimestamp(long)`
- 利用一个 Map 对象为所有分区指定读取位置：
  `FlinkKafkaConsumer.setStartFromSpecificOffsets(Map)`

注意，上述配置只会对应用首次启动后的读取位置起作用。在进行故障恢复或从保存点开始启动的情况下，应用将从存储在检查点或保存点中的偏移开始读取。

此外，我们可以通过配置让 Flink Kafka 消费者自动发现满足给定正则表达式的新主题或添加到主题中的新分区。该功能默认情况下是关闭的，为了启用它，你需要在 `Properties` 对象中为配置属性 `flink.partition-discovery.interval-millis` 设置一个非负的值。

Apache Kafka 数据汇连接器

Flink 为 Kafka 0.8 之后的所有版本都提供了数据汇连接器。Kafka 在 0.11 版本以前，其客户端库的 API 一直在改变且经常添加一些新的功能，例如它在 0.10 版本开始支持记录时间戳，在 0.11 版本开始支持事务性写。自 1.0 发布版以来，它的 API 一直比较稳定。Flink 提供了一个通用的 Kafka 连接器，可用于 Kafka 0.11 之后的版本。同时它还为 Kafka 0.8、0.9、0.10 以及 0.11 版本分别提供了专用的连接器。在本章其余部分，我们会把关注点放在通用的连接器上面。如果你想了解某个特定版本的连接器，请参阅 Flink 的相关文档。我们可以像下面这样把 Flink 通用的 Kafka 连接器依赖添加到 Maven 项目中：

```
<dependency>
   <groupId>org.apache.flink</groupId>
   <artifactId>flink-connector-kafka_2.12</artifactId>
   <version>1.7.1</version>
</dependency>
```

示例 8-2 中展示了如何在 DataStream 应用中添加一个 Kafka 数据汇。

示例 8-2：创建一个 Flink Kafka 数据汇

```
val stream: DataStream[String] = ...

val myProducer = new FlinkKafkaProducer[String](
  "localhost:9092",         // Kafka Broker 列表
  "topic",                  // 目标主题
  new SimpleStringSchema)   // 序列化的 Schema

stream.addSink(myProducer)
```

示例 8-2 中的构造方法接收三个参数。第一个参数是英文逗号分隔的 Kafka Broker 地址字符串。第二个参数是数据写入的目标主题。最后一个参数 `SerializationSchema` 用于将数据汇的输入类型（示例 8-2 中的是 `String`）转换为字节数组。`SerializationSchema` 和我们在 Kafka 数据源一节讨论的 `DeserializationSchema` 作用相反。

`FlinkKafkaProducer` 还提供了很多具有不同参数组合的构造方法：

- 和 Kafka 数据源连接器类似，你可以利用 Properties 对象为内部 Kafka 客户端提供一些自定义选项。在使用 Properties 对象时，需要通过“bootstrap.servers”属性提供 Broker 列表。完整属性列表请查看 Kafka 相关文档。

- 你可以指定一个 FlinkKafkaPartitioner 来控制记录如何映射到 Kafka 的不同分区。我们会在本节后面部分讨论这个功能。

- 除了使用 SerializationSchema 将记录转换成字节数组，你还可以选用 KeyedSerializationSchema。它会将一条记录序列化成两个字节数组，分别作为 kafka 消息的键和值。此外，KeyedSerializationSchema 还支持其他一些 Kafka 特定的功能，例如覆盖目标主题配置或将记录写入多个主题。

Kafka 数据汇的至少一次保障

Flink Kafka 数据汇所提供的一致性保障取决于它的配置。在满足以下条件时，该数据汇才可以提供精确一次保障：

- Flink 的检查点功能处于开启状态，应用所有的数据源都是可重置的。

- 如果数据汇连接器写入不成功，则会抛出异常，继而导致应用失败并进行故障恢复。这也是默认的行为。你可以通过将重试属性（retries property）设置为一个大于 0（0 是默认值）的值来配置内部的 Kafka 客户端在宣告写入失败之前重试几次，也可以在数据汇对象上调用 setLogFailuresOnly(true) 让它仅将故障写入日志中。但请注意，这样应用将无法提供任何输出保障。

- 数据汇连接器要在检查点完成前等待 Kafka 确认记录写入完毕。这也是默认的行为。你可以在数据汇连接器对象上调用 setFlushOnCheckpoint(false) 来禁用该等待。但这同样会导致输入没有任何保障。

Kafka 数据汇的精确一次保障

Kafka 从 0.11 版本开始支持事务性写。由于有了该功能，Flink 的 kafka 数据汇同样可以在自身和kafka都正确配置的前提下提供精确一次的输出保障。Flink应用依然需要启用检查点并从可重置的数据源消费数据。此外，FlinkKafkaProducer还提供了一个带有Semantic参数的构造函数，用来控制数据汇提供的一致性保障。可配置的一致性选项有：

- Semantic.NONE，不做任何一致性保障，记录可能会丢失或写入多次。
- Semantic.AT_LEAST_ONCE，保证数据不会丢失，但可能会重复写入。这是默认设置。
- Semantic.EXACTLY_ONCE，基于Kafka的事务机制，保证记录可以精确一次写入。

如果你为Flink应用配置了在精确一次模式下工作的Kafka数据汇，则要考虑一些问题，它们将帮助你对Kafka的事务处理有一个大概的认识。简而言之，Kafka中事务的实现原理是把全部消息都追加到分区日志中，并将未完成事务的消息标记为未提交。一旦事务提交，这些标记就会被改为已提交。针对某一主题的消费者可以通过隔离级别配置（isolation.level属性）来声明自己能够读取未提交的消息（read_uncommitted，默认配置）还是不能（read_committed）。如果将一个消费者配置为read_committed，那么它一旦遇到一条未提交的消息，就会停止对该分区消费，直到消息被提交为止。因此，开启事务可能会阻碍消费者从分区中读取消息并带来明显延迟。Kafka通过在一定时间间隔后（可以通过transaction.timeout.ms属性进行配置）拒绝并关闭事务来防止这种情况发生。

上述配置属性对Flink的Kafka数据汇而言非常重要，因为事务超时（例如由于长时间的故障恢复周期而引起）会导致数据丢失。所以说，有必要为它配置一个合适的值。默认情况下，Flink Kafka数据汇的transaction.timeout.ms为1小时，所以你可能需要调整Kafka中transaction.max.timeout.ms的设置，它的默认时间是15分钟。此外，已提交消息的可见性取决于Flink应用生成检查点的间隔。请参考Flink文档了解更多有关启用精确一次一致性时的特殊情况。

检查 Kafka 集群的配置

即使已经确认数据写入成功，Kafka 集群如果采用默认配置，则仍可能丢失数据。你需要仔细检查 Kafka 的设置，特别要留意以下参数：

- acks
- log.flush.interval.messages
- log.flush.interval.ms
- log.flush.*

我们建议你参阅 Kafka 文档来详细了解有关配置属性和推荐配置。

自定义分区和写入消息时间戳

在将消息写入 Kafka 某个主题时，Flink Kafka 数据汇可以选择写入目标主题的哪个分区。Kafka 数据汇的某些构造函数允许你定义 FlinkKafkaPartitioner。在不指定的情况下，默认的分区器（partitioner）会将每个数据汇任务映射到一个单独的 Kafka 分区，即单个任务的所有记录都会被发往同一分区。如果任务数多于分区数，则每个分区可能会包含多个任务发来的记录。而如果分区数多于任务数，则默认配置会导致有些分区收不到数据。若此时恰好有使用事件时间的 Flink 应用消费了该主题，那么可能会导致问题。

你可以通过提供一个自定义的 FlinkKafkaPartitioner 来控制数据到主题分区的路由方式。例如，可以创建一个基于记录键值属性的分区器，或者是实现一个均匀分配的轮询分区器。此外还可以选择让 Kafka 根据消息的键值来完成分区。为此，我们需要提供一个负责从消息中提取键值的 KeyedSerializationSchema，并将 FlinkKafkaPartitioner 的参数设置为 null 以禁用默认的分区器。

最后要说的是，Flink 的 Kafka 数据汇可以通过配置，为 0.10 之后版本的 Kafka 写入消息时间戳。你可以在数据汇对象上调用 setWriteTimestamp ToKafka(true) 方法来将事件时间的时间戳写入 Kafka 记录。

文件系统数据源连接器

文件系统作为一类常见的存储方法，对于大量数据存储的性价比很高。在大数据架构中，它常被用作批处理应用的数据源和数据汇。结合一些高级的文件格式（如 Apache Parquet 或 Apache ORC），文件系统可以有效地服务于多种分析查询引擎（如 Apache Hive、Apache Impala 或 Presto）。因此，我们通常会用它来“连接”流式应用和批处理应用。

Apache Flink 提供了一个可重置的数据源连接器，支持将文件中的数据提取成数据流。该文件系统数据源是 flink-streaming-java 模块的一部分，因此你在用它的时候无需添加任何额外依赖。Flink 支持多种类型的文件系统，例如，本地文件系统（包括挂载到本地的 NFS 或 SAN），Hadoop HDFS，Amazon S3 以及 OpenStack Swift FS。有关如何在 Flink 中配置这些文件系统，请参阅第 9 章的“文件系统配置”。示例 8-3 展示了如何通过逐行读取文件来生成一个数据流。

示例 8-3：创建文件系统数据源

```
val lineReader = new TextInputFormat(null)

val lineStream: DataStream[String] = env.readFile[String](
  lineReader,                   //  FileInputFormat
  "hdfs:///path/to/my/data",    // 读取路径
  FileProcessingMode
    .PROCESS_CONTINUOUSLY,      // 处理模式
  30000L)                       // 以毫秒为单位的监控间隔
```

StreamExecutionEnvironment.readFile() 方法的参数包括：

- 一个 FileInputFormat，负责读数文件内容。我们会在本章后面讨论该接口的详情。示例 8-3 中 TextInputFormat 的参数为 null 值表示要再单独设置读取路径。

- 要读取的目标路径。如果路径指向一个文件，则读取该文件；如果路径指向一个目录，则 FileInputFormat 会扫描并读取该目录中的文件。

- 目标路径的读取模式。可选项为 PROCESS_ONCE 或 PROCESS_CONTINUOUSLY。在 PROCESS_ONCE 模式下，目标路径只会在作业启动时扫描一次，随后数据源就会读取所有满足条件的文件；而在 PROCESS_CONTINUOUSLY 模式下，数据源会（在首次扫描后）对路径进行周期性扫描，所有新添加的或是修改过的文件都会被持续读入。

- 针对目标路径周期性扫描的时间间隔（以毫秒为单位）。如果选择 PROCESS_ONCE，该参数会被忽略。

FileInputFormat 是一个专门用来从文件系统中读文件的 InputFormat，[注 4] 其读取过程分为两步。首先，它会扫描文件系统的路径并为所有满足条件的文件创建一些名为输入划分（input split）的对象。每个输入划分都定义了文件中的某个范围，该范围通常由起始偏移和长度来决定。在将一个大文件分割后，这些划分就可以分配给多个读取任务来并行读取。根据文件的编码方式，有时候只能生成一个划分，即将文件作为一个整体读入。FileInputFormat 读取过程的第二步是接收一个输入划分，按照划分中限定的范围读取文件并返回所有对应的记录。

DataStream 应用中所用到的 FileInputFormat 还需要实现 CheckpointableInputFormat 接口，该接口定义了生成检查点以及针对某个输入划分重置 InputFormat 中读取位置的相关方法。如果 FileInputFormat 没有实现 CheckpointableInputFormat 接口，则文件系统数据源连接器在启用检查点的情况下只能提供至少一次保障。这是因为 InputFormat 会从划分的起点（也就是上一次成功生成检查点时的处理位置）开始读取数据。

在 1.7 版本中，Flink 提供了一组继承自 FileInputFormat 并实现了 CheckpointableInputFormat 的类。TextInputFormat 会按（由换行符指定的）

注 4： InputFormat 是 Flink 在 DataSet API 中定义数据源的接口。

行读取文本文件，CsvInputFormat 的子类可用来读取 CSV（comma-separated values）文件，AvroInputFormat 可以读取存有 Avro 编码格式记录的文件。

在 PROCESS_CONTINUOUSLY 模式下，文件系统数据源连接器会根据文件的修改时间来识别新文件。这意味着文件如果发生改动（其修改时间发生变化），则会被完全重新处理。此处的改动包括由追加写所引起的。因此持续读取文件的常用方式是把它们写入一个临时目录，并在最后以原子操作的方式将它们移动到监视目录中。当文件读取完成且系统成功生成检查点后，你就可以将文件从目录中删除。如果要从具有最终一致性列表操作的文件存储中（如 S3）读取数据，则通过跟踪修改时间来监视要读取的文件同样会有影响。由于文件可能不会按照它们修改时间的顺序出现，所以文件系统数据源连接器可能会忽略部分文件。

注意，PROCESS_ONCE 模式下的数据源在扫描完所有文件并创建好输入划分之后，不会生成任何检查点。

当你想在一个基于事件时间的应用中使用文件系统数据源连接器时需要注意，生成水位线的工作可能并不好做。因为输入划分是在单个进程中生成的，且会被循环发送至所有并行读取器，这些读取器会按照文件修改时间的顺序处理它们。为了生成满足需求的水位线，你需要根据稍后由任务处理的输入划分中的记录，推断最小时间戳。

文件系统数据汇连接器

将数据流写入文件是一种很常见的需求，例如我们可能需要为离线的即席分析准备延迟较低的数据。由于大多数应用只有在文件最终确定后才会读取其内容，且流式应用通常会运行很长时间，所以流式数据汇连接器通常会将其输出分块写入多个文件。此外，我们还经常会将记录组织到不同的桶中，以便后续消费的应用更好地控制要读取的数据。

和文件系统数据源连接器类似，Flink 的 StreamingFileSink 连接器也包含在 flink-streaming-java 模块中。因此在使用它时无需向构建文件中添加额外的依赖。

假如应用配置了精确一次检查点，且它所有数据源都能在故障时重置，那么 StreamingFileSink 就可以提供端到端的一致性保障。我们会在本节后面对其恢复机制进行更详细的讨论。示例 8-4 展示了如何使用最少的配置来创建一个 StreamingFileSink 并将其添加到数据流后面。

示例 8-4：以行编码方式创建一个 StreamingFileSink

```
val input: DataStream[String] = …
val sink: StreamingFileSink[String] = StreamingFileSink
  .forRowFormat(
    new Path("/base/path"),
    new SimpleStringEncoder[String]("UTF-8"))
  .build()

input.addSink(sink)
```

StreamingFileSink 在接收到一条记录后，会将它分配到一个桶中。每个桶都代表了由 StreamingFileSink 构建器配置的基础路径（示例 8-4 中的 "/bash/path"）下的一个子目录。

桶的选择由一个公开接口 BucketAssigner 来完成，它可以为每条记录返回一个用来决定记录写入目录的 BucketId。我们可以使用构建器的 withBucketAssigner() 方法配置 BucketAssigner。如果没有显式指定 BucketAssigner，数据汇将使用 DateTimeBucketAssigner，按照记录写出时的处理时间将它们分到每小时一个的桶中。

每个桶对应的目录下都会包含很多分块文件（part file），由 StreamingFileSink 的多个并行实例对它们进行并发写入。每个并行实例会把自己的输出写到多个分块文件中。这些文件的路径遵循以下规则：

```
[base-path]/[bucket-path]/part-[task-idx]-[id]
```

例如，给定一个基础路径“/johndoe/demo”和分块文件前缀“part”，路径“/johndoe/demo/2018-07-22--17/part-4-8”指向2018年7月22日下午5点的桶内由5号（编号从0开始）数据汇任务写出的第8个文件。

提交文件的ID不一定连续

文件ID（即提交文件名称的最后一个数字）不连续并不代表数据丢失。StreamingFileSink只是单纯地对ID执行递增操作。它在丢弃一些处于等待阶段的文件时，将不会重用它们的ID。

RollingPolicy用来决定任务何时创建一个新的分块文件。你可以通过调用构建器的withRollingPolicy()方法来对它进行配置。默认情况下，StreamingFileSink将使用DefaultRollingPolicy，它会在现有文件大小超过128MB或打开时间超过60秒时创建一个新的分块文件。此外，你还可以配置一个非活动间隔（inactivity interval），并在该间隔过后滚动生成新的分块文件。

StreamingFileSink支持两种分块文件的写入模式：行编码（row encoding）和批量编码（bulk encoding）。在行编码模式下，每条记录都会被单独编码并添加到分块文件里。而在批量编码模式下，记录会被攒成批，然后一次性写入。Apache Parquet会以列式来组织和压缩记录，因此该文件格式需要批量编码。

示例8-4创建了一个使用行编码的StreamingFileSink，它提供的编码器会将每一条记录单独写入分块文件中。该示例中用到了一个SimpleStringEncoder，它会调用记录的toString()方法，从而让我们可以将记录以String形式写入文件中。Encoder接口非常简单，它只有一个方法，实现起来很容易。

示例8-5展示了如何创建一个批量编码的StreamingFileSink。

示例 8-5：创建块编码模式的 StreamingFileSink

```
val input: DataStream[String] = …
val sink: StreamingFileSink[String] = StreamingFileSink
  .forBulkFormat(
    new Path("/base/path"),
    ParquetAvroWriters.forSpecificRecord(classOf[AvroPojo]))
  .build()

input.addSink(sink)
```

批量编码模式下的 `StreamingFileSink` 需要接收一个 `BulkWriter.Factory`。在示例 8-5 中，我们选用了 Avro 类型的 Parquet 写入器。请注意，Parquet 写入器包含在 `flink-parquet` 模块内，因此在使用时需要将其添加到依赖中。`BulkWriter.Factory` 自身同样也是一个接口，我们可以用它来自定义文件格式，如 Apache Orc。

工作在批量编码模式下的 `StreamingFileSink` 无法选择 `RollingPolicy`。批量编码格式只能与 `OnCheckpointRollingPolicy` 结合使用，后者会在每次生成检查点的时候生成新的分区文件。

`StreamingFileSink` 可以提供精确一次的输出保障。它的实现方式是采用一种提交协议，该协议会基于 Flink 的检查点机制将文件在不同阶段（进行，等待及完成）间转移。当数据汇写入文件时，文件会进入处理状态。当 `RollingPolicy` 决定生成新文件时，原文件会被关闭，并通过重命名进入等待状态。在下一次检查点完成后处于等待状态的文件将（通过再一次重命名）进入完成状态。

处于等待阶段的文件可能永远无法提交

在一些情况下，处于等待阶段的文件可能永远都无法提交。虽然 `StreamingFileSink` 保证不会因此导致数据丢失，但这些文件不会被自动清理。

在手动删除它们之前，你需要检查文件是否是因为延迟所致或者马上将要提交。如果你找到了一个具有相同任务索引号、ID 更高的已经提交的文件，就可以把处于等待阶段的文件删除。

在发生故障的情况下，数据汇任务需要将它当前正在写入文件的写入偏移重置到上一次成功的检查点。该工作可以通过关闭当前正在写入的文件，并丢弃文件末尾的无效部分（例如通过文件系统的截断操作）来完成。

StreamingFileSink 需要检查点处于开启状态

如果应用没有开启检查点，`StreamingFileSink` 将永远不会把等待状态的文件变为完成状态。

Apache Cassandra 数据汇连接器

Apache Cassandra 是一个非常流行的、具有可伸缩和高可用特性的列式存储数据库系统。Cassandra 将数据集建模成由多个类型的列所组成的行表。其中必须有一个或多个列被定义为（复合）主键，每一行都以其主键作为唯一标识。除了常规 API，Cassandra 还提供了 CQL（Cassandra Query Language）。这是一种类 SQL 语言，可用于读写记录以及创建、修改和删除数据库对象（如键空间和表）。

Flink 提供了一个用于将数据流写入 Cassandra 的数据汇连接器。Cassandra 的数据模型是基于主键的，因此对于它的写操作都遵循 Upsert 语义。结合精确一次的检查点、可重置的数据源以及确定的应用逻辑，Upsert 写操作可以保证输出结果满足最终一致性。之所以如此，是因为在恢复期间写出的结果会被重置到以前的版本。这意味着后续的消费者可能会读到比之前读取的值更旧的结果。同时，对于多个键各自的值而言，其版本可能会不同步。

为了避免在恢复期间出现短暂的不一致现象，并为逻辑不确定的应用提供精确一次的输出保障，Flink 的 Cassandra 连接器可以通过配置启用 WAL。我们会在本节后面更详细地讨论 WAL 模式。为了在应用中使用 Cassandra 数据汇连接器，你需要在应用构建文件中添加以下依赖：

```
<dependency>
   <groupId>org.apache.flink</groupId>
   <artifactId>flink-connector-cassandra_2.12</artifactId>
   <version>1.7.1</version>
</dependency>
```

为了说明 Cassandra 数据汇连接器的使用方法，我们以一个简单的 Cassandra 表为例。表中包含了两个列，分别用来保存传感器读数的传感器 ID 和温度。示例 8-6 中的 CQL 语句创建了一个“example”键空间以及该键空间下的“sensors”表。

示例 8-6：定义 Cassandra 示例表

```
CREATE KEYSPACE IF NOT EXISTS example
  WITH replication = {'class': 'SimpleStrategy', 'replication_factor': '1'};

CREATE TABLE IF NOT EXISTS example.sensors (
  sensorId VARCHAR,
  temperature FLOAT,
  PRIMARY KEY(sensorId)
);
```

Flink 为写入 Cassandra 的不同类型的数据流提供了不同的数据汇实现。Java 元组、Row 类型以及 Scala 的内置元组和样例类，与用户自定义 POJO 类型的处理方式有所差异。我们会分别对二者进行讨论。示例 8-7 展示了如何创建一个用于将元组、样例类或 Row 类型的数据流写入 Cassandra 表的数据汇。该示例会将 DataStream[(String, Float)] 写入“sensors”表中。

示例 8-7：创建一个针对元组的 Cassandra 数据汇

```
val readings: DataStream[(String, Float)] = ???

val sinkBuilder: CassandraSinkBuilder[(String, Float)] =
  CassandraSink.addSink(readings)
sinkBuilder
  .setHost("localhost")
  .setQuery(
```

```
    "INSERT INTO example.sensors(sensorId, temperature) VALUES (?, ?);")
  .build()
```

Cassandra 数据汇的创建和配置都是通过构建器来完成的。我们需要以写出目标 DataStream 对象为参数去调用 CassandraSink.addSink() 方法，得到一个构建器。构建器的类型会和传入的 DataStream 类型一致。在示例 8-7 中，代码块会返回一个针对 Scala 元组的 Cassandra 数据汇构建器。

若是要创建针对元组、样例类或 Row 类型的 Cassandra 数据汇构建器，你需要提供一个 CQL INSERT 查询。[注5] 该查询可以用 CassandraSinkBuilder.setQuery() 方法配置。程序执行过程中，数据汇会将该查询注册为一个预编译语句（prepared statement），并将元组、样例类或 Row 类型的字段转化为该语句相应的参数。字段到参数的映射是按照位置进行的，即第一个值转换为第一个参数，以此类推。

由于 POJO 的字段是无序的，所以它需要被区别对待。示例 8-8 展示了如何为 POJO 类型 SensorReading 配置一个 Cassandra 数据汇。

示例 8-8：为 POJO 类型创建 Cassandra 数据汇

```
val readings: DataStream[SensorReading] = ???

CassandraSink.addSink(readings)
  .setHost("localhost")
  .build()
```

从示例 8-8 可以看出，我们没有指定 INSERT 查询。事实上，POJO 对象会交给 Cassandra 的 Object Mapper 来处理，它会自动把 POJO 字段映射到 Cassandra 表中的字段。为了让映射器能正常工作，我们需要像示例 8-9 那样，为 POJO 类和它的字段添加 Cassandra 注解，并针对所有字段提供 setter 和

注 5：和 SQL INSERT 不同，CQL INSERT 语句的行为类似于 Upsert 查询，它们会覆盖主键相同的已有行。

getter 方法。此外，正如第 5 章“支持的数据类型”中所介绍的，Flink 还需要 POJO 提供一个默认构造方法。

示例 8-9：添加了 Cassandra Object Mapper 注解的 POJO 类

```
@Table(keyspace = "example", name = "sensors")
class SensorReadings(
  @Column(name = "sensorId") var id: String,
  @Column(name = "temperature") var temp: Float) {

  def this() = {
      this("", 0.0)
  }

  def setId(id: String): Unit = this.id = id
  def getId: String = id
  def setTemp(temp: Float): Unit = this.temp = temp
  def getTemp: Float = temp
}
```

除了示例 8-7 和 8-8 中所展示的配置项，Cassandra 数据汇构建器还提供了其他一些配置方法：

- `setClusterBuilder(ClusterBuilder)`：ClusterBuilder 可以构建一个 Cassandra Cluster 对象，用以管理和 Cassandra 的连接。Cluster 的配置选项包括针对一个或多个连接点（contact point）的主机名和端口、定义负载均衡、重试及重连策略，提供访问凭据等。
- `setHost(String, [Int])`：是一个针对单个连接点的简单 ClusterBuilder 配置主机名和端口的快捷方法。如果不指定端口，则它会使用 Cassandra 的默认端口 9042。
- `setQuery(String)`：该方法用于指定向 Cassandra 插入元组、样例类或 Row 的 CQL INSERT 查询。如果是 POJO 的情况，则不可指定。
- `setMapperOptions(MapperOptions)`：该方法用于指定 Cassandra Object Mapper 的一些选项，例如一致性配置、TTL（time-to-live 生存时间）和空字段处理等。如果是写元组、样例类或 Row 的情况，这些选项将被忽略。

- enableWriteAheadLog([CheckpointCommitter])：开启 WAL，为非确定性的应用逻辑提供精确一次输出保障。CheckpointCommitter 用来将已完成的检查点信息写入外部数据存储中。如果该参数没有配置，数据汇会将相关信息写入一个特定的 Cassandra 表中。

带有 WAL 的 Cassandra 数据汇连接器是基于 Flink 的 GenericWriteAheadSink 算子实现的。有关该算子的工作原理，包括 CheckpointCommitter 的作用以及送提供的一致性保障，我们会在本章后面的“事务性数据汇连接器”详细介绍。

实现自定义数据源函数

DataStream API 提供了两个接口以及二者对应的 RichFunction 抽象类来实现数据源连接器：

- SourceFunction 和 RichSourceFunction 可用于定义非并行的数据源连接器，即只能以单任务运行。
- ParallelSourceFunction 和 RichParallelSourceFunction 可用于定义能够同时运行多个任务实例的数据源连接器。

除了并行和非并行外，上面两种接口没什么区别。就像一系列处理函数的变种一样，RichSourceFunction 和 RichParallelSourceFunction 允许它们的子类覆盖 open() 和 close() 方法，并提供 RuntimeContext 用以访问当前并行任务实例的数量以及当前实例的索引号等信息。[注6]

SourceFunction 和 ParallelSourceFunction 中定义了两个方法：

- void run(SourceContext<T> ctx)
- void cancel()

注 6：富函数已经在第 5 章介绍过。

run() 方法负责执行具体的记录读入或接收工作。它会将这些记录传入 Flink 应用中。根据上游数据源系统的不同，数据可能以推送或拉取的形式获得。run() 方法只会在 Flink 中调用一次，后者会专门为它开一个的线程，该线程通常会不断循环读取或接收数据并将它们发出（无限流）。其任务可以在某个时间点被显式取消，或是在有限流的情况下待数据全部消费完毕后自动终止。

Flink 会在应用被取消或关闭时调用 cancel() 方法。为了关闭过程可以顺利完成，运行在单独线程内的 run() 方法需要在 cancel() 方法调用后立即终止。示例 8-10 展示了一个简单从 0 数到 Long.MaxValue 的数据源函数。

示例 8-10：从 0 数到 Long.MaxValue 的 SourceFunction

```
class CountSource extends SourceFunction[Long] {
  var isRunning: Boolean = true

  override def run(ctx: SourceFunction.SourceContext[Long]) = {

    var cnt: Long = -1
    while (isRunning && cnt < Long.MaxValue) {
      cnt += 1
      ctx.collect(cnt)
    }
  }

  override def cancel() = isRunning = false
}
```

可重置的数据源函数

我们在本章的前面部分提到过，Flink 只有在数据源连接器可以重放输出数据的前提下才能为应用提供满足需求的一致性保障。如果外部系统提供了获取和重置读取偏移的相关接口，那么数据源函数就可以重放输出数据。例如，文件系统可提供文件流的读取偏移，并支持通过 seek 方法将文件流移动到特定位置；Apache Kafka 可提供主题下每个分区的偏移地址，并允许我们设置分区的读取位置。反例是从网络套接字读取数据的数据源连接器，套接字会在数据传递后立即将其丢弃。

支持输出重放的数据源函数需要和Flink的检查点机制集成，并在生成检查点时持久化所有当前的读取位置。当应用从某个保存点或故障重新恢复时，它再从最近一次的检查点或保存点中将读取偏移取出来。如果应用在没有状态的情况下启动，则读取偏移需要被设置成默认值。可重置的数据源函数需要实现CheckpointedFunction接口，并把所有读取偏移和相关的元数据信息（例如文件路径或分区ID）存入算子列表状态或算子联合列表状态中。具体选择要根据应用扩缩容时偏移值在并行任务实例上的分配规则来决定。有关算子列表状态或联合列表状态的分配行为细节，请参照第3章“有状态算子的扩缩容”。

此外，我们必须确保由单独线程运行的SourceFunction.run()方法不会在检查点生成过程中（即CheckpointedFunction.snapshotState()调用期间）向前推进偏移和发出数据。为此，可以通过SourceContext.getCheckpointLock()方法获取一个锁对象，并用它对run()方法中推进偏移和发出数据的代码块进行同步处理。示例8-11为示例8-10中CountSource的可重置版本。

示例8-11：可重置的SourceFunction

```
class ResettableCountSource
    extends SourceFunction[Long] with CheckpointedFunction {

  var isRunning: Boolean = true
  var cnt: Long = _
  var offsetState: ListState[Long] = _

  override def run(ctx: SourceFunction.SourceContext[Long]) = {
    while (isRunning && cnt < Long.MaxValue) {
      // 使数据发出和检查点同步
      ctx.getCheckpointLock.synchronized {
        cnt += 1
        ctx.collect(cnt)
      }
    }
  }

  override def cancel() = isRunning = false

  override def snapshotState(snapshotCtx: FunctionSnapshotContext): Unit = {
    // 删除之前的cnt
    offsetState.clear()
    // 添加当前的cnt
```

```
    offsetState.add(cnt)
  }

  override def initializeState(
      initCtx: FunctionInitializationContext): Unit = {

    val desc = new ListStateDescriptor[Long]("offset", classOf[Long])
    offsetState = initCtx.getOperatorStateStore.getListState(desc)
    // 初始化cnt变量
    val it = offsetState.get()
    cnt = if (null == it || !it.iterator().hasNext) {
      -1L
    } else {
      it.iterator().next()
    }
  }
}
```

数据源函数、时间戳及水位线

另一个与数据源函数相关的要点是时间戳和水位线。正如在“事件时间处理”及“分配时间戳和生成水位线”章节提到的，DataStream API 为分配时间戳和生成水位线提供了两种可选方式。它们可以利用一个专门的 TimestampAssigner（请参阅“分配时间戳和生成水位线”一节）或在数据源函数中完成。

数据源函分配时间戳和发出水位线需要依靠内部的 SourceContext 对象。SourceContext 类提供了以下方法：

- def collectWithTimestamp(T record, long timestamp): Unit
- def emitWatermark(Watermark watermark): Unit

collectWithTimestamp() 用来发出记录和与之关联的时间戳；emitWatermark() 用来发出传入的水位线。

在数据源函数中分配时间戳和生成水位线除了免去一个额外的算子外，还会在单个数据源并行实例从多个数据流分区（例如 Kafka 某主题的多个分区）中消费数据时受益。通常情况下，像 Kafka 这样的外部系统只能保证单个数据流分区的消息顺序。假设我们数据源函数算子的并行度为 2，且需要从 Kafka 某主题的 6 个分区中读取数据，那么每个数据源函数的并行实例需要从 3 个分区读取记录。因此，数据源函数实例需要将 3 个数据流分区中的记录混合发出。混合记录有极大可能导致事件时间戳进一步乱序，从而使下游时间戳分配器产生更多的迟到记录。

为了避免上述情况，数据源函数可以为每个数据流分区独立生成水位线，并将它们中的最小值作为整条数据流的水位线发出。这样的话，它就可以充分利用每个分区的保序性，避免发出不必要的迟到记录。

数据源函数面临的另一个问题是实例空闲下来后就不再发出任何数据。该行为可能会产生严重后果，因为它有可能阻碍全局水位线前进，继而导致应用无法正常工作。由于水位线其实是数据驱动的，水位线生成器（无论是集成在数据源函数中的还是在时间戳分配器中的）若是收不到输入记录，就不会发出新的水位线。如果你了解了 Flink 的水位线传播和更新原理就会发现，一旦应用中引入了 Shuffle 操作（keyBy() 和 rebalance() 等），单个算子水位线的停滞就将导致整个应用都停止工作。

为此，Flink 提供了一个机制，可以将数据源函数标记为暂时空闲。在数据源空闲状态下，Flink 的水位线传播机制会忽略掉所有空闲的数据流分区。数据源一旦开始接收记录，就会恢复活动状态。数据源函数可以在任何时间通过调用 SourceContext.markAsTemporarilyIdle() 方法将自身标记为空闲状态。

实现自定义数据汇函数

Flink DataStream API 中的任何算子或函数都可以向外部系统或应用发送数据。一个 DataStream 不必非要向数据汇算子写出数据流。例如，你可以在 FlatMapFunction 内用 HTTP POST 请求发出记录，而不使用传入的 Collector。尽管如此，DataStream API 还是为我们提供了一个专门的

SinkFunction 接口以及它对应的 RichSinkFunction 抽象类。[注7]SinkFunction 接口内只有一个方法：

```
void invoke(IN value, Context ctx)
```

我们可以利用其中的 Context 对象访问当前处理时间，当前水位线（数据汇当前的事件时间）以及记录的时间戳。

示例 8-12 中展示了一个简单的 SinkFunction，它用来将传感读数写入套接字。注意，在启动程序之前，你需要先启动负责监听套接字的进程。否则程序会因为无法建立套接字连接而抛出 ConnectException。你可以通过运行 linux 命令“nc -l localhost 9191”来监听 localhost:9191 端口。

示例 8-12：一个简单的套接字写入 SinkFunction

```
val readings: DataStream[SensorReading] = ???

// 将传感器读数写入套接字
readings.addSink(new SimpleSocketSink("localhost", 9191))
  // 因为只有一个线程可以写入，所以设置并行度为 1
  .setParallelism(1)

// -----

class SimpleSocketSink(val host: String, val port: Int)
    extends RichSinkFunction[SensorReading] {

  var socket: Socket = _
  var writer: PrintStream = _

  override def open(config: Configuration): Unit = {
    // 打开套接字并获得写入器
    socket = new Socket(InetAddress.getByName(host), port)
    writer = new PrintStream(socket.getOutputStream)
  }

    override def invoke(
      value: SensorReading,
      ctx: SinkFunction.Context[_]): Unit = {
```

注 7： 通常我们会使用 RichSinkFunction 抽象类，因为数据汇函数经常需要在 RichFunction.open() 方法里建立和外部系统的连接。有关该抽象类的详细信息，请参阅第 5 章。

```
    // 将传感器读数写入套接字
    writer.println(value.toString)
    writer.flush()
  }

  override def close(): Unit = {
    // 关闭写入器和套接字
    writer.close()
    socket.close()
  }
}
```

如前所述，应用端到端的一致性保障取决于其数据汇连接器的属性。为了实现端到端的精确一次语义，应用的连接器需要是幂等性的或支持事务。而8-12中的SinkFunction二者都不具备。由于套接字仅支持追加数据，所以无法实现幂等性写；而同时它也没有提供内置的事务支持，所以事务性写只能通过Flink的通用WAL数据汇来完成。下面几节将向你介绍如何实现幂等性及事务性的数据汇连接器。

幂等性数据汇连接器

对于很多应用而言，利用SinkFunction接口足以实现幂等性数据汇连接器。该类型的连接器有以下两个实施前提：

1. 结果数据中用于幂等更新的（复合）键是确定的。对于每分钟为每个传感器计算平均温度的应用而言，其确定的键可以由传感器ID和每分钟的时间戳组成。确定性的键对于恢复期间覆盖写入的正确性非常重要。
2. 外部系统支持按照键更新，例如关系型数据库或键值存储。

示例8-13展示了如何实现和使用一个利用JDBC写数据库（本例中用到的是Apache Derby数据库）的幂等性SinkFunction。

示例8-13：利用JDBC写数据库的幂等性SinkFunction

```
val readings: DataStream[SensorReading] = ???

// 将传感器读数写入 Derby 表中
readings.addSink(new DerbyUpsertSink)
```

```
// -----

class DerbyUpsertSink extends RichSinkFunction[SensorReading] {
  var conn: Connection = _
  var insertStmt: PreparedStatement = _
  var updateStmt: PreparedStatement = _

  override def open(parameters: Configuration): Unit = {
    // 连接到嵌入式内存 Derby 数据库
    conn = DriverManager.getConnection(
       "jdbc:derby:memory:flinkExample",
       new Properties())
    // 预编译插入及更新语句
    insertStmt = conn.prepareStatement(
      "INSERT INTO Temperatures (sensor, temp) VALUES (?, ?)")
    updateStmt = conn.prepareStatement(
      "UPDATE Temperatures SET temp = ?WHERE sensor = ?")
  }

  override def invoke(r: SensorReading, context: Context[_]): Unit = {
    // 设置更新语句的参数并执行
    updateStmt.setDouble(1, r.temperature)
    updateStmt.setString(2, r.id)
    updateStmt.execute()
    // 如果数据更新条数为零则执行插入语句
    if (updateStmt.getUpdateCount == 0) {
      // 为插入语句设置参数
      insertStmt.setString(1, r.id)
      insertStmt.setDouble(2, r.temperature)
      // 执行插入语句
      insertStmt.execute()
    }
  }

  override def close(): Unit = {
    insertStmt.close()
    updateStmt.close()
    conn.close()
  }
}
```

Apache Derby 没有内置 UPSERT 语句。为此，示例中的数据汇是通过尝试更新、并在对应键值的数据不存在时执行插入的方式模拟 UPSERT 操作。在未启用 WAL 时，Cassandra 数据汇连接器也会使用该方法。

事务性数据汇连接器

无论是因为幂等性数据汇不适用于应用的输出特性或所需数据汇系统的属性，还是出于更严格的一致性要求，我们都可以选择事务性数据汇连接器作为替代方案。如前所述，由于事务性数据汇连接器可能只会在检查点成功完成后才将数据写入外部系统，所以它需要与 Flink 的检查点机制进行良好的集成。

为了简化事务性数据汇的实现，Flink DataStream API 提供了两个模板，可供其他类继承以实现自定义数据汇算子。这两个模板都实现了 CheckpointListener 接口（有关该接口的详情，请参阅“接收检查点完成通知”一节），支持从 JobManager 接收有关检查点完成的通知。

- GenericWriteAheadSink 模板会收集每个检查点周期内所有需要写出的记录，并将它们存储到数据汇任务的算子状态中。该状态会被写入检查点，并在故障时恢复。当一个任务接收到检查点完成通知时，会将此次检查点周期内的所有记录写入外部系统。启用 WAL 的 Cassandra 数据汇连接器就实现了该接口。
- TwoPhaseCommitSinkFunction 模板充分利用了外部数据汇系统的事务功能。对于每个检查点，它都会开启一个新的事务，并以当前事务为上下文将所有后续记录写入数据汇系统。数据汇在接收到对应检查点的完成通知后才会提交事务。

接下来，我们将介绍上述两个接口以及它们如何实现一致性保障。

GenericWriteAheadSink

GenericWriteAheadSink 简化了那些能实现更佳一致性的数据汇算子的实现。这些算子会和 Flink 的检查点机制相结合，致力于将记录以精确一次语义写入外部系统。然而，基于 WAL 的数据汇在某些极端情况下可能会将记录写出多次。因此，GenericWriteAheadSink 并不能百分之百提供精确一次保障，而只能做到至少一次。我们会在本节后面详细讨论这些场景。

GenericWriteAheadSink 的工作原理是将经由各个检查点“分段”后的接收记录以追加形式写入 WAL 中。数据汇算子每收到一个检查点分隔符都会生成一个新的“记录章节”，并将接下来的所有记录追加写入该章节。WAL 会以算子状态的形式存储和写入检查点。由于它在发生故障时可以恢复，所以不会导致数据丢失。

当 GenericWriteAheadSink 接收到检查点完成通知时，会将 WAL 内所有对应该检查点的记录发出。根据数据汇算子的具体实现，这些记录可以被写入任意一个存储或消息系统中。当所有记录成功发出后，数据汇需要在内部提交对应的检查点。

检查点的提交分为两步。首先，数据汇需要将检查点已提交的信息持久化；随后，它会从 WAL 中删除相应的记录。检查点已提交的信息无法存储在 Flink 的应用状态中，因为状态本身并不具有持久性，并且会在发生故障时重置。实际上，GenericWriteAheadSink 依赖一个名为 CheckpointCommitter 的可插拔组件来控制外部持久化系统存储和查找已提交的检查点信息。举例而言，Cassandra 数据汇连接器默认情况下会使用一个将信息写入 Cassandra 的 CheckpointCommitter。

GenericWriteAheadSink 完善的内部逻辑使得我们可以相对容易地实现基于 WAL 的数据汇。继承自 GenericWriteAheadSink 的算子需要在构造方法内提供三个参数：

- 一个之前介绍过的 CheckpointCommitter。
- 一个用于序列化输入记录的 TypeSerializer。
- 一个传递给 CheckpointCommitter，用于应用重启后标识提交信息的任务 ID。

此外，算子还需要实现一个方法：

```
boolean sendValues(Iterable<IN> values, long chkpntId, long timestamp)
```

GenericWriteAheadSink 会调用 sendValues() 方法将已完成检查点对应的记录写入外部存储系统。该方法接收的参数为针对检查点对应全部记录的 Iterable 对象，检查点 ID，以及检查点的生成时间。它会在全部记录写出成功时返回 true，如果失败则会返回 false。

示例 8-14 展示了如何实现一个写标准输出的 WAL 数据汇。它内部使用了 FileCheckpointCommitter，我们在此不对其进行讨论。你可以到本书示例代码库中找到该类的具体实现。

注意，GenericWriteAheadSink 没有实现 SinkFunction 接口。因此我们无法使用 DataStream.addSink() 方法添加一个继承自 GenericWriteAheadSink 的数据汇，而是要用 DataStream.transform() 方法。

示例 8-14：写入标准输出的 WAL 数据汇

```
val readings: DataStream[SensorReading] = ???

// 利用 WAL 将传感器读数写入标准输出
readings.transform(
  "WriteAheadSink", new SocketWriteAheadSink)

// -----

class StdOutWriteAheadSink extends GenericWriteAheadSink[SensorReading](
    // 将检查点对应的数据写入本地文件系统的 CheckpointCommitter
    new FileCheckpointCommitter(System.getProperty("java.io.tmpdir")),
    // 记录的序列化器
    createTypeInformation[SensorReading]
      .createSerializer(new ExecutionConfig),
    // 用于 CheckpointCommitter 的随机 JobID
    UUID.randomUUID.toString) {

  override def sendValues(
      readings: Iterable[SensorReading],
      checkpointId: Long,
      timestamp: Long): Boolean = {

    for (r <- readings.asScala) {
      // 将记录写到标准输出
      println(r)
    }
    true
  }
}
```

示例仓库中还包含了一个应用，它会周期性地发生故障并执行恢复。我们以此来展示 StdOutWriteAheadSink 和常规的 DataStream.print() 数据汇在故障时的行为。

如前所述，GenericWriteAheadSink 无法百分之百提供精确一次保障。有两种故障会导致记录发出多次：

1. 程序在任务运行 sendValues() 方法时发生故障。如果外部数据汇系统不支持原子性地写入多个记录（全写或全不写），那么就会出现部分数据已经写入而部分数据没能写入的情况。由于此时检查点还未提交，下次恢复时会重写全部记录。
2. 所有记录都已成功写入，sendValues() 方法返回 true，但程序在调用 CheckpointCommitter 前出现故障或 CheckpointCommitter 未能成功提交检查点。这样，在故障恢复期间，未提交的检查点所对应的全部记录都会被重写一次。

注意，这些失败的场景不会影响 Cassandra 数据汇连接器的精确一次语义保障，因为它执行的是 UPSERT 写入。WAL 对于 Cassandra 数据汇连接器的意义在于，它可以在键值不确定的情况下避免不一致的写入。

TwoPhaseCommitSinkFunction

我们可以利用 Flink 内置的 TwoPhaseCommitSinkFunction 接口来方便地实现提供端到端精确一次语义保障的数据汇函数。但这种 2PC 数据汇函数对于保障的支持与否并非取决于它的实现细节。在详细讨论该接口之前，我们先来看一个问题："2PC 协议代价是否过于昂贵？"

总的来说，2PC 对分布式系统的一致性保障而言是一种非常昂贵的方法。但具体到 Flink 环境下，该协议只需针对每个检查点运行一次，再加上

TwoPhaseCommitSinkFunction 的协议本就是建立在 Flink 常规的检查点机制之上，因此它并没有带来很多额外开销。TwoPhaseCommitSinkFunction 的工作原理和基于 WAL 的数据汇类似，但它不会在 Flink 的应用状态中收集记录，而是会把它们写入外部数据汇系统某个开启的事务中。

TwoPhaseCommitSinkFunction 实现的协议如下。数据汇任务在发出首个记录之前，会先在外部数据汇系统中开启一个事务。所有针对接下来所接收记录的写出操作都会被纳入到这个事务中。2PC 协议的投票阶段始于 JobManager 对某个检查点进行初始化并向应用数据源中注入分隔符。当算子收到分隔符时，它会将内部状态写入检查点，并在工作完成后向 JobManager 发送确认消息。而当数据汇任务收到分隔符时，它会将内部状态持久化，为当前事务的提交做好准备，并向 JobManager 发送检查点的确认消息。该确认消息对于 JobManager 而言相当于 2PC 协议中的提交投票。由于数据汇任务此时还不能保证所有作业任务都可以顺利完成检查点工作，所以它暂时无法提交事务。同时，它还会为在下一个检查点分隔符之前到来的所有记录开启一个新的事务。

JobManager 在收到从所有任务实例返回的检查点成功的消息后，就会将检查点的完成通知发送至所有相关任务。该完成通知相当于 2PC 协议中的提交指令。数据汇任务在收到通知后，会提交所有和之前检查点相关、处于开启状态的事务。[注8] 一旦它确认完成了检查点就必须能够提交相应的事务，故障情况下也不例外。事务提交失败将导致数据汇丢失数据。在全部数据汇任务成功提交自己的事务后，一轮 2PC 协议的周期就此结束。

下面我们来总结一下对于外部数据汇系统的要求：

注 8：　如果某个确认消息丢失，任务可能需要一次提交多个事务。

- 外部数据汇系统必须支持事务，否则就要在数据汇上模拟外部系统的事务。如果是后者，数据汇需要能向外部系统写入数据，但在正式提交之前，这些数据对外不可见。
- 在检查点的间隔期内，事务需要保持开启状态并允许数据写入。
- 事务只有在接收到检查点完成通知后才可以提交。若恰好赶上恢复周期，等待时间可能会比较久。此时如果数据汇系统因为超时等原因将事务关闭，那么所有未提交的数据都将丢失。
- 数据汇需要在进程发生故障时进行事务恢复。部分数据汇系统可以提供用于提交或终止已开启事务的事务 ID。
- 提交事务的操作必须是幂等的，即数据汇或外部系统需要知道某个事务是否已经提交，或者让重复提交变得无效。

为了理解数据汇系统的协议和需求，我们来看一个具体的示例。示例 8-15 展示了的 `TwoPhaseCommitSinkFunction` 可以将数据以精确一次语义写文件系统。本质上，它是我们之前讨论过的 `BucketingFileSink` 的一个简化版本。

示例 8-15：写文件的事务性数据汇

```
class TransactionalFileSink(val targetPath: String, val tempPath: String)
    extends TwoPhaseCommitSinkFunction[(String, Double), String, Void](
      createTypeInformation[String].createSerializer(new ExecutionConfig),
      createTypeInformation[Void].createSerializer(new ExecutionConfig)) {

  var transactionWriter: BufferedWriter = _

  /** 为写入记录的事务创建一个
    * 临时文件。
    */
  override def beginTransaction(): String = {
    // 事务文件的路径由当前时间和任务索引决定
    val timeNow = LocalDateTime.now(ZoneId.of("UTC"))
      .format(DateTimeFormatter.ISO_LOCAL_DATE_TIME)
    val taskIdx = this.getRuntimeContext.getIndexOfThisSubtask
    val transactionFile = s "$timeNow-$taskIdx"

    // 创建事务文件及写入器
    val tFilePath = Paths.get(s"$tempPath/$transactionFile")
    Files.createFile(tFilePath)
    this.transactionWriter = Files.newBufferedWriter(tFilePath)
    println(s"Creating Transaction File: $tFilePath")
```

```
    // 返回事务文件名，便于日后识别
    transactionFile
  }

  /** 将记录写入当前事务文件中。*/
  override def invoke(
      transaction: String,
      value: (String, Double),
      context: Context[_]): Unit = {
    transactionWriter.write(value.toString)
    transactionWriter.write('\n')
  }

  /** 强制写出文件内容并关闭当前事务文件。*/
  override def preCommit(transaction: String): Unit = {
    transactionWriter.flush()
    transactionWriter.close()
  }

  /** 通过将预提交的事务文件移动到目标目录
    * 来提交事务。
    */
  override def commit(transaction: String): Unit = {
    val tFilePath = Paths.get(s"$tempPath/$transaction")
    // 检查目标文件是否存在以保证提交的幂等性
    if (Files.exists(tFilePath)) {
      val cFilePath = Paths.get(s"$targetPath/$transaction")
      Files.move(tFilePath, cFilePath)
    }
  }

  /** 通过删除事务文件来终止事务。*/
  override def abort(transaction: String): Unit = {
    val tFilePath = Paths.get(s"$tempPath/$transaction")
    if (Files.exists(tFilePath)) {
      Files.delete(tFilePath)
    }
  }
}
```

TwoPhaseCommitSinkFunction[IN, TXN, CONTEXT] 需要三个类型参数：

- IN 用于指定输入记录的类型。示例 8-15 中用到的是一个由 String 和 Double 字段组成的 Tuple2。
- TXN 定义了可用于故障后事务识别与恢复的事务标识符的类型。在示例 8-15 中，标识符是一个字符串类型的事务文件名。

- CONTEXT 用于指定一个可选的自定义上下文对象的类型。 示 例 8-15 中 的 TransactionalFileSink 不需要该上下文对象，因此将其类型设置为 Void。

TwoPhaseCommitSinkFunction 的构造函数需要传入两个 TypeSerializer，一个用于 TXN 类型，另一个用于 CONTEXT 类型。

最后我们介绍 TwoPhaseCommitSinkFunction 中需要实现的五个方法：

- beginTransaction(): TXN 用于启动一个新的事务并返回事务标识符。示例 8-15 中的 TransactionalFileSink 会创建一个新的事务文件并将它的名字作为标识符返回。
- invoke(txn: TXN, value: IN, context: Context[_]): Unit 将传入值写入当前事务中。示例 8-15 中的数据汇将传入值以 String 形式写到事务文件中。
- preCommit(txn: TXN): Unit 预提交事务。预提交过后的事务将不再接收额外的数据写入。示例 8-15 中，该方法的实现方式是强制写出并关闭事务文件。
- commit(txn: TXN): Unit 提交指定事务。该操作必须是幂等的，即在多次调用的情况下它不会将记录多次写入输出系统。示例 8-15 中，我们会检查事务文件是否存在，如果存在则将它移动到目标目录。
- abort(txn: TXN): Unit 终止给定事务。该方法可能同样会针对一个事务调用多次。示例 8-15 中的 TransactionalFileSink 会检查事务文件是否存在，如果存在则将它删除。

如你所见，TwoPhaseCommitSinkFunction 实现起来并不麻烦。但具体实现的复杂度以及能够提供的一致性保障会取决于数据汇系统的特性及功能等因素。举例而言，Flink 的 Kafka 生产者实现就继承了 TwoPhaseCommitSinkFunction 类。

如前所述，该连接器可能会因为事务超时回滚而丢失数据。[注9] 因此即便它实现了 TwoPhaseCommitSinkFunction 类，也无法完美地提供精确一次的保障。

异步访问外部系统

除了单纯的收发数据之外，我们还经常需要利用从远程数据库获取的信息来丰富数据流，此时也会涉及和外部存储系统的交互。一个例子就是著名的 Yahoo! 流处理基准测试，它需要使用键值存储中的广告详细信息去丰富一条广告点击数据流。

该用例的一个直观解决方案是实现一个 MapFunction，它会针对每一条处理记录去查询数据库并等待结果返回，随后才可以丰富记录并发出结果。虽然该方法很容易实现，但它存在一个严重问题：每次请求外部数据库都会带来很多延迟（一次请求和回复过程包含两条网络消息），因此 MapFunction 的大部分时间都在等待查询结果。

Apache Flink 提供的 AsyncFunction 可以有效降低 I/O 调用所带来的延迟。该函数能够同时发出多个查询并对其结果进行异步处理。它可以通过配置选择对记录进行保序（请求结果的返回顺序可能和请求发出的顺序不同），也可以为了追求更低的延迟按照请求结果的返回顺序处理记录。AsyncFunction 还与 Flink 的检查点机制进行了良好的集成，所有正在等待响应的输入记录都会被写入检查点并支持在恢复时重新发送请求。此外，AsyncFunction 可以在事件时间处理模式下正确地工作，因为即使允许结果乱序，它也能保证记录不会被之后的水位线超过。

为了充分利用 AsyncFunction，外部系统最好能够提供一个支持异步调用的客户端，很多现有系统都可以做到这点。而如果外部系统只提供了同步客户端，

注 9： 详情参见本章前面的“Apache Kafka Sink Connector”。

你可以通过多线程的方式来发送请求并对其进行处理。AsyncFunction 接口内容如下所示：

```
trait AsyncFunction[IN, OUT] extends Function {
  def asyncInvoke(input: IN, resultFuture: ResultFuture[OUT]): Unit
}
```

函数的类型参数定义了输入和输出的数据类型。对于每个输入记录我们都会使用两个参数去调用 asyncInvoke() 方法。第一个参数是输入记录，第二个参数是用来返回函数结果或异常的回调对象。示例 8-16 中，我们展示了如何在 DataStream 上应用 AsyncFunction。

示例 8-16：在 DataStream 上应用 AsyncFunction

```
val readings: DataStream[SensorReading] = ???

val sensorLocations: DataStream[(String, String)] = AsyncDataStream
  .orderedWait(
    readings,
    new DerbyAsyncFunction,
    5, TimeUnit.SECONDS, // 请求超时时间为 5 秒
    100)                 // 最多 100 个并发请求
```

接收 AsyncFunction 的异步算子可以通过 AsynDataStream 对象来配置，[注 10] 它提供了两个静态方法：orderedWait() 和 unorderedWait()。它们二者都提供了多个不同参数组合的重载方法。orderedWait() 会启用一个按照数据记录顺序发出结果的异步算子，而 unorderWait() 中的异步算子只能让水位线和检查点分隔符保持对齐。其他参数包括异步调用的超时时间以及请求的并发度等。示例 8-17 展示的 DerbyAsyncFunction 可以通过 JDBC 接口查询嵌入式 Derby 数据库。

示例 8-17：利用 JDBC 查询数据库的 AsyncFunction

```
class DerbyAsyncFunction
    extends AsyncFunction[SensorReading, (String, String)] {

  // 缓存用于处理查询线程的执行环境
  private lazy val cachingPoolExecCtx =
```

注 10：Java API 中提供了包含这些静态方法的 AsyncDataStream 类。

```
    ExecutionContext.fromExecutor(Executors.newCachedThreadPool())
  // 用于将结果 Future 转发给回调对象
  private lazy val directExecCtx =
    ExecutionContext.fromExecutor(
      org.apache.flink.runtime.concurrent.Executors.directExecutor())

  /**
    * 在一个线程内执行 JDBC 查询并通过异步回调
    * 处理产生的 Future 对象。
    */
  override def asyncInvoke(
      reading: SensorReading,
      resultFuture: ResultFuture[(String, String)]): Unit = {
    val sensor = reading.id
    // 以 Future 形式从 Derby 表中获取房间
    val room: Future[String] = Future {
      // 为每条记录创建一个新的连接及语句。
      // 注意：实际应用中不要这么做！
      // 你应该对连接和预编译语句进行缓存。
      val conn = DriverManager
        .getConnection(
          "jdbc:derby:memory:flinkExample",
          new Properties())
      val query = conn.createStatement()

      // 提交查询并等待结果，该调用是异步的
      val result = query.executeQuery(
        s"SELECT room FROM SensorLocations WHERE sensor = '$sensor'")

      // 如果有剩余房间就获取一个
      val room = if (result.next()) {
        result.getString(1)
      } else {
        "UNKNOWN ROOM"
      }

      // 关闭结果集、语句及连接
      result.close()
      query.close()
      conn.close()
      // 返回房间
      room
    }(cachingPoolExecCtx)

    // 对房间 Future 对象应用结果处理回调
    room.onComplete {
      case Success(r) => resultFuture.complete(Seq((sensor, r)))
      case Failure(e) => resultFuture.completeExceptionally(e)
    }(directExecCtx)
  }
}
```

示例 8-17 中 DerbyAsyncFunction 的 asyncInvoke() 方法将阻塞式的 JDBC 查询封装在 Future 对象中，后者会通过 CachedThreadPool 来执行。出于简洁考

虑，我们在示例中为每条记录都创建了一个新的 JDBC 连接，这会非常耗时，在实际应用中需要避免。Future[String] 保存了 JDBC 的查询结果。

最终我们调用了 Future 的 onComplete() 回调函数，将结果（也可能是异常）传给 ResultFuture 处理器。和 JDBC 查询使用 Future 不同，onComplete() 回调是通过 DirectExecutor 来处理的，因为将结果传递给 ResultFuture 对象是一个相对轻量级的操作，我们无须为它分配一个单独的线程。注意，以上所有操作都是以非阻塞的方式完成。

需要指出的一点是，AsyncFunction 实例会按照它输入记录的顺序被串行调用。换句话说，对于函数实例本身的调用不涉及任何多线程操作。因此 asyncInvoke() 方法需要在发出异步请求后立即返回，并处理回调函数将结果发给 ResultFuture。日常中应该避免一些反面模式包括：

- 发送导致 asyncInvoke() 方法阻塞的请求。
- 发送异步请求，但在 asyncInvoke() 方法内等待请求完成。

小结

本章你学到了 Flink DataStream 应用如何读写外部系统的数据，以及应用实现不同端到端一致性保障的相关需求。我们介绍了 Flink 中最为常用的内置数据源及数据汇连接器。事实上，它们还分别代表了不同类型的存储系统，即消息队列、文件系统及键值存储。

随后，我们通过详细示例向你展示了如何实现自定义的数据源连接器以及数据汇连接器，其中主要包括基于 WAL 和 2PC 的数据汇连接器。最后，你学习了 Flink 的 AsyncFunction，它可以通过异步处理请求显著提高与外界系统交互的性能。

第9章

搭建 Flink 运行流式应用

如今，数据基础架构纷繁多样。像 Apache Flink 这样的分布式数据处理框架需要通过设置与资源管理框架、文件系统和分布式协调服务等多个组件进行交互。

本章我们将讨论 Flink 集群的多种部署方式以及如何对它进行安全和高可用配置。我们将介绍基于不同 Hadoop 版本和文件系统的 Flink 搭建过程，并讨论 Flink 主进程及工作进程最为重要的配置参数。阅读本章将使你了解如何搭建和配置 Flink 集群。

部署模式

Flink 支持多种环境下的部署，例如本地机器、裸机集群、Hadoop YARN 集群或 Kubernetes 集群。在“搭建 Flink 所需组件”一节，我们介绍了 Flink 搭建过程中所涉及的不同组件：JobManager、TaskManager、ResourceManager 及 Dispatcher。本节我们将向你介绍如何在不同环境下（独立集群、Docker、Apache Hadoop YARN 及 Kubernetes）配置并启动 Flink，以及在每种部署模式下它的组件是如何组装到一起的。

独立集群

一个 Flink 独立集群至少包含一个主进程和一个 TaskManager 进程，它们可以运行在一台或多台机器上。所有进程都是作为普通的 JVM 进程来运行。图 9-1 展示了一个 Flink 独立集群的搭建过程。

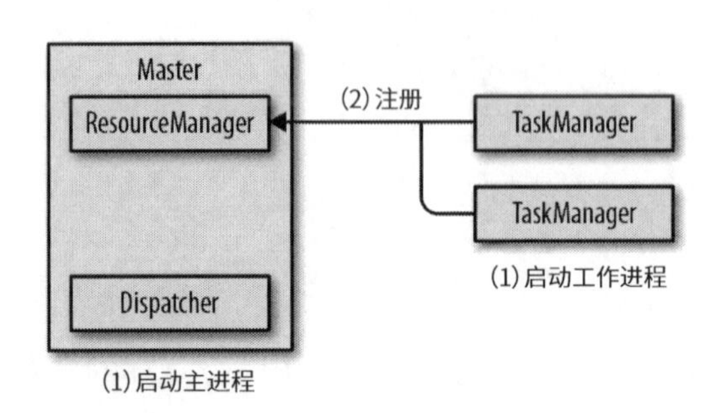

图 9-1：启动一个 Flink 独立集群

主进程会启动单独的线程来运行 Dispatcher 和 ResourceManager。一旦它们运行起来，TaskManager 就会将自己注册到 ResourceManager 中。图 9-2 展示了向独立集群提交作业的过程。

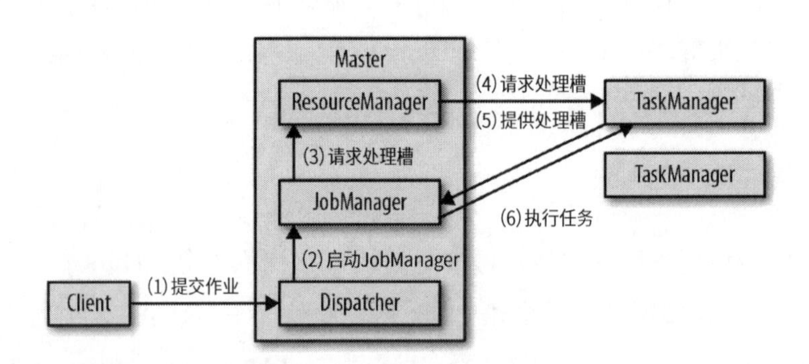

图 9-2：向 Flink 独立集群提交应用

客户端将作业提交到 Dispatcher，后者会在内部启动一个 JobManager 线程并提供用于执行的 JobGraph。JobManager 向 ResourceManager 申请必要数量的处理槽，并在处理槽准备完毕后将作业部署执行。

在独立集群部署模式下，主进程和工作进程不会因为故障而重启。只要有足够多的剩余处理槽，作业就可以从工作进程故障中恢复。我们可以通过运行一个或多个后备工作进程来对此进行保障。从主进程故障中恢复作业需要进行高可用设置，我们会在本章后面讨论它。

为了搭建一个 Flink 独立集群，你可以从 Apache Flink 的官网下载它的二进制发行版，然后利用以下命令对 tar 文件进行解压：

```
tar xfz ./flink-1.7.1-bin-scala_2.12.tgz
```

解压后的目录包含了一个 *./bin* 文件夹，里面包含了用于启动和停止 Flink 进程的 bash 脚本。[注1] *./bin/start-cluster.sh* 脚本会在本地机器上启动一个主进程，并在本地或远程机器上启动一个或多个 TaskManager。

Flink 中预定义的本地设置模式会在本地机器分别启动一个主进程和一个 TaskManager，但前提是启动脚本可以启动 Java 进程。如果 PATH 环境变量中没有配置 Java 二进制文件所在目录，你可以通过导出（export）JAVA_HOME 环境变量或在 *./conf/flink-conf.yaml* 中设置 env.java.home 参数的方式来指定 Java 安装根目录。Flink 本地集群的启动方式是执行 *./bin/start-cluster.sh*。你可以通过 *http://localhost:8081* 地址访问 Flink Web UI 并检查相连的 TaskManager 及可用处理槽的数目。

为了在多台机器上搭建 Flink 集群，你需要调整一下默认的配置并完成几个额外步骤。

- 将所有需要运行 TaskManager 的主机名（或 IP 地址）列在 *./conf/slaves* 文件中。
- *start-cluster.sh* 脚本需要针对所有运行 TaskManager 进程的机器配置无密码 SSH 登录。

注 1： 为了在 Windows 上运行 Flink，你可以使用项目提供的 bat 脚本，或者基于 WSL 或 Cygwin 运行常规的 bash 脚本。所有脚本都只适用于本地搭建。

- Flink 发行版目录在所有机器上的路径必须一致。常用方法是将存有 Flink 发行版的网络共享目录（network-shared directory）挂载到每台机器上。
- 在 *./conf/flink-conf.yaml* 文件中将 `jobmanager.rpc.address` 一项配置为主进程所在机器的主机名（或 IP 地址）。

一切就绪后，你就可以利用 `./bin/start-cluster.sh` 脚本来启动 Flink 集群。该脚本会在本地启用一个 JobManager，并针对 slaves 文件中的每一个条目启动一个 TaskManager。你可以通过访问主进程所在机器的 Web UI 来检查主进程的启动以及 TaskManager 的注册情况，还可以利用 `./bin/stop-cluster.sh` 脚本来停止本地或分布式独立集群。

Docker

Docker 是一个将应用打包并在容器中运行的流行平台。Docker 容器由宿主机的操作系统内核负责运行，因此它比虚拟机更为轻量级。此外，容器之间处于相互隔离的状态，它们只会通过明确定义的通道进行通信。容器需要通过用于定义目标软件的镜像启动。

Flink 社区成员已经为 Apache Flink 配置和构建了 Docker 镜像，并把它们上传到了 Docker Hub（一个用于存放 Docker 镜像的公共仓库）上面。[注2] 仓库内包含了 Flink 最近几个版本的 Docker 镜像。

你可以利用 Docker 轻松在本地机器上搭建 Flink 集群。对于本地 Docker 设置，你需要启动两类容器，一个运行 Dispatcher 和 ResourceManager 的主容器（master container），以及多个运行 TaskManager 的工作容器（worker container）。这些容器的工作原理和独立集群部署（请参阅“独立集群”）类似。TaskManager 启动后会在 ResourceManager 上注册自己。Dispatcher 在收到一个提交的作业后，会启动一个 JobManager 线程用以从 ResourceManager

---

注 2： Flink Docker 镜像并非 Apache Flink 发行版的一部分。

请求处理槽。ResourceManager 负责将 TaskManager 分配给 JobManager，而 JobManager 在所有资源备齐后会对作业进行部署。

如示例 9-1 所示，主容器和工作容器可以从同一个 Docker 镜像启动，只不过二者的参数不同。

示例 9-1：在 Docker 中启动一个主容器和一个工作容器

```
// 启动主进程
docker run -d --name flink-jobmanager \
  -e JOB_MANAGER_RPC_ADDRESS=jobmanager \
  -p 8081:8081 flink:1.7 jobmanager

// 启动工作进程（启动多个 TM 时请选用不同名称）
docker run -d --name flink-taskmanager-1 \
  --link flink-jobmanager:jobmanager \
  -e JOB_MANAGER_RPC_ADDRESS=jobmanager flink:1.7 taskmanager
```

运行上述命令，Docker 将自动从 Docker Hub 下载所需的镜像及其依赖，并启动容器来运行 Flink。Docker 内部 JobManager 的主机名会通过 `JOB_MANAGER_RPC_ADDRESS` 变量定义，该变量会以 `ENTRYPOINT` 的方式传给容器，用于调整 Flink 的配置。

第一个命令中的 `"-p 8081:8081"` 参数将主容器的 8081 端口映射到宿主机的 8081 端口，使得 Flink Web UI 能够从外部宿主机访问到。你可以在浏览器中打开 *http://localhost:8081* 来访问 Web UI。Web UI 可用来上传应用 JAR 包并运行应用。它的端口同样是 Flink REST API 的端口。因此你也可以使用 Flink 的 CLI 客户端（位于 *./bin/flink*）提交应用，管理当前正在运行的应用，或通过请求获取有关集群或当前运行应用的信息。

注意，目前 Flink Docker 镜像还不支持接收自定义配置。如果你想调整某些参数，需要自己构建 Docker 镜像。已有 Flink Docker 镜像中的构建脚本可以在一定程度上帮助你快速上手。

除了手工启用两个（或更多）容器之外，你还可以创建一个 Docker Compose 配置脚本。它支持自动启动和配置运行在 Docker 容器内的 Flink 集群，还可以顺带启用诸如 ZooKeeper 和 Kafka 等其他服务。在此我们不会对该模式进行深入探讨，但要说明一点，Docker Compose 脚本内需要指定网络配置以便使运行在独立容器中的 Flink 进程可以互相通信。详细信息请参阅 Apache Flink 的官方文档。

Apache Hadoop YARN

YARN 是 Apache Hadoop 的资源管理组件。它负责管理集群环境下的计算资源——集群机器的 CPU 和内存，并将它们提供给请求资源的应用。YARN 以容器的形式发放资源，这些容器分布在集群之上并允许应用在其中运行自己的进程。[注3] 由于源自 Hadoop 生态系统，YARN 通常会用于数据处理框架。

Flink 能够以两种模式和 YARN 进行集成：作业模式（job mode）和会话模式（session mode）。在作业模式下，Flink 集群启动后只会运行单个作业。一旦作业结束，集群就会停止，全部资源都会归还。图 9-3 展示了向 YARN 集群提交 Flink 作业的过程。

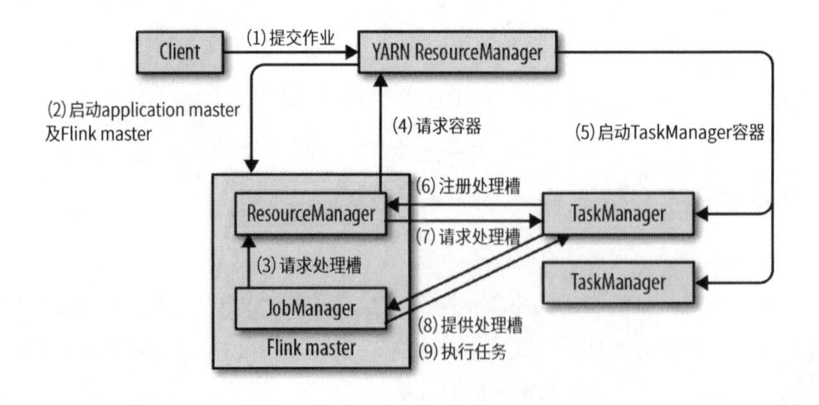

图 9-3：以作业模式启动 Flink YARN 集群

注 3：　注意，YARN 中容器的概念和 Docker 中的不同。

客户端在提交作业执行时，会连接到 YARN 的 ResourceManager 来启动一个新的 YARN 应用主进程。该进程包括一个 JobManager 线程和一个 ResourceManager。JobManager 会向 ResourceManager 申请运行 Flink 作业所需的处理槽。随后，Flink 的 ResourceManager 会向 YARN 的 ResourceManager 申请容器并启动 TaskManager 进程。一旦启动成功，TaskManager 就会将自己的处理槽在 Flink 的 ResourceManager 中注册，后者会把它们提供给 JobManager。最后，JobManager 将作业任务提交至 TaskManager 执行。

在会话模式下，系统会启动一个长时间运行的 Flink 集群，该集群可以运行多个作业，需要我们手动停止。如果在会话模式下启动，Flink 会连接 YARN 的 ResourceManager 来启动包含一个 Dispatcher 线程和一个 ResourceManager 线程的 ApplicationMaster。图 9-4 展示了一个空闲 Flink YARN 会话集群的设置过程。

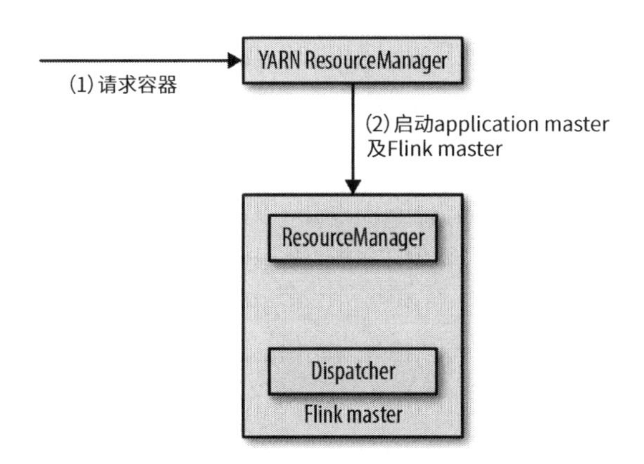

图 9-4：以会话模式启动 Flink YARN 集群

当接收到一个提交执行的任务时，Dispatcher 会启动一个 JobManager 线程，负责从 Flink 的 ResourceManager 申请处理槽。如果处理槽数量不足，Flink 的 ResourceManager 会向 YARN 的 ResourceManager 申请更多容器来启动 TaskManager 进程，这些进程在启动后会把自己注册到 Flink 的

ResourceManager 中。一旦有足够的处理槽，Flink 的 ResourceManager 就会将它们分配给 JobManager，使其可以运行作业。图 9-5 展示了如何以会话模式在 YARN 中执行 Flink 作业。

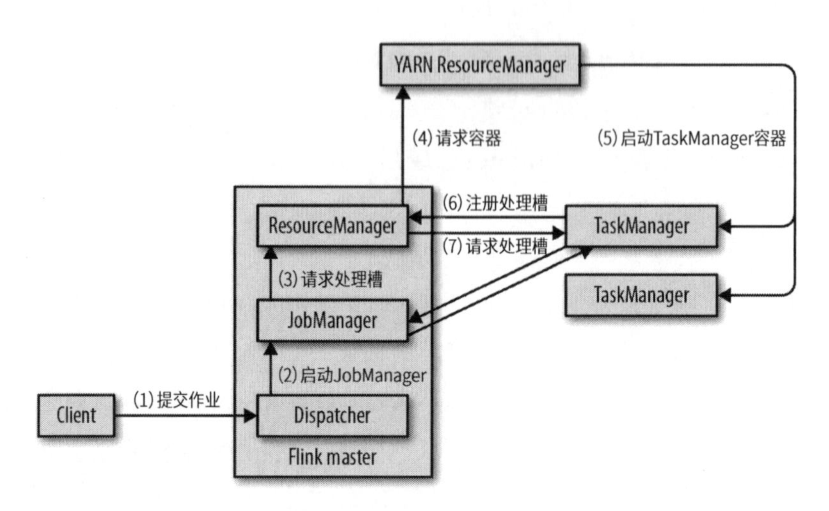

图 9-5：向会话模式的 Flink YARN 集群提交作业

无论是作业模式还是会话模式，Flink 的 ResourceManager 都会自动对故障的 TaskManager 进行重启。你可以通过 *./conf/flink-conf.yaml* 配置文件来控制 Flink 在 YARN 上的故障恢复行为。例如，可以配置有多少容器发生故障后终止应用。为了在主进程发生故障时可以恢复，我们需要对它进行高可用性配置，有关内容会在下节讨论。

无论是在 YARN 上以作业模式还是会话模式运行，Flink 都需要能够访问正确版本的 Hadoop 依赖以及 Hadoop 配置所在路径。配置详情请见本章后面的“集成 Hadoop 组件”。

在 YARN 和 HDFS 都搭建完成且能够正常工作的前提下，就可以使用 Flink CLI 客户端运行以下命令将作业提交到 YARN 上执行：

```
./bin/flink run -m yarn-cluster ./path/to/job.jar
```

参数 `-m` 用来定义提交作业的目标主机。如果加上关键字“yarn-cluster”，客户端会将作业提交到由 Hadoop 配置所指定的 YARN 集群上。Flink 的 CLI 客户端还支持很多参数，例如用于控制 TaskManager 容器内存大小的参数等。有关它们的详细信息，请参阅文档。Flink 集群的 Web UI 由 YARN 集群某个节点上的主进程负责提供。你可以通过 YARN 的 Web UI 对其进行访问，具体链接位置在“Tracking URL: ApplicationMaster”下的 Application Overview 页面上。

你可以通过 `./bin/yarn-session.sh` 脚本启动一个 Flink YARN 会话，该脚本同样提供了很多用于控制容器大小及 YARN 应用名称或提供动态属性的参数。默认情况下，该脚本会打印出会话集群的连接信息，但并不会结束返回。在脚本终止时，会话就会停止，一切资源得以释放。你还可以通过添加 `-d` 参数来启动一个分离（detached）模式的 YARN 会话，并利用 YARN 的应用工具（application utility）将其终止。

一旦 Flink 的 YARN 会话启动起来，你就可以使用命令“`./bin/flink run ./path/to/job.jar`”向会话中提交作业。

请注意，由于 Flink 会记住在 YARN 上运行的 Flink 会话连接详情，所以你无须提供连接信息。和作业模式类似，Flink 的 Web UI 链接可以从 YARN Web UI 的 Application Overview 页面上找到。

Kubernetes

Kubernetes 是一个开源平台，它允许用户在分布式环境下部署容器化应用，并对其进行扩缩容。给定一个 Kubernetes 集群以和一个打包到容器镜像中的应用，你可以通过创建应用 Deployment 的方式告诉 Kubernetes 启动多少个应用实例。Kubernetes 会利用其下任意位置的资源运行所需数量的容器，并在出现故障时重启它们。Kubernetes 还负责为内外网络通信打开端口，并可以提供进程发现及负载均衡服务。它能够运行在内部部署（on-premise）、云环境或混合基础架构之上。

基于 Kubernetes 部署数据处理框架及应用已经变得非常流行，Apache Flink 也对此做了相应支持。但在深入了解部署详情之前，我们需要简要解释几个 Kubernetes 中的常用术语：

- Pod 是由 Kubernetes 启动并管理的容器。[注4]
- 一个 Deployment 定义了一组需要运行的特定数量的 Pod 或容器。Kubernetes 能够确保所需数目的 Pod 可以持续运行，并在故障时自动重启。Deployment 可以自由伸缩。
- Kubernetes 可能会在其集群的任意位置运行 Pod。当 Pod 从故障中重启或 Deployment 进行扩缩容后，它们的 IP 地址可能会发生变化。显然，这在 Pod 需要相互通信时会导致问题。为此，Kubernetes 提供了 Service。一个 Service 定义了一组 Pod 的访问策略。它在 Pod 从集群内另一个节点启动时负责更新路由。

在本地机器上运行 Kubernetes

虽然 Kubernetes 是为操纵集群而设计的，但它的项目内提供了一个可以在一台机器上本地运行单节点 Kubernetes 集群的环境——MiniKube，该环境可用于测试或日常开发。如果你想尝试在 Kubernetes 上运行 Flink 但手头没有 Kubernetes 集群，我们建议你搭建一个 Minikube。

为了在基于 Minikube 的 Flink 集群上运行应用，你需要在部署 Flink 前执行以下命令：`minikube ssh 'sudo ip link set docker() promisc on'`。

在 Kubernetes 上搭建 Flink 需要通过两个 Deployment 来完成，一个用于运行主进程的 Pod，另一个用于工作进程的 Pod。此外还有一个 Service，用于将

注 4： Kubernetes 还支持由多个紧密相连的容器组成的 Pod。

主进程 Pod 的端口暴露给工作进程所在 Pod。这两类 Pod（主进程和工作进程）的工作原理和我们之前介绍的独立集群模式以及 Docker 部署模式中的进程相同。示例 9-2 展示了主进程的 Deployment 配置。

示例 9-2：用于 Flink 主进程的 Kubernetes Deployment

```
apiVersion: extensions/v1beta1
kind: Deployment
metadata:
  name: flink-master
spec:
  replicas: 1
  template:
    metadata:
      labels:
        app: flink
        component: master
    spec:
      containers:
      - name: master
        image: flink:1.7
        args:
        - jobmanager
        ports:
        - containerPort: 6123
          name: rpc
        - containerPort: 6124
          name: blob
        - containerPort: 6125
          name: query
        - containerPort: 8081
          name: ui
        env:
        - name: JOB_MANAGER_RPC_ADDRESS
          value: flink-master
```

这个 Deployment 指定了我们需要运行一个主进程容器（`replicas: 1`）。主进程容器从 Flink 1.7 Docker 镜像（`image: flink: 1.7`）启动主进程（需要配置参数 `args: - jobmanager`）。此外该 Deployment 配置了容器需要开放哪些用于 RPC 通信、Blob 管理器（用于交换大文件）、可查询式状态服务器以及 Web UI（REST 接口）的端口。示例 9-3 展示了工作进程 Pod 的配置。

示例 9-3：针对两个 Flink 工作进程的 Kubernetes Deployment

```
apiVersion: extensions/v1beta1
kind: Deployment
```

```
metadata:
  name: flink-worker
spec:
  replicas: 2
  template:
    metadata:
      labels:
        app: flink
        component: worker
    spec:
      containers:
      - name: worker
        image: flink:1.7
        args:
        - taskmanager
        ports:
        - containerPort: 6121
          name: data
        - containerPort: 6122
          name: rpc
        - containerPort: 6125
          name: query
        env:
        - name: JOB_MANAGER_RPC_ADDRESS
          value: flink-master
```

工作进程的 Deployment 和主进程的 Deployment 几乎一模一样，二者只有几点不同。首先，工作进程的 Deployment 指定了两个副本，因此会启动两个工作容器。其容器所需的 Flink Docker 镜像和主进程 Deployment 的完全相同，只是启动参数不一样（`args: -taskmanager`）。此外，该 Deployment 也会开启几个端口，并传入 Flink 主进程 Deployment 的 Service 名称，以便工作进程对主进程进行访问。示例 9-4 中展示的 Service 定义会将主进程暴露出来以供工作进程容器访问。

示例 9-4：针对 Flink 主进程的 Kubernetes Service

```
apiVersion: v1
kind: Service
metadata:
  name: flink-master
spec:
  ports:
  - name: rpc
    port: 6123
  - name: blob
    port: 6124
  - name: query
    port: 6125
```

```
  - name: ui
    port: 8081
  selector:
    app: flink
    component: master
```

为了创建 Flink 的 Kubernetes Deployment，你可以将每个定义单独存为一个文件，例如 *master-deployment.yaml*、worker-deployment.yaml 或 *master-service.yaml*。所有这些文件同样可以从我们的代码库中找到。一旦有了这些定义文件，你就可以使用 `kubectl` 命令将它们注册到 Kubernetes：

```
kubectl create -f master-deployment.yaml
kubectl create -f worker-deployment.yaml
kubectl create -f master-service.yaml
```

运行这些命令会让 Kubernetes 开始部署所请求的容器。你可以通过以下命令查看所有 Deployment 的状态：

```
kubectl get deployments
```

在首次创建 Deployment 的时候需要花一些时间下载 Flink 容器镜像。待所有 Pod 都启动完毕，就意味着 Flink 集群在 Kubernetes 上成功运行起来。然而使用上述给定的设置，Kubernetes 不会向外部环境暴露任何端口。因此你无法连接主进程容器来提交应用或访问 Web UI。为此，首先需要让 Kubernetes 创建从主进程容器到本地机器的端口转发。该工作可以通过以下命令完成：

```
kubectl port-forward deployment/flink-master 8081:8081
```

在端口转发运行过程中，可以通过 *http://localhost:8081* 访问 Web UI。

现在你就能够将作业上传并提交至 Kubernetes 上的 Flink 集群。此外，你还可以使用 Flink 的 CLI 客户端（*./bin/flink*）提交应用，或者访问 REST 接口查看有关 Flink 集群的信息并管理正在运行的应用。

当工作进程Pod发生故障时，Kubernetes会自动重启故障的Pod并恢复应用（前提是已经配置好并激活检查点）。为了从主进程Pod的故障中恢复，需要进行一些高可用设置。

你可以运行以下命令来关闭运行在Kubernetes之上的Flink集群：

```
kubectl delete -f master-deployment.yaml
kubectl delete -f worker-deployment.yaml
kubectl delete -f master-service.yaml
```

本节中使用的Flink Docker镜像是无法进行自定义部署配置的。你需要使用调整后的配置构建自定义的Docker镜像。我们提供的镜像构建脚本对你构建自定义镜像是一个很好的参考。

高可用性设置

大多数流式应用都会尽可能减少停机时间来连续地执行。因此，很多应用必须能够从执行过程所涉及的任意应用故障中自动恢复。虽然工作进程的故障可以由ResourceManager来解决，但JobManager组件的故障就需要额外的高可用（HA）配置。

Flink的JobManager中存放了应用以及和它执行有关的元数据，例如应用的JAR文件、JobGraph以及已完成检查点的路径信息。这些信息都需要在主进程发生故障时进行恢复。Flink的HA模式需要依赖Apache ZooKeeper（一项可用于分布式协调和一致性存储的服务）以及某种持久化远程存储（例如HDFS、NFS或S3）。JobManager会将所有相关数据保存到持久化存储并把存储路径写入ZooKeeper。一旦发生故障，新的JobManager就可以从ZooKeeper中查找相关路径并根据它从持久化存储中加载元数据。有关操作模式及Flink HA设置的内部原理已经在第3章“高可用性设置”中详细介绍过。本节我们将介绍如何针对不同部署选择来配置该模式。

Flink 的 HA 设置需要运行一个 Apache ZooKeeper 集群和一个持久化远程存储（例如 HDFS、NFS 或 S3）。为了帮助用户快速启动 ZooKeeper 集群进行测试，Flink 提供了一个自启动帮助脚本。首先，你需要在 *./conf/zoo.cfg* 文件里配置集群中全部 ZooKeeper 进程的主机和端口。完成后，就可以调用 `./bin/start-zookeeper-quorum.sh` 在配置的节点上启动 ZooKeeper 进程。

不要将 start-zookeeper-quorum.sh 用于生产环境

请不要将 Flink 的 ZooKeeper 脚本用于生产环境，你应该仔细配置并部署 ZooKeeper 集群。

你可以像示例 9-5 那样在 *./conf/flink-conf.yaml* 文件中设置参数来配置 Flink HA 模式。

示例 9-5：配置 Flink HA 集群

```
# 必填参数：通过 ZooKeeper 开启 HA 模式 high-availability: zookeeper

# 必填参数：提供 ZooKeeper Quorum 的服务器列表
high-availability.zookeeper.quorum: address1:2181[,...],addressX:2181

# 必填参数：设置作业元数据的远程存储位置
high-availability.storageDir: hdfs:///flink/recovery

# 建议参数：在 ZooKeeper 中为全部 Flink 集群设置基础路径。
# 将 Flink 和其他使用 ZooKeeper 集群的框架进行隔离
high-availability.zookeeper.path.root: /flink
```

独立集群的 HA 设置

Flink 独立集群部署模式无须依赖 YARN 或 Kubernetes 这样的资源提供者。所有进程都是手动启动，没有一个用于监控或在它们发生故障时将其重启的组件。因此，在独立集群模式下，Flink 需要后备 Dispatcher 和 TaskManager 进程，用来接管故障进程的工作。

有了后备 TaskManager，独立集群部署无需额外配置就可以从 TaskManager 故障中恢复。所有启动后的 TaskManager 进程都会将自己在主 ResourceManager

中注册。只要有足够多的处理槽随时来接替那些无法工作的 TaskManager，应用就可以从 TaskManager 故障中恢复。ResourceManager 将之前空闲的处理槽分发出去，应用就会重新启动。

如果进行了 HA 配置，则所有独立集群设置下的 Dispatcher 都会在 ZooKeeper 中注册。ZooKeeper 会在所有 Dispatcher 中选出一个负责执行应用的领导者。在应用提交时，当前负责的 Dispatcher 会启动一个 JobManager 线程。该线程会像之前介绍的那样将它的元数据存储在配置好的持久化存储中，并将路径写入 ZooKeeper。如果当前运行 Dispatcher 和 JobManager 的主进程出现故障，ZooKeeper 就会选出一个新的 Dispatcher 作为领导者。该 Dispatcher 会启动一个新的 JobManager 线程来恢复故障应用。新的 JobManager 会从 ZooKeeper 中查找元数据的存储路径，并依此从持久化存储中读取元数据。

除了上面讨论的配置外，独立集群模式的 HA 设置还需要修改以下配置。在 *./conf/flink-conf.yaml* 中为每个运行的集群设置集群标识符。该配置只有在多个 Flink 集群依赖同一个 ZooKeeper 实例来进行故障恢复时才需要填写：

```
# 建议参数：在 ZooKeeper 中为 Flink 集群设置路径
# 将多个 Flink 集群相互隔离。
# 集群 ID 是查找故障集群元数据的必要信息
high-availability.cluster-id: /cluster-1
```

你如果有一个正在运行的 ZooKeeper Quorum 且已经配置好 Flink，就可以通过向 *./conf/masters* 文件中添加额外的主机名和端口号的方式，使用常规的 *./bin/start-cluster.sh* 脚本来启动 HA 的独立集群。

YARN 上的 HA 设置

YARN 是一个集群资源和容器的管理器。默认情况下它会自动重启发生故障的主进程容器和 TaskManager 容器。因此你无须在 YARN 中设置后备进程就能实现 HA。

Flink 的主进程是作为 YARN ApplicationMaster 启动的。[注5] YARN 会自动重启故障的 ApplicationMaster，但会跟踪并限制重启次数以防出现无限的恢复循环。你需要像下面这样在 YARN 配置文件 *yarn-site.xml* 中配置 ApplicationMaster 的最大重启次数：

```
<property>
  <name>yarn.resourcemanager.am.max-attempts</name>
  <value>4</value>
  <description>
    ApplicationMaster 尝试执行的最大次数。
    默认值是 2，即应用最多重启一次。
  </description>
</property>
```

此外，你需要在 *./conf/flink-conf.yaml* 中配置应用尝试重启的最大次数：

```
# 应用最多重启 3 次（包括首次启动）。
# 该值必须小于或等于配置的最大尝试次数。
yarn.application-attempts: 4
```

YARN 只会计算因为应用故障导致重启的次数，而由于抢占、硬件故障或机器重启等因素导致的重启将不会算在应用尝试次数内。如果你使用的是 Hadoop YARN 2.6 或之后的版本，Flink 会自动配置尝试失败的有效时间间隔。该参数指定应用只有在有效间隔内重启次数超过了最大尝试数才会被完全取消，换句话说，该时间间隔之内的尝试次数都不会被计算在内。Flink 将这个间隔配置得和 `./conf/flink-conf.yaml` 中 `akka.ask.timeout` 参数的值（默认 10 秒）相同。

如果已经基于一个运行的 ZooKeeper 集群经配置好 YARN 和 Flink，你就可以和非 HA 模式一样，通过 `./bin/flink run -m yarn-cluster` 和 `./bin/yarn-session.sh` 分别在作业模式和会话模式下启动 Flink 集群。

注 5： ApplicationMaster 是 YARN 中应用的主进程。

注意，连接同一个 ZooKeeper 集群的所有处于会话模式的 Flink 集群都必须配置不同的集群 ID。而在作业模式下启动 Flink 集群，集群 ID 会被自动设置为启动应用的 ID，因此无须担心唯一性问题。

Kubernetes 的 HA 设置

正如我们在本章前面的“Kubernetes”中介绍的那样，当在 Kubernetes 上使用主进程 Deployment 及工作进程 Deployment 启动 Flink 时，Kubernetes 将自动重启故障容器以确保 Pod 运行数目的正确性。这足以让 ResourceManager 对工作进程进行故障恢复。但同样如前所述，主进程的故障恢复需要一些额外的配置。

为了启用 Flink HA 模式，你需要调整 Flink 的配置并提供一些信息。例如，ZooKeeper Quorum 节点的主机名，持久化存储路径以及 Flink 集群 ID。所有这些都需要作为参数添加到 Flink 的配置文件（*./conf/flink-conf.yaml*）中。

在 Flink 镜像中自定义配置

很可惜，我们在先前 Docker 和 Kubernetes 示例中用到的 Flink Docker 镜像还不支持自定义配置参数。所以说该镜像无法直接用在 Kubernetes 上设置 Flink HA 集群。为此，你需要构建一个自定义镜像，要么就把所需参数“硬编码”进去，要么就灵活一些，允许通过参数或环境变量动态调整配置。标准的 Flink Docker 镜像可以帮助你快速上手定制自己的 Flink 镜像。

集成 Hadoop 组件

Apache Flink 可以很容易地与 Hadoop YARN、HDFS 及其他 Hadoop 生态组件（如 HBase）相集成。无论集成什么你都需要将 Hadoop 依赖加入 Flink 的 Classpath 中。

为 Flink 添加 Hadoop 依赖的方式有三种：

1. 使用针对特定 Hadoop 版本构建的 Flink 二进制发行版。Flink 为最常使用的 Vanilla Hadoop 版本都提供了相应的构建。

2. 针对特定版本的 Hadoop 构建 Flink。该方法可用于你环境中的 Hadoop 版本和所有 Flink 二进制发行版都不匹配的情况。例如，你运行的是打过补丁的 Hadoop 版本或使用了某个发行商（如 Cloudera、Hortonworks 或 MapR）的 Hadoop 版本。

   为了针对特定 Hadoop 版本构建 Flink，你需要 Flink 源代码（可以从官网下载源代码发布版或从项目 Git 仓库中克隆一个稳定版本分支），Java JDK（8 以上版本）以及 Apache Maven 3.2。准备好后就可以进入 Flink 源码根目录，运行下列命令之一：

   ```
   // 针对某一特定官方版本的 Hadoop 构建 Flink
   mvn clean install -DskipTests -Dhadoop.version=2.6.1

   // 针对某一发行商版本的 Hadoop 构建 Flink
   mvn clean install -DskipTests -Pvendor-repos \
   -Dhadoop.version=2.6.1-cdh5.0.0
   ```

   完整的构建结果将出现在 *./build-target* 文件夹中。

3. 使用不带 Hadoop 的 Flink 发行版并为 Hadoop 依赖手动配置 Classpath。本方法适用于上面所提供的构建方式都无法满足你所需设置的情况。Hadoop 依赖的 Classpath 需要在 `HADOOP_CLASSPATH` 环境变量中声明。如果该变量没有配置，则可以在能访问 hadoop 命令的前提下，通过以下指令自动设置该变量：``export HADOOP_CLASSPATH=`hadoop classpath` ``。

   `hadoop` 命令的 `classpath` 选项会打印出它所配置的 Classpath。

除了配置 Hadoop 依赖，你还需要提供 Hadoop 配置目录的位置。该工作可以通过导出 `HADOOP_CONF_DIR`（推荐选项）或 `HADOOP_CONF_PATH` 环境变量的方式来完成。一旦取得 Hadoop 的配置，Flink 就可以连接 YARN 的 ResourceManager 和 HDFS。

文件系统配置

文件系统在 Apache Flink 中用途广泛。应用可以从文件读取输入或将结果写入文件（请见第 8 章的“文件系统数据源连接器”），应用检查点和元数据会保存在远程文件系统中以供恢复使用（请见第 3 章的“检查点，保存点及状态恢复”），一些内部组件会使用文件系统将数据（如应用的 JAR 文件）分发到各任务。

Flink 支持的文件系统种类很多。作为一个分布式系统，Flink 需要在集群或云端环境中运行进程。对应地，文件系统通常需要支持全局访问，因此诸如 Hadoop HDFS、S3 以及 NFS 等都是常用的文件系统。

和其他数据处理系统类似，Flink 通过检查路径 URI 的协议（scheme）来识别目标文件系统。例如，*file:///home/user/data.txt* 指向本地文件系统中的文件，*hdfs:///namenode:50010/home/user/data.txt* 指向某 HDFS 集群中的一个文件。

在 Flink 中，每个文件系统都由 `org.apache.flink.core.fs.FileSystem` 类的一个实现来表示。每个 FileSystem 类都实现了文件系统的基本操作，包括读写文件、创建文件或目录，以及列出目录内容等。Flink 进程（JobManager 或 TaskManager）会为每个配置的文件系统实例化一个 `FileSystem` 对象，并让它们在所有本地任务之间共享以保证配置的约束（如开启的最大连接数）可以生效。

Flink 为一些常用的文件系统都提供了对应的实现，具体如下：

本地文件系统

Flink 内部支持本地文件系统，其中还包括本地挂载的网络文件系统（例如 NFS 或 SAN），你无须对它们进行额外配置。本地文件系统的 URI 协议是 *file://*。

Hadoop HDFS

虽然 Flink 的 HDFS 连接器始终存在于 Classpath 中，但为了让它工作，还必须在 Classpath 里加入 Hadoop 依赖，详细内容请参阅“集成 Hadoop 组件”一节。HDFS 路径会以 *hdfs://* 协议开头。

Amazon S3

Flink 分别基于 Apache Hadoop 和 Presto 实现了两个可选的 S3 文件系统连接器。这两个连接器都可以独立工作，没有暴露任何对外的依赖。要安装它们中的一个，请将对应的 JAR 文件从 *./opt* 文件夹移动到 *./lib* 中。你可以从 Flink 文档中找到更多有关 S3 文件系统配置的详细信息。S3 路径的协议是 *s3://*。

OpenStack Swift FS

Flink 提供了一个基于 Apache Hadoop 的 Swift FS 连接器。该连接器同样可以独立工作，没有暴露任何对外的依赖。你可以通过将 swift-connector JAR 文件从 *./opt* 中移动到 *./lib* 目录来安装它。Swift FS 路径协议是 *swift://*。

对于那些在 Flink 中没有提供特定连接器支持的文件系统，如果正确配置，Flink 都能以 Hadoop 文件系统连接器为代理对其进行操作。这也是为何 Flink 可以支持任意 HCFS（Hadoop Compatible File System，兼容 Hadoop 的文件系统）。

Flink 在 *./conf/flink-conf.yaml* 中提供了一些配置项，可用来指定默认的文件系统并限制文件系统连接数量。如果指定了默认文件系统协议（*fs.default-scheme*），那么在路径本身不包含协议的情况下，Flink 会自动将默认协议作为其前缀。举例而言，如果指定了 *fs.default-scheme:hdfs://nnode1:9000*，则 */result* 路径将自动被扩充为 *hdfs://nnode1:9000/result*。

你可以限制读（输入）写（输出）文件系统的连接数。该配置支持为每个 URI 协议单独定义，相关配置的键是：

```
fs.<scheme>.limit.total:（数字，0 或 -1 表示无限制）
fs.<scheme>.limit.input:（数字，0 或 -1 表示无限制）
fs.<scheme>.limit.output:（数字，0 或 -1 表示无限制）
fs.<scheme>.limit.timeout:（毫秒数，0 表示无限）
fs.<scheme>.limit.stream-timeout:（毫秒数，0 表示无限）
```

连接数会以每个 TaskManager 进程、每个路径为单位分别追踪，例如，*hdfs://nnode1:50010* 和 *hdfs://nnode2:50010* 会分别追踪。你既可以为输入和输出单独限制连接数，也可以对总的连接数加以限制。当文件系统已经达到最大连接数并还要尝试创建新连接时，请求会被阻塞，直到某个已有连接关闭。超时参数可用来控制连接请求失败前的等待时间（`fs.<schema>.limit.timeout`）以及空闲连接关闭的等待时间（`fs.<scheme>.limit.stream-timeout`）。

你也可以提供自定义的文件系统连接器。有关实现和注册自定义文件系统的内容请查阅 Flink 文档。

系统配置

Apache Flink 提供了很多用来配置其行为以及调节性能的参数。所有这些参数都可以在 *./conf/flink-conf.yaml* 文件中定义。该文件是一个存储键值的扁平化 YAML 文件，会供不同组件（如启动脚本、主进程和工作进程以及 CLI 客户端）读取使用。举例而言，启动脚本（如 *./bin/start-cluster.sh*）会解析该配置文件获得 JVM 参数以及堆大小设置，CLI 客户端（*./bin/flink*）会从中获得连接信息以访问主进程。所有对于该配置文件的修改都需要重启 Flink 才能生效。

为了让用户快速上手，Flink 已经预先配置好本地运行模式。如果想让它在分布式环境中运行，你需要调整部分配置。本节我们将讨论搭建 Flink 集群时针对不同方面的典型配置。你可以查看官方文档获取全部配置参数列表及详细说明。

Java 和类加载

Flink 默认会使用 PATH 环境变量中的 Java 执行文件来启动 JVM 进程。如果 PATH 中没有配置 Java 或者需要使用其他 Java 版本，你可以利用配置文件中的 JAVA_HOME 环境变量或 env.java.home 键对应的参数来指定 Java 安装目录。Flink 的 JVM 进程支持在启动时自定义 Java 选项。例如，你可以使用 env.java.opts、evn.java.opts.jobmanager 及 env.java.opts.taskmanager 来对垃圾收集器进行微调或开启远程调试。

当你运行具有外部依赖关系的作业时，可能会经常遇到类加载方面的问题。为了执行 Flink 应用，所有应用 JAR 包中的类都需要由一个类加载器进行加载。Flink 会将每个作业的类注册到一个独立的用户代码类加载器中，这样可以保证作业依赖不会对 Flink 运行时或其他作业的依赖带来干扰。用户代码类加载器会在相应的作业结束时销毁。Flink 的系统类加载器会从 *./lib* 目录中加载全部 JAR 文件，同时用户代码类加载器也是由系统类加载器衍生而出。

为了防止作业和 Flink 使用相同依赖而引起冲突，Flink 在默认情况下会先从用户类加载器中查找用户类，如果没有发现再去父（系统）类加载器中查找。但你也可以使用 classloader.resolve-order 配置项反转这一顺序。

注意，有些类总是会优先在父类加载器（classloader.parent-first-patterns.default）中解析。你可以通过提供类名模式白名单的方式，来扩展优先从父类加载器中解析的类列表（classloader.parent-first-patterns.additional）。

CPU

Flink 不会主动限制自身消耗的 CPU 资源量，但会采用处理槽（详细信息请参阅第 3 章“任务执行”）来控制可以分配给工作进程（TaskManager）的任务数。每个 TaskManager 都能提供一定数量的处理槽，这些处理槽由

ResourceManager 统一注册和管理。JobManager 需要请求一个或多个处理槽来执行应用。每个处理槽可以处理应用的一个“切片”，即应用程序每个算子的一个并行任务。因此，JobManager 至少需要获取和应用算子最大并行度等量的处理槽。[注6] 任务会在工作进程（TaskManager）中以线程方式执行，它们可以按需获取足够的 CPU 资源。

TaskManager 所提供的处理槽数量是由配置文件中的 `taskmanager.numberOfTaskSlots` 项来指定的。它的默认值是每个 TaskManager 一个处理槽。通常你只需要在独立集群模式下设置处理槽的数量，因为基于资源管理框架（YARN、Kubernetes、Mesos）运行 Flink 可以轻松在每个计算节点上启动多个（单处理槽的）TaskManager。

内存和网络缓冲

Flink 的主进程和工作进程对内存有着不同需求。主进程主要管理计算资源（ResourceManager）和协调应用（JobManager）执行；而工作进程要负责繁重的工作以及处理潜在规模庞大的数据。

通常，主进程对于内存的要求并不苛刻，它默认的 JVM 堆内存数量只有 1GB。但如果主进程需要管理多个应用或某个应用具有很多算子，你可能需要利用 `jobmanager.heap.size` 配置项来增加 JVM 堆的容量。配置工作进程的内存要复杂一些，因为会有多个组件分别占用不同类型的内存。

其中所涉及最重要的参数是 JVM 堆内存大小，它可以通过 `taskmanager.heap.size` 配置项设置。堆内存需要供所有对象使用，包括 TaskManager 运行时，应用的算子和函数以及处理中的数据。应用中基于内存或文件系统后端的状态同样会存到 JVM 中。注意，单个任务可能会耗尽其所在 JVM 的所有

注 6：也可以将算子分配到不同的处理槽共享组（slot-sharing group），从而实现将其任务分配到不同处理槽上。

内存，Flink 无法实现按任务或处理槽分配堆内存。如果将每个 TaskManager 配置成只有单个处理槽可以更好地隔离资源，防止行为不当的应用对其他无关应用的干扰。如果你运行的应用有很多依赖，则 JVM 的堆外内存也会增长比较严重，因为它需要存储所有 TaskManager 和用户代码类。

除了 JVM，还有两个组件同样会消耗很多内存，Flink 的网络栈和 RocksDB（如果选它作为状态后端）。Flink 的网络栈基于 Netty 库，它会从本地（堆外）内存分配网络缓冲区。为了顺利将记录在工作进程之间传输，Flink 需要足够数量的网络缓冲区。其数目取决于算子任务之间的网络连接总数。对于通过分区或广播策略连接的两个算子，其网络缓冲区的需求量取决于发送和接收算子并行度的乘积。而对于包含多次分区的应用，这种乘积依赖关系会迅速导致网络传输占用大量内存。

Flink 默认配置仅适用于规模较小的分布式环境，若想在更“真实”的规模下使用则需要一定调整。如果缓冲区数量配置有问题，在提交作业时可能会因异常而失败：`java.io.IOException: Insufficient number of network buffers`（缓冲区数量不足）。在该情况下，你就需要给网络栈分配更多内存。

设置内存分配量的配置项是 `taskmanager.network.memory.fraction`，它的值决定了 JVM 为网络缓冲区分配的内存比例，默认配置是使用 JVM 堆内存的 10%。由于分配后会以堆外内存的方式使用，所以 JVM 堆内存会有相应的减少。配置项 `taskmanager.memory.segment-size` 决定了网络缓冲区的大小，其默认值是 32KB。降低单个网络缓冲区的大小可以增加其数量，但会降低网络栈整体的工作效率。你也可以指定一个用于网络缓冲区的最小（`taskmanager.network.memory.min`）和最大（`taskmanager.network.memory.max`）内存量（二者的默认值分别是 64MB 和 1GB），从而可以为上述的相对配置加上绝对限制。

我们在为工作进程配置内存时还需要考虑 RocksDB 的占用量。但遗憾的是它的内存占用量没有什么直观的计算方法，因为具体值取会决于应用中键值分区状态的数量。Flink 会为每个键值分区算子的任务创建一个单独的（嵌入式）

RocksDB 实例。每个实例都会将其独有的算子状态存入单独的列簇（或表）中。默认配置的情况下，每个列簇需要大约 200MB 到 240MB 的堆外内存。有关调整 RocksDB 配置及性能的参数有很多，你可以自行尝试。

在为 TaskManager 配置内存时，你应该适当调整 JVM 堆内存的大小，以便为 JVM 非堆内存（用于类和元数据）和 RocksDB（如果选它作状态后端）留下足够多的内存。网络内存会自动从配置的 JVM 堆内存中抽调出来。最后请谨记，某些资源管理框架（如 YARN）会在容器超过内存限制时立即将其终止。

磁盘存储

出于多种原因，Flink 的工作进程需要在本地文件系统上存储数据，其中包括接收应用的 JAR 包、写日志、以及在配置了 RocksDB 状态后端时维护状态。利用 `io.tmp.dirs` 配置项，你可以指定一个或多个目录（英文冒号分割）用以在本地文件系统上存储数据。默认情况下，数据会写入默认临时目录（由 Java 系统变量 `java.io.tmpdir` 决定，或 Linux 及 MacOS 下的 `/tmp` 目录）。`io.tmp.dirs` 参数值路径会默认用于 Flink 大多数有本地存储需求的组件。但这些组件各自的路径也可以分别设置。

请确保临时目录不会被自动清除

部分 Linux 发行版会定期清理 /tmp 临时目录。如果你的应用需要长时间地持续运行，请确保上述行为已被禁用或选择一个其他目录。否则作业在进行恢复时可能会因为找不到临时目录中的元数据而失败。

`blob.storage.directory` 参数项用于配置 Blob 服务器的本地存储目录，该目录常用于大文件（例如应用 JAR 包）交换。`env.log.dir` 参数用于配置 TaskManager 的日志文件目录（默认值是 Flink 安装位置的 *./log* 目录）。最后，RocksDB 状态后端会将应用状态维护在本地文件系统中。其维护目录可以利用 state.backend.rocksdb.localdir 参数来设置。如果没有显式指定该配置参数，RocksDB 会使用 io.tmp.dirs 的值。

检查点和状态后端

Flink 针对状态后端如何将状态写入检查点提供了很多配置项。所有参数都可以在应用代码中显式指定（详见第 10 章“调整检查点和恢复”）。但你也可以通过 Flink 配置文件为整个 Flink 集群提供默认设置，它们会在作业未显式声明时起到作用。

影响应用程序性能的一个重要方面是用来维护状态的状态后端的选择。你可以使用 state.backend 参数定义集群的默认状态后端。此外，还可以启用异步检查点（state.backend.async）和增量检查点（state.backend.incremental）。如果状态后端不支持某些选项，则可能会自动忽略它们。你还可以配置用于写入检查点（state.checkpoints.dir）和保存点（state.savepoints.dir）的远程存储路径。

部分检查点配置选项是某些状态后端所特有的。对于 RocksDB 状态后端，你可以定义用于本地文件存储的路径（state.backend.rocksdb.localdir）以及是将计时器状态存放在堆中（默认配置）还是 RocksDB 中（state.backedn.rocksdb.timer-service.factory）。

最后，你可以通过将参数 state.backend.local-recovery 设置 true，来让 Flink 集群默认启用和配置本地恢复。[注7] 本地状态副本的存储位置同样可配（taskmanager.state.local.root-dirs）。

注 7： 有关该功能的详细信息，请参阅第 10 章“配置故障恢复”。

安全性

数据处理框架属于公司IT基础架构中的敏感组件，我们需要对其采取某些保护措施，以防出现未经授权的使用或数据访问。Apache Flink 支持 Kerberos 身份验证，也可以利用 SSL 对网络通信进行加密。

Flink 将 Kerberos 用于 Hadoop 及相关组件（YARN、HDFS、HBase）、ZooKeeper以及 Kafka 的验证，你可以单独为每个服务启用和配置 Kerberos。Flink 支持两种身份验证模式，keytabs 和 Hadoop 委托令牌（delegation token）。其中 Keytabs 应该是首选方法，因为令牌会在一段时间后过期，这可能会为长时间运行的流处理应用带来问题。注意，授权证书是和 Flink 集群绑定的，而非某个运行的作业；在同一集群上运行的所有应用都会使用相同的验证令牌。如果你需要使用不同的证书，请启动一个新的集群。有关启用和配置 Kerberos 身份验证的详细说明，请参阅 Flink 文档。

Flink 支持通信伙伴之间的身份验证，还允许对内部或外部的网络通信进行 SSL 加密。对于内部通信（RPC 调用，数据传输，用以分发类库或其他工件（artifact）的 Blob 服务通信），所有 Flink 进程（Dispatcher、ResourceManager、JobManager 及 TaskManager）都会相互验证身份，发送者和接受者需要利用 SSL 证书完成验证。证书的作用相当于密钥，可以嵌入到容器里或附加到 YARN 的设置上。

所有访问 Flink 服务的外部通信（提交和控制应用以及访问 REST 接口）都是通过 REST/HTTP 服务端点（endpoint）来进行的。[注8] 你同样可以为这些连接启用 SSL 加密或相互验证。但我们建议的方法是搭建和配置专用的代理服务来控制对于 REST 服务端点的访问。其原因在于代理服务和 Flink 相比，提供了更多的身份验证及配置选项。Flink 暂不支持对于可查询式状态通信进行加密和身份验证。

注8：　第10章将讨论作业提交和 REST 接口。

SSL 验证和加密在默认情况下都处于关闭状态。由于启用步骤较为烦琐（需要生成证书，设置 TrustStores 和 KeyStores，并配置密码套件等），我们建议你查阅 Flink 官方文档。文档中还包含了针对不同环境（例如独立集群、Kubernetes 和 YARN）的方法和窍门。

小结

本章我们首先讨论了如何针对不同环境搭建 Flink 集群以及如何进行 HA 设置。随后我们解释了如何支持多种文件系统以及如何与 Hadoop 及其组件进行集成。最后我们讨论了几个重要的配置选项。虽然章节中没有提供完整的配置指南，但所有相关内容都可以从 Apache Flink 官方文档找到，在那里你可以获取完整配置列表以及所有配置项的详细说明。

第 10 章

Flink 和流式应用运维

流式应用通常都需要长时间运行，这就决定了它的工作负载往往难以预测。流式作业长年累月运行的情况并不少见，因此其运维需求和短期批处理作业大不相同。考虑这样一种场景，你在已部署的应用中发现了一个 Bug，如果应用是一个批处理作业，那你可以很轻松地离线修复 Bug，然后等当前作业实例结束后部署新的应用代码即可。但如果是需要长时间运行的流式作业又该如何？怎样能在保证正确的同时以低成本应用新的配置？

如果你在使用 Flink，那一切都无需担心。Flink 将替你完成全部棘手的工作，你可以在轻松地监控、操作和重新配置作业的同时享受精确一次状态语义。本章我们将介绍 Flink 所提供的用于持续运行流式应用的运维工具。我们将向你展示如何收集指标（metrics）和监控应用，以及如何在更新应用代码或调整应用资源时保持结果的一致性。

运行并管理流式应用

不难想象，维护流式应用要比维护批处理应用更具挑战。流式应用需要连续运行和维护状态，而批处理应用则会定期执行。批处理应用的配置调整、扩缩容或更新可以在它执行间隙完成；而升级一个持续接收、处理数据，并发出结果的流式应用则要困难很多。

好在 Flink 自身提供的很多功能可以极大简化流式应用的维护。这些功能大都基于保存点机制。[注1] 为了对主进程、工作进程以及应用进行监控，Flink 对外公开了以下接口：

1. 一个用于提交和控制应用的命令行客户端工具。
2. 一套用于命令行客户端和 Web UI 的底层 REST API。它可以供用户或脚本访问，还可用于获取所有系统及应用指标并作为提交和管理应用的服务端点。
3. 一个用于提供有关 Flink 集群和当前运行应用详细信息及指标的 Web UI。它同时提供了基本的应用提交和管理功能。有关 Web UI 的信息请参照本章后面的“Flink Web UI”。

本节我们将解释保存点的实际应用场景，并讨论如何使用 Flink 命令行客户端和 REST API 来完成对于有状态的流式应用的启动、停止、暂停、恢复、扩缩容和升级。

保存点

保存点和检查点的本质相同，二者都是应用状态的一致性完整快照。但它们的生命周期有所差异。检查点会自动创建，在发生故障时自动加载并由 Flink 自动删除（取决于应用具体配置）。此外，除非应用显式指定要保留检查点，否则它们会在应用取消时自动被删除。而保存点则与之相反，它们需要由用户或外部服务手动触发，且永远不会被 Flink 自动删除。

每个保存点都对应一个持久化数据存储上的目录。它由一个包含了所有任务状态数据文件的子目录和一个包含了全部数据文件绝对路径的二进制元数据文件组成。由于元数据文件中存储的是绝对路径，所以将保存点移动到其他路径会使其失效。下面展示了一个保存点的目录结构：

注 1： 有关保存点及其用途请参阅第 3 章。

```
# 保存点根路径
/savepoints/

# 某一具体保存点的路径
/savepoints/savepoint-:shortjobid-:savepointid/

# 某一保存点的二进制元数据文件
/savepoints/savepoint-:shortjobid-:savepointid/_metadata

# 存储的算子状态
/savepoints/savepoint-:shortjobid-:savepointid/:xxx
```

通过命令行客户端管理应用

Flink 命令行客户端提供了启动、停止和管理 Flink 应用的功能。它会从 *./conf/flink-conf.yaml* 文件中（见“系统配置”一节）读取配置。你可以在 Flink 安装根目录下通过命令 `./bin/flink` 来调用它。

如果在调用时没有提供额外运行参数，客户端会打印帮助消息。

Windows 系统中的命令行客户端

以上命令行客户端是基于 Bash 脚本完成的，因此无法在 Windows 命令行下运行。针对 Windows 系统所提供的 *./bin/flink.bat* 脚本功能有限。如果你是一名 Windows 用户，我们建议你使用 WSL 或 Cygwin 所提供的命令行客户端。

启动应用

你可以使用命令行客户端的 `run` 命令来启动应用：

```
./bin/flink run ~/myApp.jar
```

上述命令会从 JAR 包中 *META-INF/MANIFEST.MF* 文件内的 `program-class` 属性所指示的 `main()` 方法启动应用，且不会向其传递任何参数。客户端会将 JAR 包提交到主进程，随后再由主进程分发至工作节点。

你可以通过在命令末尾附加参数的方式将其传递给应用的 main() 方法：

```
./bin/flink run ~/myApp.jar my-arg1 my-arg2 my-arg3
```

默认情况下，客户端在提交应用后不会立即返回，而是会等待其终止。你可以像下面那样使用 -d 参数以分离模式提交应用：

```
./bin/flink run -d ~/myApp.jar
```

此时客户端不会再等应用结束，而会立即返回并打印提交作业的 JobID。该 JobID 可以在生成保存点、取消应用或对应用进行扩缩容时用来指定作业。你可以通过 -p 参数指定某个应用的默认并行度：

```
./bin/flink run -p 16 ~/myApp.jar
```

上述命令会把执行环境的默认并行度设置为 16。执行环境的默认并行度可以被代码中显式设置的并行度所覆盖，换言之，通过 StreamExecutionEnvironment 或算子的 setParallelism() 方法定义的并行度比默认值优先级更高。

如果应用 JAR 包的 manifest 文件没有指定入口类，则你可以使用 -c 参数指定它：

```
./bin/flink run -c my.app.MainClass ~/myApp.jar
```

客户端将尝试启动 my.app.MainClass 类的静态 main() 方法。

默认情况下，客户端会将应用提交到 *./conf/flink-conf.yaml* 文件中所指定的 Flink 主进程（有关其他配置请参阅“系统配置”一节）。你可以使用 -m 参数将应用提交到特定的主进程：

```
./bin/flink run -m myMasterHost:9876 ~/myApp.jar
```

上述命令会将应用提交到 myMasterHost 主机 9876 端口上的主进程。

注意，如果你是第一次启动应用，或没有提供保存点（检查点）来初始化状态，那么应用的状态将被设为空。在该情况下，部分有状态算子会运行一些特殊逻辑来对状态进行初始化。例如 Kafka 数据源会在没有可供恢复的读取位置时从它消费的主题中决定分区偏移。

列出正在运行的应用

无论想对正在运行的作业执行何种操作，你都需要提供一个用来指定应用的 JobID。该作业 ID 可以通过 Web UI、REST API 或命令行客户端获取。你可以使用以下命令控制客户端打印出所有正在运行作业（包括其 JobID）的列表：

```
./bin/flink list -r
Waiting for response...
------------------ Running/Restarting Jobs -------------------
17.10.2018 21:13:14 : bc0b2ad61ecd4a615d92ce25390f61ad :
Socket Window WordCount (RUNNING)
--------------------------------------------------------------
```

上述例子中，JobID 是 `bc0b2ad61ecd4a615d92ce25390f61ad`。

生成和清除保存点

你可以在命令行客户端使用如下命令为正在运行的应用生成一个保存点：

```
./bin/flink savepoint <jobId> [savepointPath]
```

该命令会触发 JobID 所指定的作业生成一个保存点。如果你显式指定了保存点路径，它就会存到你所提供的目录中。否则，Flink 会使用 *flink-conf.yaml* 文件中配置的默认保存点路径。

你可以像下面那样调用命令行客户端来为作业 `bc0b2ad61ecd4a615d92ce25390f61ad` 生成一次保存点，并将其存储到 *hdfs:///xxx:50070/savepoints* 目录中：

```
./bin/flink savepoint bc0b2ad61ecd4a615d92ce25390f61ad \
hdfs:///xxx:50070/savepoints
```

```
Triggering savepoint for job bc0b2ad61ecd4a615d92ce25390f61ad.
Waiting for response...
Savepoint completed.
Path: hdfs:///xxx:50070/savepoints/savepoint-bc0b2a-63cf5d5ccef8
You can resume your program from this savepoint with the run command.
```

保存点可能占用大量空间，且 Flink 不会自动将其删除。为了释放存储空间，你需要手工删除它们。删除保存点的命令是：

```
./bin/flink savepoint -d <savepointPath>
```

为了删除之前生成的保存点，我们可以使用以下命令：

```
./bin/flink savepoint -d \
hdfs:///xxx:50070/savepoints/savepoint-bc0b2a-63cf5d5ccef8
Disposing savepoint 'hdfs:///xxx:50070/savepoints/savepoint-bc0b2a-63cf5d5ccef8'.
Waiting for response...
Savepoint 'hdfs:///xxx:50070/savepoints/savepoint-bc0b2a-63cf5d5ccef8' disposed.
```

删除保存点

请不要在另一个检查点或保存点生成过程中删除保存点。由于系统对于保存点的处理和常规的检查点类似，所以在保存点完成后算子同样会收到检查点完成通知并据其做出反应。例如，事务性数据汇在保存点完成后会将修改提交到外部系统。为了确保精确一次输出，Flink 需要从最近一次的检查点或保存点恢复。如果恢复的目标保存点已经删除，则故障恢复过程将会失败。在当前检查点（或保存点）完成后，你就可以安全地删除旧的保存点。

取消应用

你可以通过两种方式取消应用：使用或不使用保存点。如果要在不使用保存点的情况下取消当前运行的应用，请运行以下命令：

```
./bin/flink cancel <jobId>
```

如果要在取消当前运行的应用之前生成一个保存点，请在 `cancel` 命令后面加上 `-s` 参数：

```
./bin/flink cancel -s [savepointPath] <jobId>
```

如果没有指定 `savepointPath`，系统会使用 *./conf/flink-conf.yaml* 文件中配置的默认保存点目录（请参阅第 9 章的“系统配置”）。如果保存点文件夹既没有在命令中指定，也无法从配置中获取，则命令会执行失败。你可以使用以下命令取消 JobID 为 `bc0b2ad61ecd4a615d92ce25390f61ad` 的应用并在 *hdfs:///xxx:50070/savepoints* 位置生成一个保存点：

```
./bin/flink cancel -s \
hdfs:///xxx:50070/savepoints d5fdaff43022954f5f02fcd8f25ef855 Cancelling job bc0b2
ad61ecd4a615d92ce25390f61ad
with savepoint to hdfs:///xxx:50070/savepoints. Cancelled job bc0b2ad61ecd4a615d92
ce25390f61ad.
Savepoint stored in hdfs:///xxx:50070/savepoints/savepoint-bc0b2a-d08de07fbb10.
```

应用可能会取消失败

请注意，如果保存点生成失败，作业将继续运行。你需要再次尝试取消。

从保存点启动应用

从保存点启动应用非常简单。你只需在使用 `run` 命令启动应用时利用 `-s` 选项提供额外的保存点路径即可：

```
./bin/flink run -s <savepointPath> [options] <jobJar> [arguments]
```

作业启动后，Flink 会将保存点内的各个状态快照和应用所有状态进行匹配。具体匹配过程分为两步。首先，Flink 会对保存点中的唯一算子标识和应用算子内的进行比较。其次，它会针对每个算子比较保存点和应用内的状态标识符（详细信息请参阅第 3 章的“保存点”）。

最好为每个算子定义唯一 ID

如果你没有使用 `uid()` 方法为算子分配唯一 ID，则 Flink 会根据算子类型和它所有前置算子计算一个哈希值作为其默认标识。保存点中的标识是无法修改的，因此你如果没有使用 `uid()` 手动分配算子标识，那么在更新或改进应用时就会受到一些限制。

如前所述，应用只有和某保存点兼容才可以从该保存点启动。如果没有被修改过，应用总是可以从之前生成的保存点重启。然而，如果要重启的应用和之前生成保存点时的应用有所不同，那么就会出现三种结果：

- 如果你向应用中添加了新的状态或改变了某个有状态算子的唯一标识，导致 Flink 无法在保存点中找到相应的状态快照，那么在该情况下，新的状态会被初始化为空。
- 如果你从应用中删除了某个状态或改变了某个有状态算子的唯一标识，导致保存点中存在无法和应用匹配的状态，那么 Flink 将不会启动应用，以防保存点中的状态丢失。可以通过在 `run` 命令后增加 `-n` 选项来禁用此安全检查。
- 如果你对应用中的状态进行了修改，无论是改变了状态原语还是状态类型，都将导致应用无法启动。这意味着你除非从最开始就考虑应用状态后面可能会发生变化，否则无法轻易修改应用中状态的数据类型。Flink 社区正在努力改善对状态变化的支持（参见第 7 章的“修改算子的状态”）。

应用的扩缩容

减少或增加应用的并行度并不困难。你只需生成一个保存点，取消应用，然后再将并行度调整后的应用从保存点启动起来即可。应用的状态会自动重新分配到更多或更少的并行算子任务上。有关不同类型的算子状态和键值分区状态是如何伸缩的，请参见第 3 章“有状态算子”。虽然容易，但扩缩容过程中还是有一些值得注意的问题。

你如果需要精确一次的结果，则应该使用复合命令 savepoint-and-cancel 来生成保存点并停止应用。这可以防止在生成保存点后又出现一次检查点的情况，该情况会触发精确一次数据汇在保存点后发出额外数据。

我们在第 5 章的“设置并行度”中介绍过，应用程序及其算子的并行度有多种指定方式。默认情况下，算子会以其关联的 StreamExecutionEnvironment 中的默认并行度来运行。该默认并行度可以在启动应用时指定（例如在 CLI 客户端中使用 -p 参数）。如果应用算子并行度是基于环境默认并行度计算而来，则你可以在使用相同 JAR 文件运行应用的同时指定一个新的并行度，从而实现对应用的扩缩容。但你如果是以硬编码的方式为 StreamExecutionEnvironment 或部分算子设置的并行度，那么可能就需要修改源码并重新编译打包后，再将应用提交执行。

针对应用程序并行度依赖环境默认并行度的情况，Flink 提供了一个原子性的扩缩容命令，它可以生成一个保存点，取消应用，随后再以新的并行度将应用重启：

```
./bin/flink modify <jobId> -p <newParallelism>
```

为了将 JobId 为 bc0b2ad61ecd4a615d92ce25390f61ad 的应用设置为并行度等于 16，你可以运行以下命令：

```
./bin/flink modify bc0b2ad61ecd4a615d92ce25390f61ad -p 16
Modify job bc0b2ad61ecd4a615d92ce25390f61ad.
Rescaled job bc0b2ad61ecd4a615d92ce25390f61ad. Its new parallelism is 16.
```

我们在第 3 章“有状态算子”中介绍过，Flink 以键值组为单位分配键值状态。因此有状态算子键值组的数量决定了其最大并行度。为了设置该键值组的数值，我们可以针对每个算子调用 setMaxParallelism() 方法（参见第 7 章的“为使用键值分区状态的算子定义最大并行度”）。

通过 REST API 管理应用

REST API 可供用户或脚本直接访问，它可以对外公开有关 Flink 集群和应用的信息，包括指标数据及用于提交和控制应用程序的服务端点等。Flink 使用一个 Web 服务器来同时支持 REST API 和 Web UI，该服务器会作为 Dispatcher 进程的一部分来运行。默认情况下，二者都会使用 8081 端口。你可以通过 *./conf/flink-conf.yaml* 文件内的 `rest.port` 配置项对该端口进行修改。将值设为 -1 表示禁用 REST API 和 Web UI。

`curl` 是一个在命令行模式下与 REST API 进行交互的常见工具。一个典型的 curl REST 命令就像下面这样：

```
curl -X <HTTP-Method> [-d <parameters>] http://hostname:port/v1/<REST-point>
```

`v1` 表示 REST API 的版本。Flink 1.7 中公开的是第一版本（`v1`）的 API。假设你所搭建和运行的本地 Flink 其 REST API 使用的端口是 8081，以下 `curl` 命令将向 `/overview` 的 REST 服务端点提交一个 `GET` 请求：

```
curl -X GET http://localhost:8081/v1/overview
```

该命令会返回集群的一些基本信息（例如，Flink 版本，TaskManager 和处理槽的数量，以及当前正在运行、已完成、已取消或已失败的作业）：

```
{
 "taskmanagers":2,
 "slots-total":8,
 "slots-available":6,
 "jobs-running":1,
 "jobs-finished":2,
 "jobs-cancelled":1,
 "jobs-failed":0,
 "flink-version":"1.7.1",
 "flink-commit":"89eafb4"
}
```

接下来我们将列举几个最为重要的 REST 调用，并对它们进行简要介绍。要获取所支持的完整调用列表，请参阅 Apache Flink 官方文档。本章前面的“通过命令行客户端管理应用”提供了有关某些操作的更多详情，例如升级应用或对应用进行扩缩容。

管理和监控 Flink 集群

REST API 公开的一些服务端点可用来查询有关正在运行集群的信息或关闭集群。表 10-1~ 表 10-3 所展示的 REST 请求可用来获取 Flink 集群信息。例如，任务槽的数量，正在运行和已结束的作业，JobManager 的配置以及所有相连的 TaskManager 列表。

表 10-1：获取集群基本信息的 REST 请求

请求	`GET /overview`
响应	上方展示的基本的集群信息

表 10-2：获取 JobManager 配置的 REST 请求

请求	`GET /jobmanager/config`
响应	返回 *./conf/flink-conf/yaml* 中定义的 JobManager 配置

表 10-3：列出所有相连的 TaskManager 的 REST 请求

请求	`GET /taskmanagers`
响应	返回一个涵盖所有 TaskManager 的列表，其中包括它们的 ID 以及基本信息，例如内存统计数据以及连接的端口

表 10-4 展示的 REST 请求可以列出 JobManager 中收集的全部指标。

表 10-4：列出 JobManager 可用指标的 REST 请求

请求	`GET /jobmanager/metrics`
响应	返回 JobManager 上可获得的指标

为了得到一个或多个 JobManager 指标，可以将它们作为 get 查询参数加入到请求中：

```
curl -X GET http://hostname:port/v1/jobmanager/metrics?get=metric1,metric2
```

表 10-5 展示的 REST 请求可以列出 TaskManager 中收集的全部指标。

表 10-5：列出 TaskManager 可用指标的 REST 请求

请求	`GET /taskmanagers/<tmId>/metrics`
参数	tmId：连接的 TaskManager 的 ID
响应	返回指定 TaskManager 上可获得的指标

为了得到一个或多个 TaskManager 指标，请将它们作为 `get` 查询参数加入到请求中：

```
curl -X GET http://hostname:port/v1/taskmanagers/<tmId>/metrics?get=metric1
```

你还可以使用表 10-6 中的 REST 调用关闭集群。

表 10-6：关闭集群的 REST 调用

请求	`DELETE /cluster`
行为	关闭 Flink 集群。注意，在独立集群模式下，只有主进程会被终止，其他工作进程将继续运行

管理和监控 Flink 应用

REST API 还可用于管理和监控 Flink 应用。要启动一个应用，你必须先将应用的 JAR 文件传到集群。表 10-7～表 10-9 展示了用于管理这些 JAR 文件的 REST 服务端点。

表 10-7：上传 JAR 包的 REST 请求

请求	`POST /jars/upload`
参数	文件必须以 Multipart 数据形式上传
行为	将 JAR 文件上传到集群
响应	上传 JAR 文件的存储位置

用于上传 JAR 文件的 curl 命令：

```
curl -X POST -H "Expect:" -F "jarfile=@path/to/flink-job.jar" \
 http://hostname:port/v1/jars/upload
```

表 10-8：列出所有已上传 JAR 文件的 REST 请求

请求	GET /jars
响应	所有已上传 JAR 文件的列表。该列表包含了 JAR 文件的内部 ID、其原始名称以及上传时间。

表 10-9：删除 JAR 文件的 REST 请求

请求	DELETE /jars/<jarId>
参数	jarId：使用列出 JAR 文件命令所得到的 JAR 文件 ID
行为	删除给定 ID 对应的 JAR 文件

你可以使用表 10-10 中的 REST 调用，从上传的 JAR 文件启动应用。

表 10-10：启动应用的 REST 请求

请求	POST /jars/<jarId>/run
参数	jarId：启动应用的 JAR 文件 ID。你还可以传入一些额外参数，例如作业参数、入口类、默认并行度、保存点路径以及以一个 JSON 对象形式的 allow-nonrestored-state 标志
行为	使用指定参数启动 JAR 文件（以及入口类）所指定的应用。如果提供了保存点路径，会使用该保存点初始化应用状态
响应	应用启动后的作业 ID

以下 curl 命令可以启动应用并将默认并行度设置为 4：

```
curl -d '{"parallelism":"4"}' -X POST \
http://localhost:8081/v1/jars/43e844ef-382f-45c3-aa2f-00549acd961e_App.jar/run
```

表 10-11 ～表 10-13 展示了如何使用 REST API 管理正在运行的应用。

表 10-11：列出所有应用程序的 REST 请求

请求	`GET /jobs`
响应	所有正在运行应用的作业 ID 列表以及近期失败的、取消的和结束应用的作业 ID 列表

表 10-12：展示应用详细信息的 REST 请求

请求	`GET /jobs/<jobId>`
参数	`jorId`：使用列出应用命令所得到的作业 ID
响应	基本统计信息，例如：应用名称，开始时间（和结束时间），有关执行任务的信息（包括接收和发出的记录数和字节数）

REST API 还提供了有关应用以下方面的更多详细信息：

- 应用的算子计划（operator plan）。
- 应用的配置。
- 以不同详细程度收集的应用程序指标。
- 检查点指标。
- 背压指标。
- 导致应用失败的异常信息。

获取这些信息的详细途径请查阅官方文档。

表 10-13：取消应用的 REST 请求

请求	`PATCH /jobs/<jobId>`
参数	`jobId`：使用列出应用命令所得到的作业 ID
行为	取消应用

你还可以利用表 10-14 中展示的 REST 调用为当前正在运行的应用生成一个保存点。

表 10-14：为应用生成保存点的 REST 请求

请求	POST /jobs/<jobId>/savepoints
参数	jobId：使用列出应用命令所得到的作业 ID。此外，你需要提供一个包含了保存点文件夹路径的 JSON 对象和一个是否在生成保存点后终止应用的标志
行为	为指定应用生成一个保存点
响应	一个用于检查保存点所触发的操作是否已经成功完成的请求 ID

仅生成保存点而不取消应用的 curl 命令是：

```
curl -d '{"target-directory":"file:///savepoints", "cancel-job":"false"}'\
-X POST http://localhost:8081/v1/jobs/e99cdb41b422631c8ee2218caa6af1cc/savepoints
{"request-id":"ebde90836b8b9dc2da90e9e7655f4179"}
```

生成保存点并取消应用可能会失败

只有在保存点成功创建后，取消应用的请求才会生效。反之如果保存点命令失败，则应用将继续运行。

可以通过以下命令检查 ID 为 ebde90836b8b9dc2da90e9e7655f4179 的请求是否成功并获取保存点的路径：

```
curl -X GET http://localhost:8081/v1/jobs/e99cdb41b422631c8ee2218caa6af1cc/\
savepoints/ebde90836b8b9dc2da90e9e7655f4179
{"status":{"id":"COMPLETED"}
"operation":{"location":"file:///savepoints/savepoint-e99cdb-34410597dec0"}}
```

你可以使用表 10-15 中的 REST 调用删除保存点。

表 10-15：删除保存点的 REST 请求

请求	POST /savepoint-disposal
参数	需要以 JSON 对象的形式提供要删除的保存点路径
行为	删除保存点
响应	用于检查保存点是否已经成功删除的请求 ID

要使用 curl 删除某个保存点，请运行：

```
curl -d '{"savepoint-path":"file:///savepoints/savepoint-e99cdb-34410597"}'\
-X POST http://localhost:8081/v1/savepoint-disposal
{"request-id":"217a4ffe935ceac2c281bdded76729d6"}
```

表 10-16 展示了对应用进行扩缩容的 REST 调用。

表 10-16：用于应用扩缩容的 REST 请求

请求	PATCH /jobs/<jobID>/rescaling
参数	jobID：使用列出应用命令所得到的应用 ID。此外，你还需要以 URL 参数的形式提供一个新的应用并行度
行为	生成一个保存点，取消应用，并将它以新的默认并行度从保存点中重启
响应	一个用于检查扩缩容操作是否成功完成的请求 ID

你可以使用如下 curl 命令将应用的默认并行度调整为 16：

```
curl -X PATCH
http://localhost:8081/v1/jobs/129ced9aacf1618ebca0ba81a4b222c6/rescaling\
?parallelism=16
{"request-id":"39584c2f742c3594776653f27833e3eb"}
```

应用扩缩容可能失败

如果触发生成保存点失败，应用会以原并行度继续运行。你可以使用请求 ID 检查扩缩容请求的状态。

在容器中打包并部署应用

到目前为止，我们已经介绍过如何在一个运行的 Flink 集群上启动一个应用，即我们称作框架模式的应用部署形式。在第 3 章“应用部署”，我们还简要介绍了另一种部署形式——库模式，它无需一个已运行的 Flink 集群来接收提交作业。

在库模式下，绑定的应用和所需的 Flink 二进制文件会一起放入 Docker 镜像中。该镜像允许以两种方式启动：作为 JobMaster 容器或 TaskManager 容器。当镜像作为 JobMaster 部署时，容器会启动一个 Flink 主进程，该进程会立即获取并启动绑定的应用。TaskManager 容器会将自身和所提供的处理槽在 JobMaster 上注册。一旦有了足够多的处理槽，JobMaster 容器就会部署并执行应用。

以库模式运行 Flink 应用有些类似于容器化环境中的微服务部署。当部署在容器编排框架（如 Kubernetes）上时，框架会重启失败的容器。在本节中，我们将介绍如何针对特定作业构建 Docker 镜像，以及如何在 Kubernetes 上以库模式部署绑定的应用。

针对特定作业构建 Flink Docker 镜像

Apache Flink 提供了一个用于针对特定作业构建 Flink Docker 镜像的脚本。你可以从源码发行版或 Flink 的 Git 仓库中找到它，但该脚本没有包含在 Flink 的二进制发行版中。

你可以下载并解压 Flink 源码发行版或将 Git 仓库克隆下来。脚本位于发行版根目录中 *./flink-container/docker/build.sh*。

该构建脚本会基于一个内置 Java 的最小基本镜像 Java Alpine 来创建并注册一个新的 Docker 镜像。脚本所需参数如下：

- Flink 归档文件路径。
- 应用程序 JAR 文件路径。
- 新镜像的名称。

如果要构建一个包含了本书示例应用的 Flink 1.7.1 版本镜像，请执行以下脚本：

```
cd ./flink-container/docker
./build.sh \
    --from-archive <path-to-Flink-1.7.1-archive> \
    --job-jar <path-to-example-apps-JAR-file> \
    --image-name flink-book-apps
```

如果在构建脚本结束后运行 `docker images` 命令，你应该能看到一个名为 flink-book-apps 的新的 Docker 镜像。

./flink-container/docker 目录还包含了一个 *docker-compose.yml* 文件，用于通过 docker-compose 部署 Flink 应用。

如果运行以下命令，就可以将第 1 章“Flink 快览”中的示例应用部署在 Docker 的一个主容器和三个工作容器上：

```
FLINK_DOCKER_IMAGE_NAME=flink-book-jobs \
  FLINK_JOB=io.github.streamingwithflink.chapter1.AverageSensorReadings \
  DEFAULT_PARALLELISM=3 \
  docker-compose up -d
```

你还可以通过运行在 *http://localhost:8081* 上面的 Web UI 来对应用进行监控。

在 Kubernetes 上运行针对特定作业的 Docker 镜像

在 Kubernetes 上运行针对特定作业的 Docker 镜像和第 9 章“Kubernetes”中描述的在 Kubernetes 上启动 Flink 集群非常类似。原则上，你只需通过调整 YAML 文件把 Deployment 设置为使用包含作业代码的镜像，并将它配置为在容器启动时自动启动作业即可。

Flink 在源码发行版以及项目 Git 仓库中提供了 YAML 文件模板。基于根目录，模板位于：

```
./flink-container/kubernetes
```

该目录包含了两个模板文件：

- *job-cluster-job.yaml.template* 将主容器配置为 Kubernetes 作业。

- *task-manager-deployment.yaml.template* 将工作容器配置为 Kubernetes Deployment。

两个模板文件都包含需要用实际值替换的占位符：

- `${FLINK_IMAGE_NAME}`：特定作业镜像的名称。
- `${FLINK_JOB}`：用于启动作业的主类。
- `${FLINK_JOB_PARALLELISM}`：作业的并行度。该参数还用于决定启动工作容器的数量。

不难发现，此处使用的参数和使用 `docker-compose` 部署针对特定作业的镜像相同。模板目录中还包含了一个 YAML 文件 *job-cluster-service.yaml*，可用于定义 Kubernetes 的 Service。一旦将模板文件复制好并完成必要配置，你就可以使用 `kubectl` 将应用部署到 Kubernetes 上：

```
kubectl create -f job-cluster-service.yaml
kubectl create -f job-cluster-job.yaml
kubectl create -f task-manager-deployment.yaml
```

在 Minikube 上运行针对特定作业的镜像

在 Minikube 集群上运行针对特定作业的镜像比我们在第 9 章“Kubernetes”中所讨论的步骤要复杂一些。主要问题是 Minikube 会尝试从公共 Docker 镜像仓库而不是本地机器的 Docker 仓库获取自定义镜像。

为此，你可以使用以下命令配置 Docker，让它将镜像部署到 Minikube 自己的仓库中：

```
eval $(minikube docker-env)
```

之后你在此 Shell 中构建的所有镜像都会部署到 Minikube 的镜像仓库中了，但前提是 Minikube 需要处在运行状态。

此外，你还需要将 YAML 文件中的 `ImagePullPolicy` 设置为 Never，以确保 Minikube 从自己的仓库中获取镜像。

在针对特定作业的容器运行后，你就可以像第 9 章“Kubernetes”所介绍的那样，将集群视为普通的 Flink 集群。

控制任务调度

为了实现并行执行，Flink 应用会将算子划分为不同的任务，并将这些任务分配到集群中的不同工作进程上。和很多其他分布式系统一样，Flink 应用的性能在很大程度上取决于任务的调度方式。任务分配的目标工作进程，任务的共存情况以及工作进程中的任务数都会对应用性能产生显著影响。

在第 3 章“任务执行”中，我们介绍了 Flink 如何将任务分配到处理槽以及如何利用任务链接来降低本地数据交换成本。本节我们将讨论如何通过调整默认行为以及控制任务链接和作业分配来提高应用的性能。

控制任务链接

任务链接指的是将两个或多个算子的并行任务融合在一起，从而可以让它们在同一线程中执行。融合的任务只需通过方法调用就可以进行记录交换，因此几乎没有通信成本。由于任务链接可以提高大多数应用的性能，所以 Flink 默认会启用它。

然而，也有特定的应用可能无法从中受益。其中一种情况是我们希望将一连串负载较重的函数拆开，让它们在不同的处理槽内执行。你可以通过 `StreamExecutionEnvironment` 来完全禁用应用内的任务链接：

```
StreamExecutionEnvironment.disableOperatorChaining()
```

除了对整个应用禁用任务链接，你还可以控制单个算子的链接行为。例如，可以通过调用算子的 `disableChaining()` 方法禁用其链接功能。这会让算子的任务不会和前后的其他任务进行链接（示例 10-1）。

示例 10-1：禁用算子的任务链接

```
val input: DataStream[X] = ...
val result: DataStream[Y] = input
  .filter(new Filter1())
  .map(new Map1())
  //  禁止 Map2 进行任务链接
  .map(new Map2()).disableChaining()
  .filter(new Filter2())
```

示例 10-1 中的代码会生成三个任务：一个 Filter1 和 Map1 的链接任务，一个针对 Map2 的单独任务以及一个 Filter2 的任务（不允许和 Map2 进行链接）。

你还可以调用 startNewChain() 方法为算子开启一个新的链接（示例 10-2）。该方法会让对应算子的任务断开与之前的任务链接，但可以在满足链接条件时和链接到后续任务。

示例 10-2：为算子开启一个新的链接

```
val input: DataStream[X] = ...
val result: DataStream[Y] = input
  .filter(new Filter1())
  .map(new Map1())
  // 为 Map2 和 Filter2 开启一个新的链接
  .map(new Map2()).startNewChain()
  .filter(new Filter2())
```

示例 10-2 中会创建两个链接任务：一个由 Filter1 和 Map1 组成，另一个由 Map2 和 Filter2 组成。请注意，新的链接任务会从调用 startNewChain() 方法的算子开始，在我们的示例中是 Map2。

定义处理槽共享组

Flink 默认任务调度策略会将一个完整的程序分片（包含每个应用算子最多一个任务）分配到一个处理槽中。[注2] 根据应用的复杂度以及算子的计算成本，Flink 提供了处理槽共享组（slot-sharing group）机制，允许用户手工将任务分配到处理槽中。

注 2：　第 3 章介绍了默认的调度行为。

具体而言，每个算子都会属于一个处理槽共享组。所属同一处理槽共享组的算子，其任务都会由相同的处理槽处理。同一处理槽共享组内的任务会像第 3 章“任务执行”中所介绍的那样分配到不同处理槽中，每个处理槽只能处理同一共享组内每个算子至多一个任务。因此，一个处理槽共享组所需的处理槽数等于它内部算子的最大并行度。属于不同处理槽共享组的算子，其任务会交由不同的处理槽执行。

默认情况下，所有算子都属于“`default`”处理槽共享组。对于每个算子，你都可以利用 `slotSharingGroup(String)` 方法为其指定处理槽共享组。如果一个算子所有输入都属于同一处理槽共享组，那么该算子也会继承这个组；如果输入算子属于不同的处理槽共享组，那么该算子则会被加入“`default`”组中。示例 10-3 展示了如何在 Flink DataStream 应用中指定处理槽共享组。

示例 10-3：通过处理槽共享组控制任务调度

```
// 处理槽共享组 "green"
val a: DataStream[A] = env.createInput(...)
  .slotSharingGroup("green")
  .setParallelism(4)
val b: DataStream[B] = a.map(...)
  // 从 a 继承处理槽共享组 "green"
  .setParallelism(4)

// 处理槽共享组 "yellow"
val c: DataStream[C] = env.createInput(...)
  .slotSharingGroup("yellow")
  .setParallelism(2)

// 处理槽共享组 "blue"
val d: DataStream[D] = b.connect(c.broadcast(...)).process(...)
  .slotSharingGroup("blue")
  .setParallelism(4)
val e = d.addSink()
  // 从 d 继承处理槽共享组 "blue"
  .setParallelism(2)
```

示例 10-3 中的应用包含了五个算子：两个数据源，两个中间算子和一个数据汇。它们分别被分配到处理槽共享组 `green`，`yellow` 和 `blue` 中。图 10-1 展示了应用的 JobGraph 以及它的任务到处理槽的映射关系。

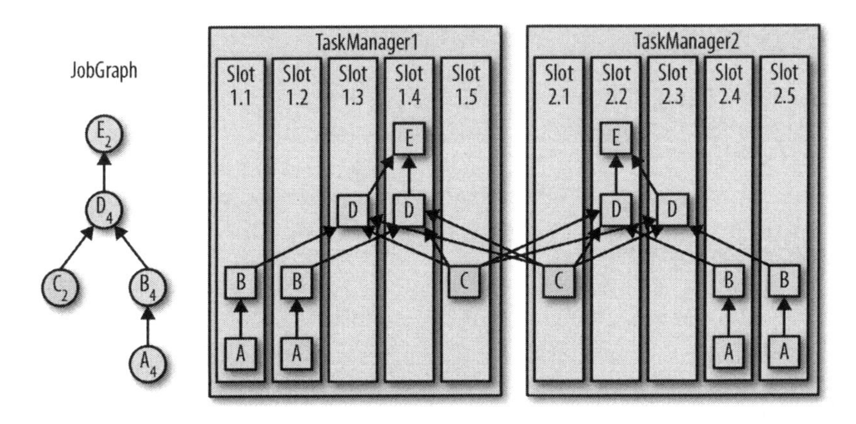

图 10-1：通过处理槽共享组控制任务调度

应用总共需要 10 个处理槽。blue 和 green 处理槽共享组由于其所含算子的最大并行度为4，因此分别需要4个处理槽。yellow处理槽共享组只需2个处理槽。

调整检查点及恢复

在启用容错功能的情况下，Flink 会周期性地将应用状态存储到检查点中。由于在生成检查点时可能需要将大量数据写入持久化存储中，所以其代价可能非常昂贵。增大检查点的生成间隔可以降低常规处理过程中容错的开销，但它同时会使作业在故障恢复过程中需要重新处理更多数据，才能“赶得上”流中的最新数据。

Flink 提供了一系列用于调整检查点和状态后端的参数。配置好这些参数，对于保证生产环境中流式应用的可靠、稳定运维非常重要。举例而言，减小每次检查点的生成开销可以促使其频率加快，从而使恢复周期缩短。本节我们将介绍一些用于控制生成检查点和应用恢复的参数。

配置检查点

当你在应用中启用检查点后，必须为其指定生成间隔，即 JobManager 通过应用数据源初始化检查点的频率。

检查点可以通过 StreamExecutionEnvironment 启用：

```
val env: StreamExecutionEnvironment = ???

// 启用 10 秒为间隔的检查点
env.enableCheckpointing(10000);
```

你还可以利用从 StreamExecutionEnvironment 中获取的 CheckpointConfig 对检查点进行额外配置：

```
// 从 StreamExecutionEnvironment 中获取 CheckpointConfig
val cpConfig: CheckpointConfig = env.getCheckpointConfig
```

默认情况下，Flink 会通过创建检查点保证内部状态的精确一次语义。你也可以将该保障调整为至少一次：

```
// 设置为至少一次模式
cpConfig.setCheckpointingMode(CheckpointingMode.AT_LEAST_ONCE);
```

取决于应用自身特征、状态大小、状态后端及其配置，生成一次检查点可能需要几分钟。此外，状态大小可能会随时间推移而增大或缩小，这可能是长期运行的窗口所致。因此，检查点实际生成间隔长于配置间隔这种现象并不少见。默认情况下，Flink 一次只允许生成一个检查点，以免它占用常规处理太多资源。如果（根据配置的检查点生成间隔）需要生成一个检查点时，另一个检查点正在生成过程中，则后一个检查点会延后，直至前一个完成。

如果很多或全部检查点的生成时间都长于生成间隔，那么出于以下两个原因，你可能需要对此进行调优。首先它意味着应用内常规的数据处理将始终和并发的检查点生成争夺资源。因此，数据处理可能会变慢，导致跟不上数据接入的速率。其次，检查点生成会被推迟，因为等待当前正在进行的检查点完成会导致更高的生成间隔，继而导致在恢复时需要更长时间去处理数据和追赶进度。Flink 提供了一系列参数用来处理此类情况。

为了避免应用的正常运行受到过多干扰，Flink 允许你配置检查点之间的最小暂停时间。如果你配置了 30 秒的最小暂停时间，那么在检查点完成后的 30 秒内不会开始生成新的检查点。而这也意味着有效检查点生成间隔至少要为 30 秒，且同时最多只可以生成一个检查点。

```
// 确保我们至少可以在不受检查点干扰情况下处理 30 秒
cpConfig.setMinPauseBetweenCheckpoints(30000);
```

在某些情况下，你可能希望即使检查点的生成时间长于间隔，也要保证检查点严格按照配置的间隔生成。一个例子是当生成检查点耗时较长但不会消耗太多资源（例如由于涉及外部系统调用的操作延迟很高）。在该情况下，你可以为生成检查点配置最大并发数。

```
// 允许同时生成三个检查点
cpConfig.setMaxConcurrentCheckpoints(3);
```

保存点的生成会和检查点并发进行。Flink 不会因为生成检查点而推迟显式触发的保存点。无论有多少检查点生正在生成过程中，保存点操作都会照常触发。

为了避免检查点生成时间过长，你可以配置一个超时间隔，在该间隔过后生成操作会被取消。默认情况下，检查点生成操作会在 10 分钟后被取消。

```
// 检查点生成必须在五分钟内完成，否则就会终止执行
cpConfig.setCheckpointTimeout(300000);
```

最后，你可能还希望配置检查点生成失败时的行为。默认情况下，检查点生成失败会抛出异常导致应用重启。你可以禁用此行为，让应用在检查点错误后继续运行。

```
// 不要因为检查点生成错误导致作业失败
cpConfig.setFailOnCheckpointingErrors(false);
```

启用检查点压缩

Flink 支持对检查点和保存点进行压缩。截至 1.7 版本，内置的压缩算法还只有 Snappy。你可以像下面这样为检查点和保存点启用压缩：

```
val env: StreamExecutionEnvironment = ???

// 开启检查点压缩
env.getConfig.setUseSnapshotCompression(true)
```

注意，RocksDB 增量检查点不支持压缩。

应用停止后保留检查点

检查点的目的是用于应用故障恢复。因此它们会在作业停止运行时（无论由于故障还是显式取消）被清理。但你可以启用一个名为外化检查点(externalized checkpoint）的功能，在应用停止后保留检查点。

```
// 启用外化检查点
cpConfig.enableExternalizedCheckpoints(
  ExternalizedCheckpointCleanup.RETAIN_ON_CANCELLATION)
```

外化检查点有两个选项：

- RETAIN_ON_CANCELLATION 在应用完全失败和显式取消时保留检查点。
- DELETE_ON_CANCELLATION 只有在应用完全失败后才会保留检查点。如果应用被显式取消，则检查点会删除。

外化检查点不能替代保存点。它们会使用特定于某个状态后端的存储格式，且不支持扩缩容。因此它们虽然足以让应用在失败后重启，但无法提供保存点那样的灵活性。应用再次运行后，你就可以为其生成保存点。

配置状态后端

应用状态后端负责维护本地状态，生成检查点和保存点以及在故障时恢复应用状态。因此，应用状态后端的选择和配置对检查点相关操作的性能有很大影响。我们已经在第 7 章“选择状态后端”对每个状态后端都进行了详细的描述。

应用默认的状态后端是 MemoryStateBackend。由于它将所有状态保存在内存中，而且检查点全部位于易失且受 JVM 大小约束的 JobManager 堆存储内，所以不建议将其用于生产环境。但它对于本地开发 Flink 应用而言是一个很好的选择。我们在第 9 章“检查点和状态后端”介绍了如何为 Flink 集群配置默认状态后端。

你也可以针对某个应用显式指定状态后端：

```
val env: StreamExecutionEnvironment = ???

// 创建并配置所选的状态后端
val stateBackend: StateBackend = ???
// 设置状态后端
env.setStateBackend(stateBackend)
```

你可以根据下文所示以最少的设置创建不同的状态后端。MemoryStateBackend 无需任何参数。但它有一些构造函数，可以通过接收参数来决定是否开启异步检查点（默认开启）及限制状态大小（默认 5MB）：

```
// 创建一个 MemoryStateBackend
val memBackend = new MemoryStateBackend()
```

FsStateBackend 只需一个用于定义检查点存储位置的路径。还有一些构造函数可用来选择是否开启异步检查点（默认开启）：

```
// 创建一个检查点路径为 /tmp/ckp 的 FsStateBackend
val fsBackend = new FsStateBackend("file:///tmp/ckp", true)
```

RocksDBStateBackend 只需一个用于定义检查点存储位置的路径，此外还有一个可选参数可用来启用增量检查点（默认关闭）。RocksDBStateBackend 生成检查点的过程总是异步进行的：

```
// 创建一个将检查点增量写入 /tmp/ckp 目录的 RocksDBStateBackend
val rocksBackend = new RocksDBStateBackend("file:///tmp/ckp", true)
```

在第 9 章“检查点和状态后端”，我们讨论了不同状态后端的配置选项。你当然也可以在应用中对状态后端进行配置，从而覆盖其默认值或针对整个集群的配置。为此，你必须在创建状态后端对象时将一个 Configuration 对象传给它（有关可用的配置项，请参见第 9 章“检查点和状态后端”）：

```
// 所有 Flink 内置的状态后端都是可配置的
val backend: ConfigurableStateBackend = ???

// 创建配置并设置选项
val sbConfig = new Configuration()
sbConfig.setBoolean("state.backend.async", true)
sbConfig.setString("state.savepoints.dir","file:///tmp/svp")

// 为已配置状态后端创建一个副本
val configuredBackend = backend.configure(sbConfig)
```

由于 RocksDB 是一个外部组件，你也可以根据自己的应用对它自身的一些参数进行调整。默认情况下，RocksDB 针对 SSD 存储做出了很多优化，因此在使用传统机械硬盘存储状态时性能可能并不突出。为了提高针对常见硬件的性能，Flink 提供了一系列预定义设置。有关这些设置的具体信息，请参阅文档。你可以像下面这样为 RocksDBStateBackend 配置预定义选项：

```
val backend: RocksDBStateBackend = ???

// 设置针对机械磁盘存储的预定义选项
backend.setPredefinedOptions(PredefinedOptions.SPINNING_DISK_OPTIMIZED)
```

配置故障恢复

当一个拥有检查点的应用发生故障时，它会经过一系列步骤重启，具体包括启动任务、恢复状态（包括数据源任务的读取偏移）和继续处理。在应用刚刚重启后，它将处在一个进度追赶阶段。由于数据源任务的读取偏移会被重置到一个较早的位置，所以应用需要处理故障发生前以及在停止工作期间积累的一些数据。

为了能够赶得上数据流的进度（到达其尾部），应用处理积累数据的速率必须要高于新数据到来的速率。它在追赶进度期间的处理延迟（输入从可用到实际处理的时间间隔）会有所增加。

因此，从重启到成功恢复常规处理的进度追赶期间，应用需要足够多的备用资源。这也意味着应用在常规处理期间不应该消耗近 100% 的资源。用于恢复的资源越多，追赶阶段的时长就会越短，处理延迟也就恢复得越快。

恢复过程除了资源因素，还有两个值得讨论的主题：重启策略和本地恢复。

重启策略

某些时候，应用有可能会被相同的故障不断“杀死”。一个常见的例子是输入中出现了应用无法处理的无效或已损坏数据。在该情况下，应用将陷入无休止的恢复周期，虽然消耗大量资源但无法恢复常规处理。为应对该问题，Flink 提供了三种重启策略：

- *fixed-delay* 重启策略会以配置的固定间隔尝试将应用重启某个固定次数。
- *failure-rate* 重启策略允许在未超过故障率的前提下不断重启应用。故障率的定义为某个时间间隔内的最大故障次数。例如，你可以配置应用只要在过去十分钟内发生故障的次数没超过三次，就可以一直重启。
- *no-restart* 策略不会重启应用，而是让它立即失败。

你可以像示例 10-4 中那样通过 StreamExecutionEnvironment 配置应用重启策略。

示例 10-4：配置应用重启策略

```
val env = StreamExecutionEnvironment.getExecutionEnvironment

env.setRestartStrategy(
  RestartStrategies.fixedDelayRestart(
    5,                              // 重启尝试次数
    Time.of(30, TimeUnit.SECONDS) // 尝试之间的延迟
))
```

如果没有显式指定重启策略，系统默认是以 10 秒延迟尝试 Integer.MAX_VALUE 次的固定延迟重启策略。

本地恢复

Flink 中大多数状态后端（MemoryStateBackend 除外）都会将检查点存到远程文件系统中。这不但可以确保状态存储的持久化，还允许在工作节点丢失或应用扩缩容时对状态进行重新分发。然而在恢复期间从远程存储读取状态效率并不高。此外，恢复时可能会让应用重新运行在故障发生之前的工作节点上。

Flink 支持一种称为本地恢复的特性，能够在应用从相同机器重启时显著提高恢复速度。在启用该功能后，状态后端除了将数据写入远程存储系统外，还会将检查点数据在工作进程所在节点的本地磁盘复制一份。当应用需要重启时，Flink 会尝试将相同的任务调度到和之前相同的工作节点执行。如果成功，则任务会优先尝试从本地磁盘加载检查点数据。如果出现任何问题，则将退回到使用远程存储进行处理。

本地恢复的实现使得远程系统中的状态副本变为用于参照的真实数据（the source of truth）。只有当远程写入成功后，任务才会确认检查点完成。同时，检查点也不会因为本地状态副本出现问题而失败。由于检查点数据需要被写入两次，所以本地恢复会为检查点生成带来一定额外开销。

你可以通过在*flink-conf.yaml*文件中加入以下内容为集群开启和配置本地恢复，也可以在状态后端配置中加入以下内容为每个应用单独开启和配置本地恢复：

- `state.backend.local-recovery`：用于启用或禁用本地恢复。默认情况下，本地恢复处于禁用状态。
- `taskmanager.state.local.root-dirs`：该参数用于指定用于存储本地状态副本的一个或多个本地路径。

本地恢复只会影响键值分区状态，此类状态总是会被分区且通常在状态中占据的比例非常高。算子状态不会存储在本地，而是需要从远程存储系统中获取。但它所占比例通常要比键值分区状态小得多。此外，不支持大状态的 `MemoryStateBackend` 无法进行本地恢复。

监控 Flink 集群和应用

监控流式作业对于保证其健康运行和尽早发现潜在问题（例如配置错误、资源不足或其他异常行为）十分关键。尤其是当流式作业是作为一个更大的数据处理管道或面向用户的事件驱动服务的一部分时，你可能需要尽可能准确地监控其性能，确保它可以满足延迟、吞吐和资源利用等目标。

Flink 在运行时会收集一些预定义指标，此外还供了一个框架供你定义和追踪自定义指标。

Flink Web UI

了解 Flink 集群和内部作业工作情况概要最简单的方法就是使用 Flink Web UI。你可以通过 `http://`**`<jobmanager-hostname>`**`:8081` 地址来访问它。

在主界面上，你将看到有关集群配置的概览信息，其中包括 TaskManager 的数量、配置和可用的任务处理槽以及正在运行和已完成的作业。图 10-2 中展示了 Web UI 主界面。你可以通过左侧菜单访问作业的详细信息和配置参数页面，还可以通过上传 JAR 来提交作业。

图 10-2：Apache Flink Web UI 主界面

点击一个正在运行的作业就会打开像图 10-3 中所示的界面。从中你能够快速了解每个任务或子任务的运行统计信息。你可以查看任务的持续时间、交换的字节和记录数，并根据需求对它们按照 TaskManager 进行聚合。

Subtasks

Aggregate task statistics by TaskManager

Start Time	End Time	Duration	Name	Bytes received	Records received	Bytes sent	Records sent	Parallelism	Tasks	Status
2018-11-09, 16:53:09	2018-11-09, 17:01:28	8m 19s	Source: Custom Source	0 B	0	3.99 GB	38,579,390	1		RUNNING
2018-11-09, 16:53:09	2018-11-09, 17:01:28	8m 19s	Splitter FlatMap	3.99 GB	38,577,985	8.52 GB	392,017,676	4		RUNNING

图 10-3：作业运行的统计信息

点击 Task Metrics 选项卡，你可以从下拉菜单中选择更多指标，具体如图 10-4 所示。这些指标包含了有关任务细粒度的统计信息，例如缓冲区的使用情况、水位线以及输入输出速率。

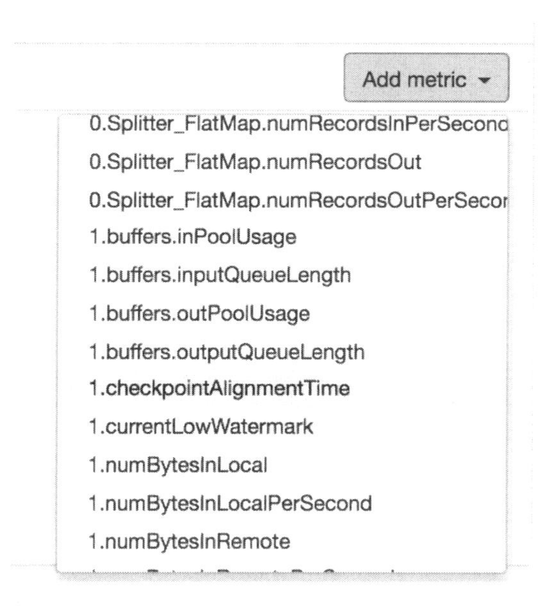

图 10-4：选择需要绘制的指标

图 10-5 展示了如何使用连续更新的图表展现所选指标。

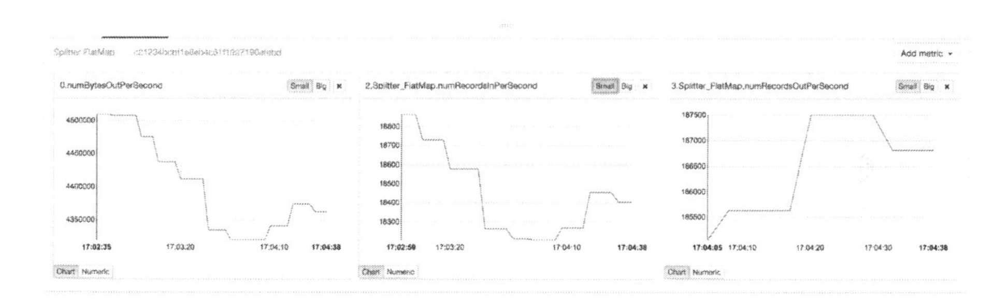

图 10-5：实时绘制指标

Checkpoints 选项卡（见图 10-3）用于展示有关以往和正在进行的检查点的统计信息。在 *Overview* 中，你可以查看已触发正在进行中、已经成功完成和已经失败的检查点的数目。点击 *History* 视图可以获取更多细粒度的信息，例如任务状态、触发时间、状态大小以及在检查点对齐阶段缓冲的字节数。*Summary* 页面会对检查点的统计信息进行聚合，提供所有已完成检查点的最小值、最大值和平均值。最后在 *Configuration* 中，你可以查看有关检查点的配置属性，例如设置的检查点间隔和超时值。

类似，Back Pressure 选项卡内展示了每个算子和子任务的背压统计信息。单击某一行可以触发背压采样，你将看到持续约 5 秒钟的“*Sampling in progress...*”信息。一旦采样结束，你就可以在第二列中看到背压状态。如果任务已经触发背压将显示一个 *HIGH* 标志，否则你会看到一个漂亮的绿色 *OK* 信息。

指标系统

当你在生产环境中运行像 Flink 这样的数据处理系统时，必须对它们的行为进行监控，以便能够发现性能下降并诊断其原因。Flink 在默认情况下会收集很多系统和应用指标。指标的收集是按照每个算子、每个 TaskManager 或 JobManager 来进行的。接下来我们将向你介绍一些最常用的指标，有关可用指标的完整列表请参阅 Flink 文档。

指标类别包括 CPU 利用率，内存使用情况，活动的线程数，垃圾回收统计，网络指标（如输入或输出缓冲区的堆积情况），集群范围的指标（如正在运行的作业数量或信息及可用资源），作业指标（包括运行时信息、重试次数和检查点信息），I/O 统计数据（包括本地或远程交换的记录数），水位线信息以及连接器特定指标等。

注册和使用指标

为了注册指标，你需要像示例 10-5 那样调用 `RuntimeContext` 的 `getMetrics()` 方法获取一个 `MetricGroup` 对象。

示例 10-5：在 FilterFunction 中注册和使用指标

```
class PositiveFilter extends RichFilterFunction[Int] {

  @transient private var counter: Counter = _

  override def open(parameters: Configuration): Unit = {
    counter = getRuntimeContext
      .getMetricGroup
      .counter("droppedElements")
  }
```

```
  override def filter(value: Int): Boolean = {
    if (value > 0) {
      true
    }
    else {
      counter.inc()
      false
    }
  }
}
```

指标组

Flink 指标的注册和访问需要通过 `MetricGroup` 接口完成。`MetricGroup` 提供了各种创建嵌套、命名指标层次（metrics hierarchy）的方法，并支持注册以下类型的指标：

Counter

  `org.apache.flink.metrics.Counter` 指标用于测量计数并提供了相应的增减方法。你可以使用 `MetricGroup` 上的 `counter(String name, Counter counter)` 方法注册一个 `Counter` 指标。

Gauge

  Gauge 指标用于计算在某个时间点一个任意类型的值。要使用 `Gauge`，你需要实现 `org.apache.flink.metrics.Gauge` 接口并利用 `MetricGroup` 的 `gauge(String name, Gauge gauge)` 方法将其注册。示例 10-6 中的代码展示了如何实现 WatermarkGauge 指标，它会对外提供当前的水位线。

示例 10-6：对外提供当前水位线的 WatermarkGauge 指标的实现

```
public class WatermarkGauge implements Gauge<Long> {
  private long currentWatermark = Long.MIN_VALUE;

  public void setCurrentWatermark(long watermark) {
    this.currentWatermark = watermark;
    }

  @Override
  public Long getValue() {
    return currentWatermark;
  }
}
```

> **指标将作为字符串对外展示**
>
> 指标报告器会将 Gauge 值转换为 String，因此请确保为用到的类型提供有意义的 toString() 实现。

Histogram

你可以使用直方图来表示数值类型数据的分布。Flink 的直方图特别适合用来展示 Long 类型的指标。你可以通过 `org.apache.flink.metrics.Histogram` 接口来收集数值，获取收集值的数量并为到目前为止收集的值生成统计信息（如最小值、最大值、标准差、均值等）。

除了创建你自己的直方图实现外，Flink 还允许你通过添加以下依赖使用 DropWizard 直方图：

```
<dependency>
  <groupId>org.apache.flink</groupId>
  <artifactId>flink-metrics-dropwizard</artifactId>
  <version>flink-version</version>
</dependency>
```

添加依赖后，你就可以像示例 10-7 中那样在 Flink 程序中使用 `DropwizardHistogramWrapper` 类注册 DropWizard 直方图。

示例 10-7：使用 DropwizardHistogramWrapper

```
// 创建并注册直方图
DropwizardHistogramWrapper histogramWrapper =
  new DropwizardHistogramWrapper(
    new com.codahale.metrics.Histogram(new SlidingWindowReservoir(500)))
metricGroup.histogram("myHistogram", histogramWrapper)

// 更新直方图
histogramWrapper.update(value)
```

Meter

你可以使用 `Meter` 指标来衡量某些事件发生的速率（每秒的事件数）。`org.apache.flink.metrics.Meter` 接口提供的方法可用于标记一个或多个事件发生、获取每秒事件发生的速率以及获取当前 `meter` 标记的事件数目。

和直方图一样，你可以通过在 `pom.xml` 中添加 `flink-metrics-dropwizard`

依赖并将 `meter` 包在 `DropwizardMeterWrapper` 类中来使用 `DropWizard meter`。

域和格式指标

Flink 的指标都有各自所属的域（scope），系统指标所属的域被称为系统域，用户自定义指标所属的域被称为用户域。用于引用指标的唯一标识最多包含三个部分：

1. 用户在注册指标时指定的名称。
2. 一个可选的用户域。
3. 一个系统域。

举例而言，指标名称“myCounter”、用户域“MyMetrics”和系统域“localhost.taskmanager.512”将会生成标识“localhost.taskmanager.512.MyMetrics”。你可以通过 `metrics.scope.delimiter` 配置项改变默认的分隔符“.”。

系统域用于声明指标所对应的系统组件及包含的上下文信息。它的范围可以是 JobManager、某个 TaskManager、某个作业、某个算子或任务。你可以通过在 *flink-conf.yaml* 文件中设置对应的指标选项来配置指标所包含的上下文信息。我们在表 10-17 中列出了一些配置选项和它们的默认值。

表 10-17：系统域的配置项和它们的默认值

域	配置键	默认值
JobManager	metrics.scope.jm	<host>.jobmanager
JobManager 及作业	metrics.scope.jm.job	<host>.jobmanager.<job_name>
TaskManager	metrics.scope.tm	<host>.taskmanager.<tm_id>
TaskManager 及作业	metrics.scope.tm.job	<host>.taskmanager.<tm_id>.<job_name>

表 10-17：系统域的配置项和它们的默认值（续）

域	配置键	默认值
任务	metrics.scope.task	<host>.taskmanager.<tm_id>.<job_name>.<task_name>.<subtask_index>
算子	metrics.scope.operator	<host>.taskmanager.<tm_id>.<job_name>.<operator_name>.<subtask_index>

配置键由常量字符串（例如“taskmanager”）和尖括号中的变量组成。后者会在运行时被替换成实际的值。例如，TaskManager 指标的默认域可能是“localhost.taskmanager.512”，其中“localhost”和“512”是参数值。表 10-18 展示了指标域配置中的所有变量。

表 10-18：用于配置指标域格式的可用变量

域	可用变量
JobManager：	<host>
TaskManager：	<host>, <tm_id>
作业：	<job_id>, <job_name>
任务：	<task_id>, <task_name>, <task_attempt_id>, <task_attempt_num>, <subtask_index>
算子：	<operator_id>, <operator_name>, <subtask_index>

每个作业的域标识必须唯一

如果相同作业同时运行了多个副本，那么由于字符串冲突，度量标准可能会不准确。为了避免类似状况，你需要确保每个作业的域标识都是唯一的。为此你可以将 <job_id> 加入到标识中。

你还可以像示例 10-8 那样，通过调用 MetricGroup 的 addGroup() 方法为指标定义一个用户域。

示例 10-8：定义用户域“MyMetrics”

```
counter = getRuntimeContext
  .getMetricGroup
  .addGroup("MyMetrics")
  .counter("myCounter")
```

发布指标

你既然已经学会了如何注册、定义指标并对其分组，那接下来可能就想了解如何从外部系统访问它们。毕竟你收集指标的目的可能是要创建实时仪表盘或将测量数据发往另一个应用。你可以通过汇报器（reporter）将指标发布到外部后端（external backend），Flink 内部为它们提供了几种实现（见表 10-19）。

表 10-19：指标汇报器列表

汇报器	实现
JMX	org.apache.flink.metrics.jmx.JMXReporter
Graphite	org.apache.flink.metrics.graphite.GraphiteReporter
Prometheus	org.apache.flink.metrics.prometheus.PrometheusReporter
PrometheusPushGateway	org.apache.flink.metrics.prometheus.PrometheusPushGatewayReporter
StatsD	org.apache.flink.metrics.statsd.StatsDReporter
Datadog	org.apache.flink.metrics.datadog.DatadogHttpReporter
Slf4j	org.apache.flink.metrics.slf4j.Slf4jReporter

如果你想使用的指标汇报器没有在上表中列出，则可以通过实现 *org.apache.flink.metrics.reporter.MetricReporter* 接口来自定义汇报器。

汇报器需要在 `flink-conf.yaml` 中配置。你可以通过在配置中添加以下几行来定义一个名为“my_reporter”、监听端口 9020-9040 的 JMX 汇报器：

```
metrics.reporters: my_reporter
Metrics.reporter.my_jmx_reporter.class: org.apache.flink.metrics.jmx.JMXReporter
metrics.reporter.my_jmx_reporter.port: 9020-9040
```

要获得每个所支持汇报器的完整配置选项，请参阅 Flink 文档。

延迟监控

延迟可能是用来评估流式作业性能的首要指标之一。而同时，它对于像 Flink 这样具有丰富语义的分布式流处理引擎而言，也是最难定义的指标之一。在第 2 章的“延迟”中，我们宽泛地将延迟定义为处理事件所需的时间。但如果想在 Dataflow 十分复杂的高速流式作业中追踪每个事件的延迟，那么实现精准测量的难度可想而知。而窗口算子更会使延迟追踪变得复杂很多。如果事件被同时分配到多个窗口，那么我们应该以第一次窗口调用时的延迟为准还是等它所有参与的窗口都计算完后再来测量？再进一步，如果窗口会多次触发计算又该如何处理？

为了提供一个实用的延迟指标测量手段，Flink 选取了一个非常简单且低开销的方法。它没有严格测量每个事件的延迟，而是通过在数据源周期性地发出一些特殊记录并允许用户跟踪它们到达数据汇的时间来近似估计延迟。这些特殊的记录被称为延迟标记（latency marker），每个延迟标记都带有一个标明发出时间的时间戳。

为了启用延迟追踪，你需要配置从数据源发出延迟标记的频率。该配置可以像下面这样，通过在 ExecutionConfig 中设置 latencyTrackingInterval 来完成：

```
env.getConfig.setLatencyTrackingInterval(500L)
```

间隔以毫秒为单位。在收到延迟标记后，除数据汇以外的所有算子都会将它们直接转发到下游。延迟标记和普通流记录共享 Dataflow 通道和队列，因此它们所追踪的延迟能够反映出记录等待处理的时间。然而，它们无法测量记录处理所需的时间或记录在状态中等待处理的时间。

算子会将延迟统计信息保存在 Gauge 指标中，其中包含最小值，最大值，平均值以及 50、95 和 99 百分位数。数据汇算子会为每个数据源的并行实例分别保存延迟标记的统计信息，因此通过检查数据汇的延迟标记可以估计出记录流遍整个 Dataflow 所需的时间。如果你想在算子中自定义延迟标记处理逻辑，可以覆盖 `processLatencyMarker()` 方法，在其中使用 `LatencyMarker` 的 `getMarkedTime()`、`getVertexId()` 和 `getSubTaskIndex()` 方法获取相关信息。

当心时钟偏差

如果你没有使用类似 NTP 的自动时钟同步服务，那么你机器的时钟可能会受到时钟偏差的影响。在该情况下，延迟追踪的估计值将变得不可靠，因为目前的实现是以时钟同步为前提。

配置日志行为

日志是你调试和理解应用行为的另一个重要工具。默认情况下，Flink 使用 SLF4J 日志抽象和 log4j 日志框架。

示例 10-9 展示的 `MapFunction` 会将每一次输入记录转换都写入日志。

示例 10-9：在 MapFunction 中使用日志

```
import org.apache.flink.api.common.functions.MapFunction
import org.slf4j.LoggerFactory
import org.slf4j.Logger

class MyMapFunction extends MapFunction[Int, String] {

  Logger LOG = LoggerFactory.getLogger(MyMapFunction.class)

  override def map(value: Int): String = {
    LOG.info("Converting value {} to string.", value)
    value.toString
  }
}
```

要修改 log4j 记录器的属性，请修改 *conf/* 目录中的 *log4j.properties* 文件。例如，下面一行配置会将根日志记录级别设置为“warning”：

```
log4j.rootLogger=WARN
```

如果要使用自定义文件名和位置的配置文件，可以通过 `-Dlog4j.configuration=parameter` 的方式将参数传递给 JVM。Flink 还为命令行客户端提供了 *log4j-cli.properties* 文件，为启用 YARN 会话的命令行客户端提供了 *log4j-yarn-session.properties* 文件。

如果不想用 log4j，可将其换为 logback。Flink 同样为该后端提供了默认的配置文件。如果要用 logback，需要从 *lib/* 文件夹中移除 log4j。有关如何搭建和配置 logback 后端的详细信息，请参阅 Flink 文档和 logback 用户手册。

小结

本章我们讨论了如何在生产环境中运行、管理和监控 Flink 应用。我们介绍了用于收集和开发系统及应用指标的 Flink 组件，还向你展示了如何配置日志系统，如何使用命令行客户端和 REST API 来启动、停止、恢复应用和对其进行扩缩容。

第 11 章
还有什么？

漫长的旅途过后，你已抵达本书的尾章！但你和 Flink 的结伴之旅才刚刚启程，本章将为你指引后续的前进方向。我们一方面会向你简要介绍本书没有涵盖的 Flink 功能，另一方面还将为你提供更多与 Flink 相关的资源信息。一路伴随 Flink 成长的是一个充满活力的社区，我们鼓励你通过它接触一下其他用户，开始为社区做一些贡献或从其他 Flink 企业用户那里寻求一些启发。

Flink 生态的其他组成部分

虽然本书的关注重点在于流处理，但 Flink 其实是一个通用的分布式数据处理框架，它同样适用于其他类型的数据分析。此外，Flink 为关系查询、CEP（complex event processing 复杂事件处理）和图计算都提供了领域相关的库和 API。

用于批处理的 DataSet API

作为一个成熟的批处理引擎，Flink 可用于实现对有界数据的一次性或定期查询。DataSet 程序和 DataStream 程序一样，都是由一系列转换操作组成。二者的不同在于 DataSet 是一个有界的数据集。DataSet API 提供了用于过滤、映射、选择、连接以及分组的算子，以及从外部系统（如文件系统和数据库）

读写数据集的连接器。你还可以使用 DataSet API 定义用于迭代的 Flink 程序，它们可以以固定次数执行循环函数或直到收敛条件满足。

在内部，批处理作业同样会表示为 Dataflow 程序并和流式作业共享底层运行环境。目前，这两类 API 都有各自独立的执行环境，还无法混合使用。但 Flink 社区正致力于将二者统一，并规划在未来可以提供一套 API，使同一个程序能同时分析有界和无界的数据流。

用于关系型分析的 Table API 及 SQL

虽然 Flink 底层 DataStream 和 DataSet 的 API 是分开的，但你可以使用高层次的关系型 API——Table API 和 SQL，实现流批一体的分析。

Table API 是一个在 Scala 和 Java 之上的 LINQ（language-integrated query，语言集成查询） API。你无须修改查询就可以将其用于批或流的分析之中。Table API 提供了通用的算子来完成关系型查询，其中包括选择、投影、聚合及连接等，此外还支持 IDE 自动补全和语法验证。

Flink SQL 遵循 ANSI SQL 标准，并借助 Apache Calcite 来完成查询解析和优化。Flink 为批式和流式查询提供了统一的语法和语义。由于对用户自定义函数的良好支持，很多用例都可以直接用 SQL 来完成。你可以将 SQL 查询嵌入到常规的 Flink DataSet 或 DataStream 程序中，或使用 SQL CLI 客户端直接将 SQL 查询提交到 Flink 集群上。CLI 客户端允许你在命令行中获取和可视化查询结果，这使它成为一个在流式或批式数据上调试 Flink SQL 查询或运行探索式查询的绝佳工具。此外，你还可以使用 CLI 客户端提交分离式查询，让其直接将结果写入外部存储系统。

用于复杂事件处理和模式匹配的 FlinkCEP

FlinkCEP 是一个用于复杂事件模式检测的高层次的 API 库。它基于 DataStream API 实现，允许你指定期望在数据流中检测到的模式。常见的

CEP 应用场景包括金融应用，欺诈检测，复杂系统中的监控和报警，以及检测网络入侵或可以用户行为。

用于图计算的 Gelly

Gelly 是 Flink 的图计算 API 库。它建立在 DataSet API 和 Flink 的高效批量迭代之上。Gelly 为执行图转换、聚合及迭代（如 vertex-centric 和 gather-sum-apply）提供了用于 Java 和 Scala 高层次的编程抽象。它还包含了一组常见的图算法，方便日常使用。

Flink 的高层 API 及接口在彼此之间，以及和 DataStream、DataSet API 都有良好的集成。你可以轻松将它们混在一起使用，并在同一个程序对 API 或库进行自由切换。例如：你可以使用 CEP 从 DataStream 中提取某一模式，随后用 SQL 来分析该模式；或者先用 Table API 对表进行过滤并投影到图中，再使用 Gelly 库中的图算法对其进行分析。

欢迎加入社区

Apache Flink 拥有一个不断成长的友好社区，其中的贡献者和用户来自全球各地。下面列出的一些资源可供你提问问题，参与 Flink 相关的活动，或了解 Flink 的使用情况：

邮件列表

- *user@flink.apache.org*：用户支持和问题提问（社区还开通了中文用户邮件列表 *user-zh@flink.apache.org*）。
- *dev@flink.apache.org*：开发，发布和社区讨论。
- *community@flink.apache.org*：社区新闻和聚会。

博客

- *https://flink.apache.org/blog*
- *https://www.ververica.com/blog*

聚会及会议

- *https://flink-forward.org*
- *https://www.meetup.com/topics/apache-flink*

我们希望你在读完本书后能够对 Apache Flink 的功能及潜力有一个更深的理解。最后，欢迎加入社区，为项目的发展贡献一分力量！

作者介绍

Fabian Hueske 作为最早参与 Flink 建设的几人之一，是 Apache Flink 项目的 Committer 及 PMC 成员。他同时还是 Ververica（前身为 data Artisans）的联合创始人和软件工程师。该公司是一家总部位于柏林的创业公司，一直以来都致力于为 Flink 项目和社区发展提供支持。费比安在柏林工业大学取得了计算机科学博士学位。

Vasiliki Kalavri 是苏黎世联邦理工学院系统组的博士后研究员，平日里会将 Apache Flink 广泛用于流式系统研究及教学工作。Vasia 同样是 Apache Flink 项目的 PMC 成员。作为 Flink 早期的贡献者，她参与了图计算库 Gelly 以及初期版本 Table API 和流式 SQL 的建设工作。

封面介绍

本书封面上的动物是欧亚红松鼠（学名 Sciurus vulgaris）。绝大多数生存在亚洲温带、欧洲以及美洲的树栖松鼠都属 Sciurus 属。vulgaris 在拉丁文中是“寻常”的意思，欧亚红松鼠在欧洲和亚洲北部地区十分常见。

欧亚红松鼠的眼睛周围有一个白色的环，尾巴大而浓密，耳端有一簇毛。它们头部和背部的颜色从浅红色到黑色不等，胸腹部的皮毛则是奶油色或白色。在冬天，松鼠的皮毛会略微长长，高于耳朵并覆盖爪子，从而可以保护自己免受寒冷。它们在冬日的大部分时间里都会蜷缩在名为 Dreys 的巢穴中。

除非它们正在交配或需要抚育幼崽，否则每个 Dreys 内就只会住有一只欧亚红松鼠。虽然它们都各自居住，但由于数量众多，松鼠们的活动范围经常重叠。平均下来，雌性松鼠每年生产两次，每胎 5 仔。松鼠幼崽会在出生后大约两个月的时候离开母巢。欧亚红松鼠的天敌众多，包括鸟类、蛇类以及哺乳动物等，因此只有四分之一的小松鼠才能长到一岁。

欧亚红松鼠平日依靠种子、橡子以及坚果来维持生计。它们有时也会舔舐树汁，但不会经常尝试新的食物。这种松鼠的头部和身体长约 9~10 英尺，尾巴长度也大致与此相同。它们的体重约为 8~12 盎司，寿命最长可达 12 年。但在野外，它们的预期寿命只有 4~7 岁。

这些生活在树上的小家伙之所以能够攀爬树干，轻松倒立，并越过伸展的树枝，是因为它们有弯曲的利爪和宽大蓬松的尾巴。欧亚红松鼠的敏捷性和平衡性非常强。

许多奥莱利书籍封面上的动物都濒临灭绝，它们对于这个世界十分重要。要了解更多如何提供帮助的信息，请访问 animals.oreilly.com。

封面插图由 Karen Montgomery, 基于 Wood’s Animate Creation 的黑白雕刻设计而来。